工科研究生数学类基础课程应用系列丛书

应用泛函分析

纪友清　郭　华　曹　阳　徐新军　编

科学出版社

北　京

内 容 简 介

本书是为工学各专业研究生学习泛函分析课程编写的教材. 全书共分 4 章, 分别介绍实分析基础、距离空间、Hilbert 空间、有界线性算子等内容, 并在附录里介绍了上述知识的一些延伸内容: Sobolev 空间、正规正交基、二次变分问题等.

本书取材精炼, 结构紧凑, 关注应用, 每章末都附有难易适度的习题. 在注重培养学生掌握泛函分析基本理论和方法的同时, 也注重培养学生应用泛函分析的思想方法解决实际问题的能力.

本书可作为工学研究生的教学用书, 也可作为对泛函分析的理论方法感兴趣的初学者的学习用书, 读者只需具备高等数学和线性代数的基础知识便可以使用本书.

图书在版编目 (CIP) 数据

应用泛函分析/纪友清等编. —北京: 科学出版社, 2018.3
(工科研究生数学类基础课程应用系列丛书)
ISBN 978-7-03-054228-1

Ⅰ.①应… Ⅱ.①纪… Ⅲ.①泛函分析-研究生-教材 Ⅳ.①O177

中国版本图书馆 CIP 数据核字(2017) 第 203180 号

责任编辑: 张中兴 梁 清 / 责任校对: 张凤琴
责任印制: 赵 博 / 封面设计: 迷底书装

科学出版社 出版
北京东黄城根北街 16 号
邮政编码: 100717
http://www.sciencep.com

北京华宇信诺印刷有限公司印刷
科学出版社发行 各地新华书店经销
*

2018 年 3 月第 一 版 开本: 720×1000 1/16
2024 年 11 月第五次印刷 印张: 13 1/2
字数: 272 000
定价: 39.00 元
(如有印装质量问题, 我社负责调换)

序　言

　　"工科研究生数学类基础课程应用系列丛书"是根据教育部关于研究生培养指导规划和目标、结合当前研究生教育改革的实际情况,借鉴国内外研究生教育的最新研究成果,旨在规范和加强研究生公共基础课教学的一套研究生公共数学系列教材.本套丛书经过对研究生公共数学课程整合、优化,共编写 13 册教材,具体包括:《现代分析基础》(上、下册)、《代数学基础》(上、下册)、《现代统计学基础》(上、下册)、《现代微分方程概论》(上、下册)、《现代数值计算基础》(上、下册)、《现代优化理论与方法》(上、下册)、《应用泛函分析》.其中上册为非数学类硕士研究生教材,下册为非数学类博士研究生教材.

　　本套丛书的编写体现了时代的特征,本着加强基础、淡化证明、强调应用的原则,力争做到科学性、系统性和实用性的统一,着眼于传授教学知识和培养学生数学素养的高度结合.

　　本套丛书吸取国内外同类教材的精华,参考近年来出版的一些新教材,结合当前研究生公共数学教学改革的实际,特别是综合性大学非数学类研究生公共数学的实际需求.

　　本套丛书体例科学、结构合理、内容经典且追求创新,既是作者多年教学经验的总结,又是作者长期教学研究和科学研究成果的体现.每章后面既有巩固基本概念、基本理论、基本运算的基础题目,又有提高学生抽象思维、逻辑推理和综合运用基础知识解题的提高题目,为学生掌握教材基本内容,运用教材基本知识开发创新思维提供了可行条件.

　　本套丛书适用面广、涉及专业全、教学内容新,可作为综合性大学非数学专业研究生公共数学教材和教学参考书,在教材体系与内容的编排上认真考虑不同专业、不同学时的授课对象的需求,可选择不同的教学模块,以满足广大读者的实际需要.

　　本套丛书的编写过程中,得到了吉林大学研究生院、吉林大学数学学院和数学研究所的大力支持,也得到了科学出版社的领导和编辑的鼎力帮助,在此一并致谢.

　　由于编者水平有限,书中的不妥之处在所难免,恳请广大读者批评指正,以期不断完善.

丛书编委会

2015 年 3 月于长春

前　　言

本书是"工科研究生数学类基础课程应用系列丛书"中的一个分册,是面向综合性大学非数学专业研究生公共数学应用泛函分析方面的教材. 按照系列教材适用面广、涉及专业全、教学内容新的整体要求,在内容的编排上认真考虑不同专业、不同学时的授课对象的需求,力争在加大内容覆盖面与本科课程顺利衔接的同时,做到内容的模块化设计,尽量做到教材的自足性和教学的灵活性.

由于研究生来自不同的学校,本科的学习内容不尽相同,而实变函数的基础知识无论在理论上,还是在应用上,对研究生阶段学习泛函分析课程都是有意义的. 所以本书的第 1 章力图为不熟悉或没有接触过实变函数课程的学生迅速地补上这部分的必要知识和结论,而系统学习过这方面内容的读者可以直接学习后继章节. 第 2 章侧重于讲解距离空间,特别是 Banach 空间的基本结果. 第 3 章则包含了 Hilbert 空间理论的基础内容. 第 4 章主要介绍有界线性算子的较为常用的内容. 为了配合非数学专业研究生的实际需要,本书的附录给出了 Sobolev 空间的简要介绍以及从泛函分析角度考察 Dirichlet 问题的初等结果,以期为介绍泛函分析的实际应用给出更进一步的实例.

本教材在编写过程中得到了吉林大学数学学院和数学研究所的大力支持,也得到了科学出版社的领导和编辑的鼎力帮助,在此一并致谢.

由于编者水平有限,书中的不妥之处在所难免,恳请广大读者批评指正,以期不断完善.

编　者

2016 年 9 月于长春

目　　录

第1章 实分析基础

实分析理论是实变量的分析学, 是微积分学的进一步发展. 本章主要介绍其中的集合论、实数理论、点集论、测度论和积分论的一些基本知识, 为后面学习泛函分析奠定基础.

1.1 集合与映射

1.1.1 集合

集合是数学中的一个基本概念. 在现代数学中已被普遍采用. 通常将具有某种特定性质的具体或抽象对象的全体称为**集合**, 简称为**集**, 其中的每个对象称为该集的**元素**. 例如, 有理数集, 实数集, 连续函数集等都是常用的集合.

常用大写字母 $A, B, C, X, Y, Z, \cdots$ 表示集合, 用小写字母 $a, b, c, x, y, z, \cdots$ 表示元素. 当集合 A 为具有某种性质 P 的元素全体时, 可表示为

$$A = \{x | x具有性质P\},$$

或

$$A = \{x : x具有性质P\}.$$

如果元素 x 属于集合 A, 则记为 $x \in A$; 如果 x 不属于 A, 则记为 $x \notin A$. 不含任何元素的集合称为**空集**, 记为 $\varnothing$; 含有有限个元素的集合称为**有限集**; 含有无限个元素的集合称为**无限集**.

如果集合 A 的元素都属于集合 B, 则称 A 是 B 的**子集**, 记为 $A \subset B$ 或 $B \supset A$, 读作 A 包含于 B 或 B 包含 A. 显然 $A \subset A$, 规定空集 $\varnothing$ 是任何集合的子集. 若 $A \subset B$ 且 $A \neq B$, 则称 A 是 B 的**真子集**; 若 $A \subset B$ 且 $B \subset A$, 则称集合 A 与 B **相等**, 记为 $A = B$.

集合的运算定义如下.

定义 1.1.1 设 A, B 为两个集合, 由 A 与 B 的全体元素所组成的集合称为 A 与 B 的**并集**或**和集**, 记为 $A \cup B$, 即

$$A \cup B = \{x | x \in A 或 x \in B\};$$

由既属于 A 又属于 B 的所有元素组成的集合称为 A 与 B 的**交集**, 记为 $A \cap B$, 即

$$A \cap B = \{x | x \in A \text{且} x \in B\};$$

由属于 A 但不属于 B 的所有元素组成的集合称为 A 与 B 的**差集**, 记为 $A \backslash B$ 或 $A - B$, 即

$$A \backslash B = \{x | x \in A \text{且} x \notin B\};$$

当 $A \supset B$ 时, 称 A 与 B 的差集 $A \backslash B$ 为 B 关于 A 的**余集**或**补集**, 记为 B^C 或 $C_A B$.

集合的并与交运算可以推广到任意多个(有限或无限)集合的情形. 设 $\{A_\alpha | \alpha \in I\}$ 是一集族, 其中 α 为集合的指标, 它在指标集 I 中变化, 则由一切 $A_\alpha (\alpha \in I)$ 的所有元素组成的集合称为这族集合的**并集**或**和集**, 记为 $\bigcup\limits_{\alpha \in I} A_\alpha$, 即

$$\bigcup\limits_{\alpha \in I} A_\alpha = \{x | \exists \alpha \in I, x \in A_\alpha\};$$

同时属于每个集合 $A_\alpha (\alpha \in I)$ 的所有元素组成的集合称为这族集合的**交集**, 记为 $\bigcap\limits_{\alpha \in I} A_\alpha$, 即

$$\bigcap\limits_{\alpha \in I} A_\alpha = \{x | \forall \alpha \in I, x \in A_\alpha\}.$$

集合的运算满足如下的运算规律:

(1) **幂等律** $A \bigcup A = A,\ A \bigcap A = A$;

(2) **交换律** $A \bigcup B = B \bigcup A,\ A \bigcap B = B \bigcap A$;

(3) **结合律** $(A \bigcup B) \bigcup C = A \bigcup (B \bigcup C),\ (A \bigcap B) \bigcap C = A \bigcap (B \bigcap C)$;

(4) **分配律** $A \bigcup \left(\bigcap\limits_{\alpha \in I} A_\alpha \right) = \bigcap\limits_{\alpha \in I} (A \bigcup A_\alpha),\ A \bigcap \left(\bigcup\limits_{\alpha \in I} A_\alpha \right) = \bigcup\limits_{\alpha \in I} (A \bigcap A_\alpha)$,

$(A - B) \bigcap C = (A \bigcap C) - (B \bigcap C)$;

(5) **对偶律** (De Morgan 律) $\left(\bigcup\limits_{\alpha \in I} A_\alpha \right)^C = \bigcap\limits_{\alpha \in I} A_\alpha^C,\ \left(\bigcap\limits_{\alpha \in I} A_\alpha \right)^C = \bigcup\limits_{\alpha \in I} A_\alpha^C$.

定义 1.1.2　设 A 与 B 是两个非空集合, 由所有有序元素组 $(x, y)(x \in A, y \in B)$ 组成的集合称为 A 与 B 的**直积**, 记为 $A \times B$, 即

$$A \times B = \{(x, y) | x \in A, y \in B\}.$$

例如, 二维欧氏空间 $\mathbf{R}^2 = \mathbf{R} \times \mathbf{R}$ 是实数集 $\mathbf{R}$ 与其自身的直积. $A \times B$ 中的元素为有序对, 当 $x \neq y$ 时, $(x, y) \neq (y, x)$, 而且 $(x_1, y_1) = (x_2, y_2) \Leftrightarrow x_1 = x_2, y_1 = y_2$, 因此, 一般情况下, 有 $A \times B \neq B \times A$.

直积的概念可以推广到有限多个非空集合的情形. 设集合 $A_1, A_2, \cdots, A_n$ 为 n 个非空集合, 则称集合

$$\prod_{k=1}^{n} A_k = A_1 \times A_2 \times \cdots \times A_n = \{(x_1, x_2, \cdots, x_n) | x_k \in A_k, k = 1, 2, \cdots, n\}$$

为它们的**直积**. 若 $A_1 = A_2 = \cdots = A_n = A$, 则记 $A_1 \times A_2 \times \cdots \times A_n = A^n$.

1.1.2 映射

定义 1.1.3 设 X, Y 是两个非空集合, 如果存在一个对应法则 f, 使得对于 X 中的任何一个元素 x, 按照法则 f, 在 Y 中有唯一确定的元素 y 与之对应, 则称 f 是 X 到 Y 的一个**映射**或**算子**, 记为 $f : X \to Y$, 并称 y 为 x 在映射 f 下的**像**, 记为 $y = f(x)$. 对于任意一个固定的 y, 称集合 $\{x | y = f(x)\}$ 为 y 在映射 f 下的**原像**, 记为 $f^{-1}(y)$. 称 X 为 f 的定义域, 记为 $D(f)$; 称集合 $f(X) = \{y | y = f(x), x \in X\}$ 为 f 的**值域**, 记为 $R(f)$; 称集合 $\{(x, y) | y = f(x), x \in X\} \subset X \times Y$ 为映射 f 的**图像**.

一般地, $R(f)$ 是 Y 的一个子集, 不一定等于 Y. 在上述定义中, 如果 X 为 n 维欧氏空间 $\mathbf{R}^n$, Y 为实数集合 $\mathbf{R}$(一维欧氏空间), 则 $y = f(x)$ 就是高等数学中已学过的一元或多元函数, 因此, 映射的概念是函数概念的推广, 是将函数的定义域和值域推广到一般集合上了. 当 $Y = X$ 时, 也称 f 为定义在 X 上的**变换**; 当 Y 是数集 (实数集 $\mathbf{R}$ 或复数集 $\mathbf{C}$) 时, 也称 f 为定义在 X 上的**泛函**.

例 1.1.1 设 X 为 $\mathbf{R}$ 上的二次可微函数全体构成的集合, Y 是 $\mathbf{R}$ 上的函数全体构成的集合, a_0, a_1, a_2 为常数, 定义如下对应关系:

$$f : x(t) \to a_2 x''(t) + a_1 x'(t) + a_0 x(t), \quad x(t) \in X,$$

则 f 为 X 到 Y 的映射. 当 $a_2 \neq 0$ 时, 称此映射为**二阶微分算子**.

例 1.1.2 设 X 为非空集合, $f : X \to X$, 且满足

$$f(x) = x, \quad \forall x \in X,$$

则 f 是 X 到其自身的一个映射, 称为 X 上的**恒等映射**或**恒等变换**, 记为 I_X.

例 1.1.3 设 $C[a, b]$ 为区间 $[a, b]$ 上的连续函数全体构成的集合, 则对 $\forall x(t) \in C[a, b]$, 积分

$$f(x) = \int_a^b x(t) \mathrm{d}t$$

为 $C[a, b]$ 上的一个**泛函**.

定义 1.1.4　设 X, Y 是两个非空集合, 对于映射 $f : X \to Y$, 如果 $f(X) = Y$, 则称 f 为 X 到 Y 上的**满射**; 如果对 $\forall x_1, x_2 \in X$, 当 $x_1 \neq x_2$ 时, 有 $f(x_1) \neq f(x_2)$, 则称 f 是 X 到 Y 的**单射**; 如果 f 既是满射又是单射, 则称 f 为 X 到 Y 上的**双射**或**一一映射**.

例如, 对函数 $f(x) = |x|$, 当 $f : (-\infty, +\infty) \to [0, +\infty)$ 时, 是满射而不是单射; 当 $f : [0, +\infty) \to (-\infty, +\infty)$ 时, 是单射而不是满射; 当 $f : [0, +\infty) \to [0, +\infty)$ 或 $f : (-\infty, 0] \to [0, +\infty)$ 时, 是双射.

定义 1.1.5　设 X, Y, Z 为非空集合, 对映射 $f : X \to Y, g : Y \to Z$, 由

$$h(x) = g[f(x)]$$

所确定的映射 $h : X \to Z$ 称为映射 f 和 g 的**复合映射**, 记为 $h = g \circ f$.

定义 1.1.6　设 X, Y 为非空集合, 对映射 $f : X \to Y$, 若存在映射 $g : Y \to X$, 使得

$$g \circ f = I_X, \quad f \circ g = I_Y,$$

则称 g 为 f 的**逆映射**, 记为 f^{-1}.

复合映射是复合函数概念的推广, 逆映射是反函数概念的推广.

定义 1.1.7　设 f, F 分别是 $D(f), D(F)$ 到 Y 中的映射, 若 $D(f) \subset D(F)$, 且对于任意的 $x \in D(f)$, 有 $f(x) = F(x)$, 则称 F 是 f 在集合 $D(F)$ 上的**延拓或扩张**, 称 f 是 F 在 $D(f)$ 上的**限制**, 记为 $f = F|_{D(f)}$.

1.1.3　集合的基数

对于有限集, 我们可以通过计算其所含元素的个数比较大小, 但对于无限集, 其所含元素为无穷多个, 无法计算其个数, 如何比较大小呢? 下面的讨论将回答这一问题.

定义 1.1.8　设 A, B 为两个集合, 如果存在一个 A 到 B 的一一映射, 则称 A 与 B **对等**, 记为 $A \sim B$.

显然, 对等关系满足下列性质:

(1) 自反性　$A \sim A$;

(2) 对称性　$A \sim B$, 则 $B \sim A$;

(3) 传递性　$A \sim B, B \sim C$, 则 $A \sim C$.

一般地, 将满足上述三条性质的关系称为**等价关系**. 因此, 两个集合的对等关系就是一种等价关系.

定义 1.1.9　设 A, B 为两个集合, 若 $A \sim B$, 则称 A 与 B 具有相同的**基数**或**势**, 记为 $\bar{\bar{A}} = \bar{\bar{B}}$.

例如, 实数集 $\mathbf{R}$ 与区间 $(0,1)$ 是对等的, 两者之间存在的一一映射为

$$f(x) = \frac{1}{\pi}\arctan x + \frac{1}{2}, \quad \forall x \in \mathbf{R}.$$

定理 1.1.1 任何一个无限集必能与它的某一真子集对等.

证明 设 A 是一个无限集, 任取一个元素 $a_1 \in A$, 因为 A 为无限集, 则 $A - \{a_1\} \neq \varnothing$; 再从集 $A - \{a_1\}$ 中取出一个元素 a_2, 则 $A - \{a_1, a_2\} \neq \varnothing$, 将此方法依次进行下去, 可选取一列属于 A 的互异元素 $a_1, a_2, \cdots, a_n, \cdots$, 记 $B = A - \{a_1, a_2, \cdots, a_n, \cdots\}$, 则 $C = B \bigcup \{a_2, a_3, \cdots, a_n, \cdots\}$ 为 A 的真子集. 定义映射 $T : A \to C$ 且当 $a \in B$ 时, $T(a) = a$; 当 $a = a_k$ 时, $T(a) = T(a_k) = a_{k+1}, k = 1, 2, \cdots$, 则 T 为 A 到 C 上的一一映射, 故 $A \sim C$. $\qquad\diamond$

有限集与其真子集不可能建立一一映射, 因此无限集与有限集有本质的区别. 由于空集不含任何元素, 故规定 $\bar{\varnothing} = 0$; 有限集的基数就是其元素的个数; 将自然数集 $\mathbf{N}$ 的基数称为**可数基数**, 记为 $\bar{\mathbf{N}} = \aleph_0$(读作 "阿列夫零"); 将实数集 $\mathbf{R}$ 的基数称为**连续统基数**, 记为 $\bar{\mathbf{R}} = c$.

定义 1.1.10 与自然数集 $\mathbf{N}$ 对等的集合称为**可数集**或**可列集**. 一个集合是有限集或可数集时, 称其为**至多可数**.

例如, 整数集 $\{0, 1, -1, 2, -2, \cdots, n, -n, \cdots\}$, 函数系 $\{1, x, x^2, \cdots, x^n, \cdots\}$ 和

$$\{1, \cos x, \sin x, \cos 2x, \sin 2x, \cdots, \cos nx, \sin nx, \cdots\}$$

都是可数集.

由上述定义知, A 是可数集的充分必要条件是 A 可表示为

$$A = \{a_1, a_2, \cdots, a_n, \cdots\}.$$

可数集的性质如下.

性质 1 可数集的任意子集, 若不是有限集必是可数集.

证明 设 A 是可数集, 则 $A = \{a_1, a_2, \cdots, a_n, \cdots\}$. 设 B 是 A 的非空子集, 则 B 的元素应是 A 的元素列的一个子列, 即 $B = \{a_{n_1}, a_{n_2}, \cdots, a_{n_k}, \cdots\}$, 其中 $n_1, n_2, \cdots, n_k, \cdots \in \mathbf{N}$. 若指标 $n_1, n_2, \cdots, n_k, \cdots$ 中有最大数, 则 B 为一个有限集; 否则 B 为一个无限集. 当 B 是无限集时, 将 B 的元素 a_{n_k} 与自然数 k 对应, 可知集合 B 与自然数集 $\mathbf{N}$ 对等, 从而 B 是可数集. $\qquad\diamond$

性质 2 任意无限集都包含可数子集.

证明 设 M 是一无限集, 显然 $M \neq \varnothing$, 故存在 $a_1 \in M$, 因为 M 是无限集, 所以 $M - \{a_1\}$ 也是无限集, 从而存在 $a_2 \in M - \{a_1\}$, 显然, $a_2 \in M$ 且 $a_2 \neq a_1$. 假设已从 M 中取出了 k 个互异元素 $a_1, a_2, \cdots, a_k$, 因为 M 是无限集, 所

以 $M - \{a_1, a_2, \cdots, a_k\}$ 也是无限集, 从而存在 $a_{k+1} \in M - \{a_1, a_2, \cdots, a_k\}$, 显然 $a_{k+1} \in M$ 且 $a_{k+1} \neq a_i, i = 1, 2, \cdots, k$. 由数学归纳法, 可得到 M 的一个可数子集 $A = \{a_1, a_2, \cdots, a_n, \cdots\}$.   ◇

性质 3   可数个有限集的并集是可数集; 有限个或可数个可数集的并集是可数集.

证明   不失一般性, 仅就可数个可数集的情形来证, 其他情形证法类似. 设 $A_n = \{a_{n_1}, a_{n_2}, \cdots, a_{n_k}, \cdots\}$ 为可数集, 其中 $n, k \in \mathbf{N}$, 不妨假设它们两两不交, 否则可以用 $A_1, A_2 - A_1, A_3 - (A_1 \bigcup A_2), \cdots, A_n - \bigcup\limits_{k=1}^{n-1} A_k, \cdots$ 代替它们. 将 $A_1, A_2, \cdots, A_n, \cdots$ 的所有元素排列如下

$$
\begin{array}{ccccc}
a_{11} & \rightarrow a_{12} & a_{13} & \rightarrow a_{14} & a_{15} \quad \cdots \\
& \swarrow \quad \nearrow & \swarrow & \nearrow & \\
a_{21} & a_{22} & a_{23} & a_{24} & a_{25} \quad \cdots \\
\downarrow & \nearrow \quad \swarrow & \nearrow & \swarrow & \\
a_{31} & a_{32} & a_{33} & a_{34} & a_{35} \quad \cdots \\
& \swarrow \quad \nearrow & \swarrow & \nearrow & \\
a_{41} & a_{42} & a_{43} & a_{44} & a_{45} \quad \cdots \\
\downarrow & \nearrow \quad \swarrow & \nearrow & \swarrow & \\
a_{51} & a_{52} & a_{53} & a_{54} & a_{55} \quad \cdots \\
\vdots & \vdots & \vdots & \vdots & \vdots
\end{array}
$$

将上述所有元素从左上角起按箭头次序列出

$$a_{11}, a_{12}, a_{21}, a_{31}, a_{22}, a_{13}, a_{14}, a_{23}, a_{32}, a_{41}, \cdots,$$

故 $\bigcup\limits_{n=1}^{\infty} A_n$ 为可数集.   ◇

例 1.1.4   有理数集为可数集.

证明   因为每个有理数都可写成既约分数 p/q, 其中 p, q 都为整数, 且规定 $q \in \mathbf{N}$, 所以对每个固定的 q, $A_q = \{p/q | q \in \mathbf{Z}\}$ 是一可数集. 从而有理数集

$$\mathbf{Q} = \{p/q | p \in \mathbf{Z}, q \in \mathbf{N}\} = \bigcup\limits_{q=1}^{\infty} A_q$$

为可数个可数集的并集. 由性质 3 知, 有理数集 $\mathbf{Q}$ 是可数集.   ◇

性质 4   有限个可数集的直积是可数集.

证明   先证两个集合的情形. 设 A, B 是两个可数集,

$$A = \{a_1, a_2, a_3, \cdots\}, \quad B = \{b_1, b_2, b_3, \cdots\},$$

则

$$A \times B = \{(a_1, b_1), (a_1, b_2), (a_2, b_1), (a_1, b_3), (a_2, b_2), (a_3, b_1), \cdots\},$$

其中 (a_i, b_j) 是按照 $i + j = m(m = 2, 3, \cdots)$ 由小到大的次序排列出来的. 对于每一个固定的 m 值, $a(i, j)$ 的个数都是有限的, 故 $A \times B$ 是可数集.

再证一般有限个集合的情形. 若 $A_1, A_2, \cdots, A_n$ 为 n 个可数集, 假设 $n = k$ 时定理成立, 即直积 $A_1, A_2, \cdots, A_k$ 为可数集, 则当 $n = k + 1$ 时,

$$A_1 \times A_2 \times \cdots \times A_k \times A_{k+1} = (A_1 \times A_2 \times \cdots \times A_k) \times A_{k+1}$$

是两个集合的直积, 故也是可数集. $\diamond$

例 1.1.5 有理系数多项式全体为可数集.

证明 设 P 为有理系数多项式全体构成的集合,

$$P_n = \{a_0 x^n + a_1 x^{n-1} + \cdots + a_{n-1} x + a_n | a_k \in \mathbf{Q}, k = 0, 1, \cdots, n\},$$

则 $P = \bigcup_{n=1}^{\infty} P_n$. 若能证明 $P_n, n \in \mathbf{N}$ 为可数集, 则由性质 3 可知 P 为可数集.

事实上, 因为多项式 $a_0 x^n + a_1 x^{n-1} + \cdots + a_{n-1} x + a_n$ 与 $n+1$ 维向量 $(a_0, a_1, \cdots, a_n)$ 一一对应, 所以 $P \sim \mathbf{Q}^{n+1}$. 由于有理数集 $\mathbf{Q}$ 是可数集, 根据性质 4 知 $\mathbf{Q}^{n+1}$ 也是可数集, 从而 P 为可数集. $\diamond$

类似可以证明: $\mathbf{R}^n$ 上的有理点集为可数集.

定义 1.1.11 不是可数集的无限集称为**不可数集**.

定理 1.1.2 区间 $[0, 1]$ 是不可数集.

此定理的证明见 1.2.2 例.

易证开区间 $(0, 1), (a, b)$, 闭区间 $[a, b]$ 和实数集 $\mathbf{R}$ 都可与 $[0, 1]$ 对等, 因而它们都是不可数集, 其基数都是连续统的基数 c. 可以证明可数集的基数 $\aleph_0 < c$.

1.2 实数与函数的有关定理

1.2.1 实数的有关定理

定义 1.2.1 设 E 是实数集 $\mathbf{R}$ 的非空子集, 若存在常数 M(或 m), 使得对 $\forall x \in E$, 都有 $x \leqslant M$(或 $x \geqslant m$), 则称集合 E**有上界**(或**有下界**), 常数 M(或 m) 称为集合 E 的**上界**(或**下界**); 否则称 E**无上界**(或**无下界**). 若集合 E 既有上界又有下界, 则称 E**有界**, 否则就称 E**无界**.

若集合 E 有上 (下) 界, 其上 (下) 界是不唯一的. 如果 M 是 E 的上 (下) 界, 则任何大 (小) 于 M 的数 M_1 也是 E 的上界. 注意 E 的上界不一定在 E 中. 例

如, 若 $E = (0, 1)$, 则大于等于 1 的实数都是 E 的上界, 但并不在 E 中, 1 为 E 的最小上界.

定义 1.2.2   设 E 是实数集 **R** 的非空子集, 若存在实数 μ 满足

(1) 对 $\forall x \in E$, 都有 $x \leqslant \mu$, 即 μ 是 E 的上界;

(2) 对 $\forall \varepsilon > 0$, 至少存在一个 $x' \in E$, 使 $x' > \mu - \varepsilon$, 即 μ 是 E 的最小上界, 则称 μ 为集合 E 的**上确界**, 记为 $\mu = \sup E$.

如果集合 E 无上界, 则记 $\sup E = +\infty$.

定义 1.2.3   设 E 是实数集 **R** 的非空子集, 若存在实数 λ 满足

(1) 对 $\forall x \in E$, 都有 $x \geqslant \lambda$, 即 λ 是 E 的下界;

(2) 对 $\forall \varepsilon > 0$, 至少存在一个 $x' \in E$, 使 $x' < \lambda + \varepsilon$, 即 λ 是 E 的最大下界, 则称 λ 为集合 E 的**下确界**, 记为 $\lambda = \inf E$.

如果集合 E 无下界, 则记 $\inf E = -\infty$.

例 1.2.1   证明数集 $E = \{x \in \mathbf{Q} | x \geqslant 1, x^2 < 3\}$ 的下确界为 1, 上确界为 $\sqrt{3}$.

证明   对 $\forall x \in E, x \geqslant 1$, 故 $\lambda = 1$ 是 E 的下界; 又对 $\forall \varepsilon > 0, \exists x' \in E$, 使 $x' < \lambda + \varepsilon$, 从而 $\inf E = 1$.

对 $\forall x \in E, x \leqslant \sqrt{3}$, 故 $\mu = \sqrt{3}$ 是 E 的上界; 又对 $\forall \varepsilon > 0$(不妨设 $\varepsilon \leqslant 0.5$), 取 $x_\varepsilon \in (\sqrt{3} - \varepsilon, \sqrt{3}) \in E$, 则 $x_\varepsilon > \sqrt{3} - \varepsilon$, 从而 $\sup E = \sqrt{3}$.   ◇

定理 1.2.1 (确界存在定理)   设 E 是实数集 **R** 的非空子集, 若 E 有上 (下) 界, 则 E 在 **R** 中必存在唯一上 (下) 确界.

说明   (1) 上述确界存在定理只有在实数集 **R** 上才能成立, 而在 **R** 的子集上不一定成立. 例如, 对于例 1.2.1 中的集合 E, 在 **R** 中存在上确界 $\sqrt{3}$, 但因 $\sqrt{3} \notin \mathbf{Q}$, 从而 E 在有理数集 **Q** 上不存在上确界.

(2) 若集合 E 的上 (下) 确界属于 E, 则此上 (下) 确界即是 E 的最大 (小) 值.

定理 1.2.2(单调有界原理)   单调有界数列必有极限. 即

(1) 设 $\{a_n\} \subset \mathbf{R}$ 是单调增加的有界数列, 则 $\{a_n\}$ 必有极限, 且 $\lim\limits_{n \to \infty} a_n = \sup\{a_n\}$;

(2) 设 $\{a_n\} \subset \mathbf{R}$ 是单调减少的有界数列, 则 $\{a_n\}$ 必有极限, 且 $\lim\limits_{n \to \infty} a_n = \inf\{a_n\}$.

定理 1.2.3(闭区间套定理)   设 $[a_n, b_n], n = 1, 2, \cdots$ 是一列有界闭区间, 且满足

(1) $[a_n, b_n] \supset [a_{n+1}, b_{n+1}], n = 1, 2, \cdots$;

(2) $\lim\limits_{n \to \infty} (b_n - a_n) = 0$, 则存在唯一实数 $\alpha \in \mathbf{R}$, 使得 $\alpha \in \bigcap\limits_{n=1}^{\infty} [a_n, b_n]$.

证明   由条件 (1) 知, 数列 $\{a_n\}$ 是单调增加且有上界的, 数列 $\{b_n\}$ 是单调减

少且有下界的, 由定理 1.2.2 知此两数列的极限都存在, 且

$$\lim_{n\to\infty} a_n = \sup\{a_n\}, \qquad \lim_{n\to\infty} b_n = \inf\{b_n\}.$$

由条件 (2) 得

$$\inf\{b_n\} - \sup\{a_n\} = \lim_{n\to\infty}(b_n - a_n) = 0.$$

从而 $\inf\{b_n\} = \sup\{a_n\}$. 设 $\alpha = \sup\{a_n\}$, 则有 $a_n \leqslant \alpha \leqslant b_n, n = 1, 2, \cdots$, 故

$$\alpha \in \bigcap_{n=1}^{\infty} [a_n, b_n].$$

于是 α 的存在性得证.

再证 α 的唯一性. 设还有实数 $\beta \in \bigcap_{n=1}^{\infty}[a_n, b_n]$, 则因 $a_n \leqslant \alpha, \beta \leqslant b_n, n = 1, 2, \cdots$, 故

$$|\beta - \alpha| \leqslant \lim_{n\to\infty}(b_n - a_n) = 0,$$

从而 $\alpha = \beta$. $\qquad\qquad\qquad\qquad\qquad\qquad\qquad\qquad\qquad\qquad\qquad\qquad\qquad\diamond$

例 1.2.2 证明区间 $[0,1]$ 是不可数集.

证明 用反证法. 假设 $[0,1]$ 是可数集, 即 $[0,1] = \{x_1, x_2, \cdots, x_n, \cdots\}$. 现将 $[0,1]$ 三等分为三个闭区间, 则其中至少有一个闭区间不含 x_1, 记此区间为 $[a_1, b_1]$; 再将 $[a_1, b_1]$ 三等分, 则至少有一个闭区间不含 x_1, x_2; 将此步骤进行下去, 可得一闭区间列 $\{[a_n, b_n]\}$, 其中 $[a_n, b_n]$ 不含 $x_1, x_2, \cdots, x_n$, 且满足

(1) $[a_n, b_n] \supset [a_{n+1}, b_{n+1}], n = 1, 2, \cdots$;

(2) $\lim\limits_{n\to\infty}(b_n - a_n) = \lim\limits_{n\to\infty} \dfrac{1}{3^n} = 0.$

由闭区间套定理知, 必存在唯一实数 $\alpha \in [a_n, b_n], n = 1, 2, \cdots$. 另一方面, 因 $\alpha \in [a_n, b_n] \subset [0,1]$, 而 $[0,1] = \{x_1, x_2, \cdots, x_n, \cdots\}$, 故必存在某一自然数 N, 使 $\alpha = x_N$. 由于 $[a_N, b_N]$ 不含 x_N, 因此 $\alpha \notin [a_N, b_N]$, 这与 $\alpha \in [a_n, b_n], n = 1, 2, \cdots$ 矛盾. 从而假设不成立. 于是区间 $[0,1]$ 是不可数集. $\qquad\qquad\qquad\qquad\qquad\diamond$

定义 1.2.4 设 $\{a_n\}$ 为一实或复数列, 若对 $\forall \varepsilon > 0$, 总存在自然数 N, 使当 $m, n \geqslant N$ 时, 总有

$$|a_m - a_n| < \varepsilon$$

成立, 则称 $\{a_n\}$ 为**基本列**或**Cauchy 列**.

定理 1.2.4(完备性定理) 数列 $\{a_n\} \subset \mathbf{R}$ 收敛的充要条件是它为基本列.

此定理说明, 实数集 $\mathbf{R}$ 中的任意基本列都在 $\mathbf{R}$ 中收敛, 实数集的这一性质称为 $\mathbf{R}$ 的完备性. 有理数集不具有完备性. 例如, 有理数列

$$\left\{ \left(1 + \frac{1}{n}\right)^n \right\}$$

作为实数列是一个基本列, 其极限为 e, 但因 e∉ **Q**, 故在有理数集 **Q** 内没有极限.

定理 1.2.5(Bolzano-Weierstrass 列紧性定理)　有界实数列必有收敛的子列.

证明　设 $\{a_n\}$ 为一有界的实数列, 则由确界存在定理知 $\{a_n\}$ 有上、下确界. 令 $\lambda_1 = \inf\{a_n\}, \mu_1 = \sup\{a_n\}$, 则有 $\lambda_1 \leqslant a_n \leqslant \mu_1, n = 1, 2, \cdots$. 将区间 $[\lambda_1, \mu_1]$ 二等分成两个子区间, 则其中至少一个含有 $\{a_n\}$ 中的无穷多项, 记为 $[\lambda_2, \mu_2]$; 再将 $[\lambda_2, \mu_2]$ 二等分成两个子区间, 则其中至少一个含有 $\{a_n\}$ 中的无穷多项, 记为 $[\lambda_3, \mu_3]$; 如此进行下去可得一个含有 $\{a_n\}$ 中无穷多项的闭区间列 $\{[\lambda_k, \mu_k]\}$, 且满足

(1) $[\lambda_k, \mu_k] \supset [\lambda_{k+1}, \mu_{k+1}], k = 1, 2, \cdots$;

(2) $\lim\limits_{n\to\infty}(\mu_k - \lambda_k) = \lim\limits_{k\to\infty}\dfrac{\mu_1 - \lambda_1}{2^{k-1}} = 0$.

由闭区间套定理知, 必存在唯一实数 $\alpha \in [\lambda_k, \mu_k], k = 1, 2, \cdots$, 且

$$\alpha = \lim_{k\to\infty}\lambda_k = \lim_{k\to\infty}\mu_k.$$

由于每个闭区间 $[\lambda_k, \mu_k]$ 中都含有 $\{a_n\}$ 的无穷多项, 任取 $\{a_n\}$ 在 $[\lambda_1, \mu_1]$ 中的一项, 记为 a_{n_1}; 任取 $\{a_n\}$ 在 $[\lambda_2, \mu_2]$ 中的一项, 记为 a_{n_2}, 且使 $n_2 > n_1$; 一般地, 任取 $\{a_n\}$ 在 $[\lambda_k, \mu_k]$ 中的一项, 记为 a_{n_k}, 且使 $n_k > n_{k-1}$; 将此步骤进行下去, 可得到 $\{a_n\}$ 的一个子列 $\{a_{n_k}\}$. 因为 $\lambda_k \leqslant a_{n_k} \leqslant \mu_k$, 所以

$$\lim_{k\to\infty}a_{n_k} = \lim_{k\to\infty}\lambda_k = \lim_{k\to\infty}\mu_k = \alpha,$$

即数列 $\{a_n\}$ 有收敛的子列 $\{a_{n_k}\}$.　　　　　　　　　　　　　　　　◇

定义 1.2.5　设 E 为实数集 **R** 的子集, $G = \{(a_\alpha, b_\alpha)|\alpha \in I\}$ 为一族开区间, 若

$$E \subset \bigcup_{\alpha\in I}(a_\alpha, b_\alpha),$$

则称 G 为 E 的一个**开覆盖**. 若存在 $\alpha_1, \alpha_2, \cdots, \alpha_n \in I$, 使得

$$E \subset \bigcup_{k=1}^{n}(a_{\alpha_k}, b_{\alpha_k}),$$

则称 $(a_{\alpha_1}, b_{\alpha_1}), (a_{\alpha_2}, b_{\alpha_2}), \cdots, (a_{\alpha_n}, b_{\alpha_n})$ 为 G 的一个**有限子覆盖**.

定理 1.2.6(Heine-Borel 有限覆盖定理)　设 G 是有界闭区间 $[a, b]$ 的一个开覆盖, 则 $[a, b]$ 必有有限子覆盖, 即能从 G 中选取有限个开区间覆盖 $[a, b]$.

证明　用反证法. 假设 G 是 $[a, b]$ 的一个开覆盖, 且无有限子覆盖. 记 $[a_1, b_1] = [a, b]$, 将 $[a_1, b_1]$ 二等分成两个闭区间, 则其中至少有一个闭区间无有限子覆盖, 记为 $[a_2, b_2]$; 将 $[a_2, b_2]$ 二等分成两个闭区间, 则其中至少有一个闭区间无有限子覆

盖, 记为 $[a_3, b_3]$; 如此下去得一闭区间列 $[a_n, b_n], n = 1, 2, \cdots$, 其中每个 $[a_n, b_n]$ 都无有限子覆盖, 且满足

(1) $[a_n, b_n] \supset [a_{n+1}, b_{n+1}], n = 1, 2, \cdots$;

(2) $\lim\limits_{n \to \infty} (b_n - a_n) = \lim\limits_{n \to \infty} \dfrac{b-a}{2^{n-1}} = 0$.

由闭区间套定理知, 必存在唯一实数 $\lambda \in [a_n, b_n], n = 1, 2, \cdots$, 且

$$\lambda = \lim_{n \to \infty} a_n = \lim_{n \to \infty} b_n.$$

因为 $\lambda \in [a, b]$, 所以至少存在一个开区间 $(a_\alpha, b_\alpha) \in G$, 使得 $\lambda \in (a_\alpha, b_\alpha)$. 于是当 n 充分大时, 有 $[a_n, b_n] \subset (a_\alpha, b_\alpha)$, 这与 $[a_n, b_n]$ 无有限子覆盖矛盾.   ◇

1.2.2 函数的有关概念与定理

我们已经学过函数 $f(x)$ 在集合 $E \subset \mathbf{R}$ 上连续的概念, 即设 $x \in E$, 若对 $\forall \varepsilon > 0$, 总存在 $\delta = \delta(\varepsilon, x) > 0$, 使得当 $x' \in E$ 且 $|x' - x| < \delta$ 时, 就有 $|f(x') - f(x)| < \varepsilon$ 成立, 则称函数 $f(x)$ 在点 x 连续; 若 $f(x)$ 在 E 的每一点都连续, 则称 $f(x)$ 在 E 上连续. 为了以后研究问题的需要, 引入下面更强的连续性概念.

定义 1.2.6 设函数 $f(x)$ 在集合 $E \subset \mathbf{R}$ 上有定义, 若对 $\forall \varepsilon > 0$, 总存在 $\delta = \delta(\varepsilon) > 0$, 使得对 $\forall x', x \in E$, 只要 $|x - x'| < \delta$, 就有

$$|f(x') - f(x)| < \varepsilon$$

成立, 则称 $f(x)$ 在 E 上**一致连续**.

比较函数的连续性概念和一致连续性概念可知, 函数的连续性概念是一个局部概念, 描述的是函数 $f(x)$ 在 E 上各点的局部性态, 其中的 δ 不仅与 ε 有关, 还与 E 中的点 x 有关; 而函数的一致连续性概念是一个整体概念, 其中的 δ 仅与 ε 有关, 而与 E 中的点 x 无关. 显然集合 E 上的一致连续函数一定是 E 上的连续函数, 但反之未必.

例 1.2.3 函数 $f(x) = \dfrac{1}{x}$ 在 $(0, 1)$ 内连续但不一致连续.

证明 因为函数 $f(x) = \dfrac{1}{x}$ 是初等函数, 且在区间 $(0, 1)$ 内有定义, 所以在 $(0, 1)$ 内是连续的.

现用反证法证明 $f(x)$ 在 $(0, 1)$ 内不是一致连续的. 对 $\forall \varepsilon > 0$(不妨设 $\varepsilon < 1$), 假定 $f(x) = \dfrac{1}{x}$ 在 $(0, 1)$ 内一致连续, 应该 $\exists \delta > 0$, 使得对于 $\forall x, x' \in (0, 1)$, 都有

$$\left| \frac{1}{x'} - \frac{1}{x} \right| < \varepsilon.$$

现取

$$x' = \frac{1}{n}, \quad x = \frac{1}{n+1},$$

其中 n 为正整数, 显然这样的 $x', x \in (0, 1)$. 因为

$$|x' - x| = \left| \frac{1}{n} - \frac{1}{n+1} \right| = \frac{1}{n(n+1)},$$

故只要 n 取得足够大, 总能使 $|x' - x| < \delta$, 但这时有

$$|f(x') - f(x)| = \left| \frac{1}{\frac{1}{n}} - \frac{1}{\frac{1}{n+1}} \right| = |n - (n-1)| = 1 > \varepsilon,$$

与假设 $f(x)$ 在 $(0, 1)$ 内一致连续矛盾, 所以 $f(x) = \dfrac{1}{x}$ 在 $(0, 1)$ 内不是一致连续的.

$\diamond$

定理 1.2.7(一致连续定理)   若函数 $f(x)$ 在闭区间 $[a, b]$ 上连续, 则函数 $f(x)$ 在 $[a, b]$ 上一致连续.

证明   对 $\forall \varepsilon > 0$ 及 $\forall x_0 \in [a, b]$, 因为 $f(x)$ 在 $[a, b]$ 上连续, 所以 $f(x)$ 在 x_0 点连续, 故 $\exists \delta(x_0) > 0$, 只要 $|x - x_0| < \delta(x_0)$, 就有

$$|f(x) - f(x_0)| < \frac{\varepsilon}{2}.$$

让 x_0 取遍 $[a, b]$, 则

$$G = \left\{ \left(x_0 - \frac{\delta(x_0)}{2}, x_0 + \frac{\delta(x_0)}{2} \right) \middle| x_0 \in [a, b] \right\}$$

为 $[a, b]$ 的一个开覆盖, 由有限覆盖定理知, G 必有有限子覆盖

$$\left\{ \left(x_k - \frac{\delta(x_k)}{2}, x_k + \frac{\delta(x_k)}{2} \right) \middle| x_k \in [a, b], k = 1, 2, \cdots, n \right\}.$$

令 $\delta = \min\limits_{1 \leqslant k \leqslant n} \left\{ \dfrac{\delta(x_k)}{2} \right\}$, 则对 $\forall x, x' \in [a, b]$, 当 $|x - x'| < \delta$ 时, $\exists k, 1 \leqslant k \leqslant n$, 使得

$$x' \in \left(x_k - \frac{\delta(x_k)}{2}, x_k + \frac{\delta(x_k)}{2} \right),$$

因此得

$$|x - x_k| \leqslant |x - x'| + |x' - x_k| < \delta + \frac{\delta(x_k)}{2} \leqslant \delta(x_k),$$

从而有 $x_k, x' \in (x - \delta(x_k), x + \delta(x_k))$, 此时必有

$$|f(x) - f(x')| \leqslant |f(x) - f(x_k)| + |f(x_k) - f(x')| < \frac{\varepsilon}{2} + \frac{\varepsilon}{2} = \varepsilon.$$

故 $f(x)$ 在 $[a, b]$ 上一致连续.

$\diamond$

下面讨论函数列的一致收敛性.

我们学过的函数列收敛概念与函数的连续性一样, 也是一个局部概念. 设集合 $E \in \mathbf{R}$, $\{f_n(x)\}$ 是定义在 E 上的函数列, $f(x)$ 是定义在 E 上的函数, 若对每一个 $x \in E$, 都有 $\lim\limits_{n \to \infty} f_n(x) = f(x)$, 则称函数列 $\{f_n(x)\}$ 在 E 上**收敛**于函数 $f(x)$. 用 ε-δ 语言叙述为: 对 $\forall \varepsilon > 0$, 总存在自然数 $N = N(x, \varepsilon)$, 使得当 $n > N$ 时, 就有 $|f_n(x) - f(x)| < \varepsilon$ 成立. 这里的 N 不仅与 ε 有关, 还与 x 有关. 是否也能给出一个更强的函数列收敛概念, 用来描述函数列在 E 上整体收敛的概念呢? 即 $N = N(\varepsilon)$ 只与 ε 有关, 而与 x 无关. 回答是肯定的, 就是下面的函数列一致收敛概念.

定义 1.2.7　设集合 E 是实数集 $\mathbf{R}$ 的子集, $\{f_n(x)\}, f(x)$ 分别是定义在 E 上的函数列和函数, 若对 $\forall \varepsilon > 0$, 总存在自然数 $N = N(\varepsilon)$, 使得当 $n > N$ 时, 对 $\forall x \in E$ 都有

$$|f_n(x) - f(x)| < \varepsilon$$

成立, 则称函数列 $\{f_n(x)\}$ 在 E 上**一致收敛**于函数 $f(x)$, 记为 $f_n(x) \Rightarrow f(x)$.

显然由定义可知, 若函数列 $\{f_n(x)\}$ 在集合 E 上一致收敛于函数 $f(x)$, 则 $\{f_n(x)\}$ 必在 E 上收敛于 $f(x)$; 但反之未必.

例 1.2.4　函数列 $\{f_n(x)\} = \{x^n\}$ 在区间 $[0,1]$ 上收敛, 但不一致收敛.

证明　任取 $x \in [0,1]$, 则

$$\lim_{n \to \infty} f_n(x) = \lim_{n \to \infty} x^n = \begin{cases} 0, & x \in [0,1), \\ 1, & x = 1. \end{cases}$$

故函数列 $\{x^n\}$ 在区间 $[0,1]$ 上收敛, 其极限函数为

$$f(x) = \begin{cases} 0, & x \in [0,1), \\ 1, & x = 1. \end{cases}$$

现证函数列 $\{x^n\}$ 在区间 $[0,1]$ 上不一致收敛到 $f(x)$. 对 $\varepsilon_0 = \dfrac{1}{5} > 0$ 及任何自然数 N, 取 $x = (1/2)^{\frac{1}{2N}}$ 和 $n = 2N$, 则有

$$|f_n(x) - f(x)| = |x^n| = \left[\left(\frac{1}{2} \right)^{\frac{1}{2N}} \right]^{2N} = \frac{1}{2} \geqslant \varepsilon$$

成立. 由定义知 $\{x^n\}$ 在 $[0,1]$ 上不是一致收敛的.　　　　　　　　$\diamond$

定理 1.2.8　函数列 $\{f_n(x)\}$ 在 E 上一致收敛的充分必要条件是对 $\forall \varepsilon > 0$, 存在自然数 N, 使得当 $n, m > N$ 时, 对 $\forall x \in E$, 都有 $|f_n(x) - f_m(x)| < \varepsilon$ 成立.

证明　必要性. 设函数列 $\{f_n(x)\}$ 在 E 上一致收敛于 $f(x)$, 则对 $\forall \varepsilon > 0$, 存在自然数 N, 使得当 $n, m > N$ 时, 对 $\forall x \in E$, 都有

$$|f_n(x) - f(x)| < \frac{\varepsilon}{2}, \quad |f_m(x) - f(x)| < \frac{\varepsilon}{2}$$

成立. 因此, 对于 $\forall x \in E$, 当 $n, m > N$ 时, 就有

$$|f_n(x) - f_m(x)| \leqslant |f_n(x) - f(x)| + |f_m(x) - f(x)| < \varepsilon.$$

充分性. 若对 $\forall \varepsilon > 0$, 存在自然数 N, 使得当 $n, m > N$ 时, 对 $\forall x \in E$, 都有

$$|f_n(x) - f_m(x)| < \varepsilon \tag{1.2.1}$$

成立, 则对每个固定的 $x \in E$, $\{f_n(x)\}$ 是 Cauchy 数列, 由实数的完备性定理知, 它收敛于一个依赖于 x 的数, 记为 $f(x)$, 从而有 $\lim\limits_{n \to \infty} f_n(x) = f(x)$. 在 (1.2.1) 中令 $m \to \infty$, 则当 $n > N$ 时, 对每个 $x \in E$, 有

$$|f_n(x) - f(x)| < \varepsilon$$

成立. 因此函数列 $\{f_n(x)\}$ 在集合 E 上一致收敛于 $f(x)$. $\diamond$

一致收敛的函数列具有下列性质.

定理 1.2.9 设 $\{f_n(x)\}$ 是集合 E 上的连续函数列, 若 $\{f_n(x)\}$ 在 E 上一致收敛于 $f(x)$, 则 $f(x)$ 在 E 上连续, 即 $\lim\limits_{x \to x_0} \lim\limits_{n \to \infty} f_n(x) = \lim\limits_{n \to \infty} \lim\limits_{x \to x_0} f_n(x)$.

证明   因在 E 上 $f_n(x) \rightrightarrows f(x)$, 故对 $\forall \varepsilon > 0$, 存在自然数 N, 使得当 $n > N$ 时, 对 $\forall x \in E$ 都有

$$|f_n(x) - f(x)| < \frac{\varepsilon}{3}.$$

任取 $x_0 \in E$, 因为函数列 $\{f_n(x)\}$ 在 E 上连续, 故函数 $f_{N+1}(x)$ 在 E 上连续, 从而在 x_0 点连续, 所以 $\exists \delta > 0$, 使得当 $|x - x_0| < \delta$ 时, 有

$$|f_{N+1}(x) - f_{N+1}(x_0)| < \frac{\varepsilon}{3}.$$

因此, 对 $\forall \varepsilon > 0$, 存在上述 $\delta > 0$, 使得当 $|x - x_0| < \delta$ 时, 有

$$\begin{aligned}
|f(x) - f(x_0)| &\leqslant |f(x) - f_{N+1}(x)| + |f_{N+1}(x) - f_{N+1}(x_0)| \\
&\quad + |f_{N+1}(x_0) - f(x_0)| < \frac{\varepsilon}{3} + \frac{\varepsilon}{3} + \frac{\varepsilon}{3} = \varepsilon.
\end{aligned}$$

故 $f(x)$ 在 x_0 点连续, 再由 x_0 的任意性知 $f(x)$ 在 E 上连续. $\diamond$

在上述定理中, 若 $E = [a, b]$, 则由一致连续定理可知 $f(x)$ 在 E 上一致连续.

定理 1.2.10 设 $\{f_n(x)\}$ 是区间 $[a, b]$ 上的连续函数列, 若 $\{f_n(x)\}$ 在 $[a, b]$ 上一致收敛于 $f(x)$, 则 $f(x)$ 在 $[a, b]$ 上可积, 且

$$\lim_{n \to \infty} \int_a^b f_n(x) \mathrm{d}x = \int_a^b \lim_{n \to \infty} f_n(x) \mathrm{d}x = \int_a^b f(x) \mathrm{d}x.$$

证明 因为 $\{f_n(x)\}$ 是区间 $[a,b]$ 上的连续函数列, 所以 $f_n(x)$ 在 $[a,b]$ 上可积. 又因 $\{f_n(x)\}$ 在 $[a,b]$ 上一致收敛于 $f(x)$, 由定理 1.2.9 知 $f(x)$ 在 $[a,b]$ 上连续, 从而 $f(x)$ 在 $[a,b]$ 上也可积.

又因在 $[a,b]$ 上 $f_n(x) \rightrightarrows f(x)$, 故对 $\forall \varepsilon > 0$, 存在自然数 N, 使得当 $n > N$ 时, 对 $\forall x \in [a,b]$, 有

$$|f_n(x) - f(x)| < \frac{\varepsilon}{b-a}.$$

进而有

$$\left| \int_a^b f_n(x)\mathrm{d}x - \int_a^b f(x)\mathrm{d}x \right| \leqslant \int_a^b |f_n(x) - f(x)|\mathrm{d}x < \frac{\varepsilon}{b-a} \cdot (b-a) = \varepsilon.$$

因此

$$\lim_{n\to\infty} \int_a^b f_n(x)\mathrm{d}x = \int_a^b f(x)\mathrm{d}x = \int_a^b \lim_{n\to\infty} f_n(x)\mathrm{d}x. \qquad \diamond$$

定理 1.2.11 设 $\{f_n(x)\}$ 是区间 $[a,b]$ 上有连续导函数的函数列, 且收敛于函数 $f(x)$, 若其导函数列 $\{f_n'(x)\}$ 在 $[a,b]$ 上一致收敛于 $g(x)$, 则对 $\forall x \in [a,b]$, 有

$$f'(x) = g(x),$$

即

$$f'(x) = \left[\lim_{n\to\infty} f_n(x) \right]' = \lim_{n\to\infty} f_n'(x) = g(x).$$

1.3 直线上的开集和闭集

1.3.1 开集和闭集的概念

定义 1.3.1 设 x_0 是直线上的一点, 称包含 x_0 的任何一个开区间为 x_0 的一个邻域. 特别地, 如果 δ 为一正数, 则称开区间 $(x_0 - \delta, x_0 + \delta)$ 为以 x_0 为心, δ 为半径的邻域, 记为 $U(x_0, \delta)$.

定义 1.3.2 设 E 是直线上的非空点集, x_0 是直线上的一点,

(1) 如果点 $x_0 \in E$, 且存在 x_0 点的某一邻域 $U(x_0, \delta) \subset E$, 则称 x_0 为 E 的**内点**;

(2) 如果点 $x_0 \in E$, 且存在 x_0 点的某一邻域 $U(x_0, \delta)$ 不再包含 E 的其他点, 则称 x_0 为 E 的**孤立点**;

(3) 如果 x_0 的任何邻域内都含有 E 的异于 x_0 的点, 则称 x_0 为 E 的**聚点**.

由上述定义可知, 直线上的点集 E 的内点、孤立点一定属于 E, 但 E 的聚点可以属于 E, 也可以不属于 E. E 的内点一定是其聚点, 但 E 的聚点未必是其内点. E 的孤立点不是 E 的内点, 也不是 E 的聚点. 点集 E 中的任意一点不是 E 的聚点就是 E 的孤立点.

定理 1.3.1　设 E 是直线上的点集, x_0 是直线上的一点, 则下列命题等价:

(1) x_0 是 E 的聚点;

(2) 存在 E 中的点列 $\{x_n\}, x_n \neq x_0, n = 1, 2, \cdots$, 使得 $\lim\limits_{n\to\infty} x_n = x_0$;

(3) 存在 E 中一列互不相同的点 $\{x_n\}$, 使得 $\lim\limits_{n\to\infty} x_n = x_0$;

(4) 在 x_0 的任何邻域内必含有 E 的无穷多个点.

证明　采用循环证明法, 即 $(1) \Rightarrow (2) \Rightarrow (3) \Rightarrow (4) \Rightarrow (1)$.

$(1) \Rightarrow (2)$　若 x_0 为 E 的聚点, 即对 $\forall \delta > 0$, 邻域 $U(x_0, \delta)$ 内必有 E 的异于 x_0 的点, 则取 $\delta = \dfrac{1}{n}$, 存在 $x_n \in E, x_n \neq x_0$, 使 $x_n \in U(x_0, \delta)$, 即

$$|x_n - x_0| < \frac{1}{n},$$

从而 $\lim\limits_{n\to\infty} x_n = x_0$.

$(2) \Rightarrow (3)$　设 x_0 满足条件 (2), 则点列 $\{x_n\}$ 中必有无限多项彼此互不相同. 因为如果 $\{x_n\}$ 不是有无限多项彼此互不相同, 则它一定是由有限个互不相同的点构成的点集, 从而必有某一个点, 不妨设为 x_N, 在 $\{x_n\}$ 中重复出现无限次. 因 $x_n \to x_0$, 故应有 $x_N = x_0$, 这与 $x_n \neq x_0, n = 1, 2, \cdots$ 矛盾. 设 $\{x_{n_k}\}$ 是 $\{x_n\}$ 中互不相同的点构成的子列, 显然 $\{x_{n_k}\}$ 就是满足条件 (3) 的点列.

$(3) \Rightarrow (4)$　设 $\{x_n\}$ 是 E 中的互不相同的点构成的点列, 且 $\lim\limits_{n\to\infty} x_n = x_0$. 对 x_0 的任何邻域 $U(x_0, \delta)$, 即对 $\forall \delta > 0$, 总存在自然数 N_δ, 当 $n > N_\delta$ 时, 就有 $|x_n - x_0| < \delta$, 即 $x_n \in U(x_0, \delta)$. 于是在 x_0 的任何邻域 $U(x_0, \delta)$ 内必含有 E 的无穷多个点 $x_{N_\delta+1}, x_{N_\delta+2}, \cdots$.

$(4) \Rightarrow (1)$　对 $\forall \delta > 0$, 设 x_0 的任何邻域 $U(x_0, \delta)$ 内都含有 E 的无穷多个点, 则这无穷多个点中必有异于 x_0 的点. 否则, 若这无穷多个点中没有异于 x_0 的点, 则这无穷多个点都等于 x_0, 那么 $U(x_0, \delta)$ 只含有 E 的一个点 x_0, 这与已知 x_0 的任何邻域内都含有 E 的无穷多个点矛盾. 由聚点的定义知 x_0 是 E 的聚点.　　　◇

由上述定理知 x_0 为 E 的聚点 $\Leftrightarrow x_0$ 为 E 中点列的**极限点**.

定义 1.3.3　设 E 为直线上的点集, E 的所有聚点构成的集合称为 E 的**导集**, 记为 E'; 集合 $E \bigcup E'$ 称为 E 的**闭包**, 记为 $\overline{E}$.

定理 1.3.2　设 E_1, E_2 为直线上的两个点集,

(1) 若 $E_1 \subset E_2$, 则 $E_1' \subset E_2', \overline{E_1} \subset \overline{E_2}$;

(2) $(E_1 \bigcup E_2)' = E_1' \bigcup E_2'$.

证明 (1) 任取 $x_0 \in E_1'$, 则 x_0 为 E_1 的聚点, 从而对 $\forall \delta > 0$, x_0 的邻域 $U(x_0, \delta)$ 内必有 E_1 的异于 x_0 的点 x_δ, 因 $E_1 \subset E_2$, 故 $x_\delta \in E_2$, 于是 x_0 也为 E_2 的聚点, 即 $x_0 \in E_2'$. 由 x_0 的任意性知 $E_1' \subset E_2'$.

任取 $x_0 \in \overline{E_1} = E_1 \bigcup E_1'$, 则 $x_0 \in E_1$ 或 $x_0 \in E_1'$. 若 $x_0 \in E_1$, 因 $E_1 \subset E_2$, 故 $x_0 \in E_2 \subset \overline{E_2}$; 由上述证明知若 $E_1 \subset E_2$, 则 $E_1' \subset E_2'$, 故若 $x_0 \in E_1'$, 则 $x_0 \in E_2' \subset \overline{E_2}$. 因此由 x_0 的任意性得, 若 $E_1 \subset E_2$, 就有 $\overline{E_1} \subset \overline{E_2}$.

(2) 先证 $(E_1 \bigcup E_2)' \subset E_1' \bigcup E_2'$. 任取 $x_0 \in (E_1 \bigcup E_2)'$, 则 x_0 为 $E_1 \bigcup E_2$ 的聚点. 由定理 1.3.1 的 (3) 知, 存在 $E_1 \bigcup E_2$ 中互不相同的点构成的点列 $\{x_n\}$, 使 $\lim\limits_{n \to \infty} x_n = x_0$, 从而 E_1 和 E_2 中至少有一个含有点列 $\{x_n\}$ 的无穷多个点. 不妨设 E_1 含有 $\{x_n\}$ 的无穷多个点 $\{x_{n_k}\}$, 则由定理 1.3.1 的 (1) 知 x_0 为 E_1 的聚点, 即 $x_0 \in E_1'$, 于是 $x_0 \in E_1' \bigcup E_2'$. 再由 x_0 的任意性知 $(E_1 \bigcup E_2)' \subset E_1' \bigcup E_2'$.

再证 $E_1' \bigcup E_2' \subset (E_1 \bigcup E_2)'$. 任取 $x_0 \in E_1' \bigcup E_2'$, 则 $x_0 \in E_1'$ 或 $x_0 \in E_2'$. 若 $x_0 \in E_1'$, 由定理 1.3.1 的 (3) 知, 存在 E_1 中互不相同的点构成的点列 $\{x_n\}$, 使得 $\lim\limits_{n \to \infty} x_n = x_0$. 显然, $\{x_n\} \subset E_1 \bigcup E_2$, 由定理 1.3.1 的 (1) 可知, x_0 为 $E_1 \bigcup E_2$ 的聚点, 即 $x_0 \in (E_1 \bigcup E_2)'$. 若 $x_0 \in E_2'$, 同理可证 $x_0 \in (E_1 \bigcup E_2)'$. 再由 x_0 的任意性知 $E_1' \bigcup E_2' \subset (E_1 \bigcup E_2)'$.

综合上述证明知 $(E_1 \bigcup E_2)' = E_1' \bigcup E_2'$. $\diamond$

定理 1.3.2 的 (2) 可以推广到任意有限个集合的情形, 即设 $E_1, E_2, \cdots, E_n$ 为直线上的 n 个点集, 则

$$\left(\bigcup_{i=1}^{n} E_i \right)' = \bigcup_{i=1}^{n} E_i'.$$

定义 1.3.4 设 E 为直线上的点集, 若 E 的每一个点都是它的内点, 则称 E 为**开集**; 若 E 的所有聚点都属于 E, 即 $E' \subset E$, 则称 E 为**闭集**.

显然, 开区间是开集, 闭区间是闭集. 直线上的所有点构成的集合, 即实数集 **R** 既是开集又是闭集. 空集 $\varnothing$ 也既是开集又是闭集. 任何有限点集都是闭集.

关于闭集有如下定理.

定理 1.3.3 点 x_0 是点集 E 的聚点的充分必要条件是存在 E 中的点列 $\{x_n\}$, 使 $x_n \neq x_0, n = 1, 2, \cdots$, 且 $\lim\limits_{n \to \infty} x_n = x_0$.

定理 1.3.4 点集 E 是闭集的充分必要条件是 $\overline{E} = E$.

定理 1.3.5 点集 E 的导集 E' 和闭包 $\overline{E}$ 都是闭集.

1.3.2 开集和闭集的性质

定理 1.3.6 有限个开集的交集是开集; 任意多个开集的并集是开集.

证明   设 $G_i, i = 1, 2, \cdots, n$ 为 n 个开集, 要证 $G = \bigcap\limits_{i=1}^{n} G_i$ 是开集. 若 $G = \varnothing$, 则 G 是开集. 若 $G \neq \varnothing$, 任取 $x_0 \in G$, 则 $x_0 \in G_i, i = 1, 2, \cdots, n$. 因为 $G_i, i = 1, 2, \cdots, n$ 为开集, 所以存在 x_0 的 n 个邻域 $U(x_0, \delta_i), i = 1, 2, \cdots, n$, 使得 $U(x_0, \delta_i) \subset G_i, i = 1, 2, \cdots, n$. 令 $\delta = \min\{\delta_1, \delta_2, \cdots, \delta_n\}$, 则 $U(x_0, \delta) \subset G_i, i = 1, 2, \cdots, n$, 从而 $U(x_0, \delta) \subset \bigcap\limits_{i=1}^{n} G_i = G$, 于是 x_0 是 G 的内点. 再由 x_0 的任意性知 G 为开集.

设 $G_\xi, \xi \in I$ 为任意多个开集, 其中 I 为某一指标集. 要证 $G = \bigcup\limits_{\xi \in I} G_\xi$ 为开集. 若 $G = \varnothing$, 则 G 是开集. 若 $G \neq \varnothing$, 任取 $x_0 \in G$, 则至少存在某个 ξ_0, 使 $x_0 \in G_{\xi_0}$. 因为 G_{ξ_0} 为开集, 所以存在 x_0 的某个邻域 $U(x_0, \delta) \subset G_{\xi_0} \subset G$, 于是 x_0 为 G 的内点. 再由 x_0 的任意性知 G 为开集.   ◇

无限多个开集的交集不一定是开集. 例如, $\bigcap\limits_{n=1}^{\infty} \left(-\dfrac{1}{n}, \dfrac{1}{n} \right) = \{0\}$, 不是开集.

定理 1.3.7   有限多个闭集的并集是闭集; 任意多个闭集的交集是闭集.

证明   设 $F_i, i = 1, 2, \cdots, n$ 为 n 个闭集, 则 $F_i' \subset F_i, i = 1, 2, \cdots, n$. 要证 $F = \bigcup\limits_{i=1}^{n} F_i$ 是闭集. 由定理 1.3.2 可得

$$F' = \left(\bigcup_{i=1}^{n} F_i \right)' = \bigcup_{i=1}^{n} F_i' \subset \bigcup_{i=1}^{n} F_i = F,$$

故 F 是闭集.

设 $F_\xi, \xi \in I$ 为任意多个闭集, 其中 I 为某一指标集, 则 $F_\xi' \subset F_\xi, \xi \in I$. 要证 $F = \bigcap\limits_{\xi \in I} F_\xi$ 为闭集. 因为对于 $\forall \xi \in I$, 有 $\bigcap\limits_{\xi \in I} F_\xi \subset F_\xi$, 所以由定理 1.3.2 知, $\left(\bigcap\limits_{\xi \in I} F_\xi \right)' \subset F_\xi' \subset F_\xi$. 由 ξ 的任意性知, $F' = \left(\bigcap\limits_{\xi \in I} F_\xi \right)' \subset \bigcap\limits_{\xi \in I} F_\xi = F$, 于是 F 是闭集.   ◇

无限多个闭集的并集不一定是闭集. 例如, $\bigcup\limits_{n=2}^{\infty} \left[\dfrac{1}{n}, 1 - \dfrac{1}{n} \right] = (0, 1)$ 不是闭集.

定理 1.3.8   开集的余集是闭集; 闭集的余集是开集.

证明   设 G 是直线上的开集, 要证 $G^C = \mathbf{R} - G$ 是闭集. 任取 $x_0 \in G$, 因为 G 是开集, 所以存在 x_0 点的某一邻域 $U(x_0, \delta) \subset G$. 从而 $U(x_0, \delta) \bigcap G^C = \varnothing$, 即存在 x_0 点的某一邻域 $U(x_0, \delta)$ 不含 G^C 的任何点, 故 x_0 不是 G^C 的聚点. 由 x_0 的任意性可知, G 中的点都不是 G^C 的聚点. 又因 $G \bigcap G^C = \varnothing, G \bigcup G^C = \mathbf{R}$, 所以 G^C 的聚点都在 G^C 中, 于是 G^C 是闭集.

设 F 是直线上的闭集, 则 $F' \subset F$, 要证 $F^C = \mathbf{R} - F$ 是开集. 因为 $F' \subset F$, 所以

F^C 中不含 F 的聚点. 任取 $x_0 \in F^C$, 因 x_0 不是 F^C 的聚点, 故必存在 x_0 点的某一邻域 $U(x_0, \delta)$ 至多含有 F 的有限个点, 记为 $x_1, x_2, \cdots, x_n$. 令 $\delta' = \min\limits_{1 \leqslant i \leqslant n} |x_i - x_0|$, 则 x_0 点的邻域 $U(x_0, \delta')$ 不含 F 的任何点, 即 $U(x_0, \delta') \subset F^C$, 从而 x_0 是 F^C 的内点. 再由 x_0 的任意性得 F^C 是开集. ◇

定理 1.3.9 开集减闭集后的差集是开集; 闭集减开集后的差集是闭集.

证明 设 G 和 F 分别是直线上的开集和闭集.

因 F 是闭集, 由定理 1.3.8 知 F^C 为开集. 又因 G 是开集, 由定理 1.3.6 得 $G - F = G \bigcap F^C$ 是开集.

因 G 是开集, 由定理 1.3.8 知 G^C 为闭集. 又因 F 是开集, 由定理 1.3.7 得 $F - G = F \bigcap G^C$ 是闭集. ◇

1.3.3 开集和闭集的结构

定义 1.3.5 设 G 是直线上的开集, 如果开区间 $(\alpha, \beta) \subset G$, 且 $\alpha \notin G$(或 $\alpha = -\infty$) 及 $\beta \notin G$(或 $\beta = +\infty$), 则称 (α, β) 为 G 的一个**构成区间**.

例如, $G = (-1, 2) \bigcup (6, +\infty)$ 是开集, $(-1, 2), (6, +\infty)$ 是 G 的构成区间.

定理 1.3.10 直线上非空开集 G 的每一点必属于它的某个构成区间.

证明 任取 $x_0 \in G$, 记 $G_{x_0} = \{(\alpha, \beta) | x_0 \in (\alpha, \beta) \subset G\}$. 因为 G 是非空开集, 所以 $G_{x_0} \neq \varnothing$. 记 $\alpha_0 = \inf\limits_{(\alpha, \beta) \subset G_{x_0}} \alpha$, $\beta_0 = \sup\limits_{(\alpha, \beta) \subset G_{x_0}} \beta$, 从而区间 $(\alpha_0, \beta_0) = \bigcup\limits_{(\alpha, \beta) \subset G_{x_0}} (\alpha, \beta)$. 显然, $x_0 \in (\alpha_0, \beta_0)$, 现只需证明 (α_0, β_0) 为 G 的构成区间即可.

先证 $(\alpha_0, \beta_0) \subset G$. 任取 $x' \in (\alpha_0, \beta_0)$, 若 $x' \leqslant x_0$, 由于 α_0 是下确界, 故必有 $(\alpha, \beta) \subset G_{x_0}$, 使 $\alpha_0 < \alpha < x'$, 因此 $x' \in (\alpha, x_0] \subset (\alpha, \beta) \subset G$; 同理可证, 若 $x' > x_0$, 也有 $x' \in G$. 再由 x' 的任意性得 $(\alpha_0, \beta_0) \subset G$.

再证 $\alpha_0 \notin G$, $\beta_0 \notin G$. 采用反证法. 假设 $\alpha_0 \in G$, 因为 G 是开集, 所以必有 α_0 的某一邻域 $U(\alpha_0, \delta) \subset G, \delta > 0$. 这样 $x_0 \in (\alpha_0 - \delta, \beta_0) \subset U(\alpha_0, \delta) \bigcup (\alpha_0, \beta_0) \subset G$, 因此 $(\alpha_0 - \delta, \beta_0) \subset G_{x_0}$, 由于 $\alpha_0 - \delta < \alpha_0$, 这与 α_0 是 G_{x_0} 中的开区间的左端点的下确界矛盾, 故 $\alpha_0 \notin G$. 同理可证 $\beta_0 \notin G$. ◇

定理 1.3.11 直线上非空开集 G 的任意两个不同的构成区间是互不相交的.

证明 反证法. 设 $(\alpha_1, \beta_1), (\alpha_2, \beta_2)$ 是 G 的任意两个不同的构成区间. 若它们相交, 则必有一个区间的端点在另一个区间内, 不妨设为 $\alpha_1 \in (\alpha_2, \beta_2)$. 因 $(\alpha_2, \beta_2) \subset G$, 故 $\alpha_1 \in G$, 这与 $\alpha_1 \notin G$ 矛盾. 因此 (α_1, β_1) 和 (α_2, β_2) 不交. ◇

定理 1.3.12 直线上非空开集 G 的不同构成区间的全体所成的集合是有限集或可列集.

证明 设 X 是非空开集 G 的不同构成区间 (α, β) 的全体所成的集合. 作 G

到实数集 $\mathbf{R}$ 的映射

$$\varphi[(\alpha, \beta)] = a_{\alpha\beta},$$

其中 $a_{\alpha\beta}$ 为区间 (α, β) 中的某一确定有理数. 由于 G 的构成区间是互不相交的, 因此 X 中不同的两个构成区间 $(\alpha_1, \beta_1), (\alpha_2, \beta_2)$ 对应的两个有理数 $a_{\alpha_1\beta_1}$ 和 $a_{\alpha_2\beta_2}$ 也不同, 即 φ 是 G 到 $\mathbf{R}$ 的一一映射, 从而集合 X 的基数与集合 $A = \{a_{\alpha\beta}\}$ 的基数相同. 因为集合 A 是有理数集 $\mathbf{Q}$ 的子集, 而 $\mathbf{Q}$ 是可数集, 故集合 A 是有限集或可数集, 因此集合 X 也是有限集或可数集. 　　　　　　　　　　　　　　　　　　　◇

定理 1.3.13(开集的结构)　直线上的非空开集 G 可以表示成有限个或可数个互不相交的构成区间的并集.

证明　由定理 1.3.12 知, G 的构成区间至多是可数多个, 不妨设为 $\{(\alpha_n, \beta_n)\}$, 再由定理 1.3.11 知不同的 (α_n, β_n) 是不交的. 现证 $G = \bigcup_{n=1}^{\infty} (\alpha_n, \beta_n)$. 因 $(\alpha_n\beta_n)$ 是 G 的构成区间, 故 $(\alpha_n\beta_n) \subset G, n = 1, 2, \cdots$, 因此 $\bigcup_{n=1}^{\infty} (\alpha_n, \beta_n) \subset G$. 另一方面, 由定理 1.3.10 知 G 的每一点必属于它的某个构成区间, 从而属于它的所有构成区间的并集 $\bigcup_{n=1}^{\infty} (\alpha_n, \beta_n)$, 所以 $G = \bigcup_{n=1}^{\infty} (\alpha_n, \beta_n)$. 　　　　　　　　　　　　　　◇

定理 1.3.14(闭集的结构)　直线上的非空闭集 F, 如果不是 $(-\infty, +\infty)$, 则必是从 $(-\infty, +\infty)$ 中除去一个非空开集.

定义 1.3.6　设 F 是直线上的闭集, 如果有闭区间 $[\alpha, \beta]$, 使得 $F \subset [\alpha, \beta]$, 且 $\alpha, \beta \in F$, 则称 $[\alpha, \beta]$ 为含有闭集 F 的**最小闭区间**.

定理 1.3.15(有界闭集的结构)　直线上的非空有界闭集 F, 如果不是一个闭区间, 则必是从含有它的最小闭区间中除去一个非空开集.

证明　令 $\alpha = \inf F, \beta = \sup F$, 则 $F \subset [\alpha, \beta]$. 可以证明 $\alpha \in F$, 事实上, 因为 α 是 F 的下确界, 所以 α 必是 F 的聚点, 即 $\alpha \in F'$. 又因 F 是闭集, 故 $\alpha \in F$. 同理可证 $\beta \in F$, 从而 $[\alpha, \beta]$ 为含有 F 的最小闭区间. 于是有 $[\alpha, \beta] - F = (\alpha, \beta) - F = (\alpha, \beta) \bigcap F^C$ 为一开集, 令此开集为 G, 故有 $F = [\alpha, \beta] - G$. 　　　　　◇

1.4　可　测　集

1.4.1　有界开集和闭集的测度

定义 1.4.1　设 G 是直线上的非空有界开集, $(\alpha_k, \beta_k), k = 1, 2, \cdots, n$ 或 $+\infty$ 是 G 的所有构成区间, 则 $G = \bigcup_{k=1}^{n \text{ 或 } +\infty} (\alpha_k, \beta_k)$, 称 $\sum_{k=1}^{n \text{ 或 } +\infty} (\beta_k - \alpha_k)$ 为 G 的**测度**,

记为 mG, 即

$$mG = \sum_{k=1}^{n \ 或 \ +\infty} (\beta_k - \alpha_k).$$

开区间 (a,b) 的测度就是它的长度, 开集 $G = (-2,3) \bigcup (5,8)$ 的测度 $mG = [3-(-2)] + (8-5) = 8$.

例 1.4.1　Cantor **开集** G_0 定义如下: 将闭区间 $[0,1]$ 三等分, 去掉居中的开区间

$$G_1 = \left(\frac{1}{3}, \frac{2}{3}\right), \quad mG_1 = \frac{1}{3};$$

将余下的两个闭区间三等分, 分别去掉居中的两个开区间

$$G_2 - \left(\frac{1}{3^2}, \frac{2}{3^2}\right) \bigcup \left(\frac{7}{3^2}, \frac{8}{3^2}\right), \quad mC_2 = \frac{2}{3^2};$$

将余下的四个闭区间三等分, 分别去掉居中的四个开区间

$$G_3 = \left(\frac{1}{3^3}, \frac{2}{3^3}\right) \bigcup \left(\frac{7}{3^3}, \frac{8}{3^3}\right) \bigcup \left(\frac{19}{3^3}, \frac{20}{3^3}\right) \bigcup \left(\frac{25}{3^3}, \frac{26}{3^3}\right), \quad mG_3 = \frac{2^2}{3^3};$$

如此无限地做下去, 去掉的所有开区间的并集记为 G_0, 即

$$G_0 = \bigcup_{n=1}^{\infty} G_n,$$

由定理 1.3.6 知 G_0 是开集, 由测度定义知

$$mG_0 = \frac{1}{3} + \frac{2}{3^2} + \frac{2^2}{3^3} + \cdots + \frac{2^n}{3^{n+1}} + \cdots = 1.$$

定义 1.4.2　设 F 是直线上的非空有界闭集, 则 $F = [\alpha, \beta] - G$, 其中 G 为开集, $[\alpha, \beta]$ 为含 F 的最小闭区间, 记其长度为 $\beta - \alpha$, 称 $\beta - \alpha - mG$ 为 F 的**测度**, 记为 mF, 即

$$mF = \beta - \alpha - mG.$$

在上述定义中, 若开集 $G = \varnothing$, 则 $F = [\alpha, \beta]$ 为闭区间, 其测度为 $m[\alpha, \beta] = \beta - \alpha$.

在例 1.4.1 中, 令 $P = [0,1] - G_0$, 则 P 是闭集, 称 P 为 **Cantor闭集**. 因 $P \subset [0,1]$, 且 $0 \in P, 1 \in P$, 故 $[0,1]$ 是含 P 的最小闭区间, 从而

$$mP = m[0,1] - mG_0 = 1 - 1 = 0.$$

开、闭集的测度具有下列性质:

(1) 设直线上的开集 G 是有限个有界开集 $G_1, G_2, \cdots, G_n$ 或可数个有界开集 $\{G_n\}_{n=1}^{\infty}$ 的并集, 则 $mG \leqslant \sum_{k=1}^{n \text{ 或 } +\infty} mG_k$; 如果 G_k 互不相交, $k = 1, 2, \cdots, n$ 或 $+\infty$, 则 $mG = \sum_{k=1}^{n \text{ 或 } +\infty} mG_k$.

(2) 设 $F_1, F_2, \cdots, F_n$ 是直线上的 n 个有界闭集, $F_k \subset (\alpha_k, \beta_k), k = 1, 2, \cdots, n$, 且 (α_k, β_k) 互不相交, $k = 1, 2, \cdots, n$, 则 $m \bigcup_{k=1}^{n} F_k = \sum_{k=1}^{n} mF_k$.

(3) 设 G 是有界开集, F 是闭集且 $F \subset G$, 则 $m(G - F) = mG - mF$.

1.4.2　可测集的概念

定义 1.4.3　设 E 是直线上的非空有界集, 将所有包含 E 的开集 G 的测度的下确界称为 E 的**外测度**, 记为 $m^*E = \inf_{E \subset G} mG$; 将所有含于 E 中的闭集 F 的测度的上确界称为 E 的**内测度**, 记为 $m_*E = \sup_{F \subset E} mF$; 当 $m^*E = m_*E$ 时, 称 E 为**有界可测集**, 其外测度和内测度统称为 E 的**测度**, 记为 mE, 即 $mE = m^*E = m_*E$.

当 E 为有界集时, 实数集 $\{mG | G \supset E, G \text{ 为开集}\}$ 有下界, 故存在下确界; 实数集 $\{mF | F \subset E, F \text{ 为闭集}\}$ 有上界, 故存在上确界. 由上述定义显然可得, $0 \leqslant m_*E \leqslant m^*E$; 若 E 可测, 则 $mE \geqslant 0$.

例 1.4.2　设 E 是直线上的有界可数点集, 证明 E 是可测集且测度为零.

证明　因为 E 是可数集, 所以 E 可表示为 $E = \{a_1, a_2, \cdots, a_n, \cdots\}$. 对 $\forall \varepsilon > 0$, 作开区间 $I_n = \left(a_n - \dfrac{\varepsilon}{2^n}, a_n + \dfrac{\varepsilon}{2^n} \right)$, 并令 $G_\varepsilon = \bigcup_{n=1}^{\infty} I_n$, 则 G 为开集. 由 E 是有界集知, m^*E 和 m_*E 都存在. 再由外测度的定义知

$$m^*E \leqslant \inf_{\varepsilon > 0} mG_\varepsilon = \inf_{\varepsilon > 0} \left(\sum_{n=1}^{\infty} \frac{\varepsilon}{2^{n-1}} \right) = \inf_{\varepsilon > 0} (2\varepsilon) = 0.$$

于是有

$$0 \leqslant m_*E \leqslant m^*E \leqslant 0,$$

故 $m_*E = m^*E = 0$, 从而 E 为可测集且测度 $mE = 0$.　　　　　　　　　　　◇

此例题的逆命题不成立, 即测度为零的有界可测集未必是可数集. 例如 Cantor 闭集 P 是有界可测集, 但它是不可数集.

测度为零的可测集称为**零测集**. 可以证明, 零测集的子集为零测集; 有限个或可数个零测集的并集也是零测集. 因此, 直线上有界点集中的有理点集是零测集.

不可测集是存在的, 有关例子可参见实分析的专著. 如何判别一个有界集是可测集呢? 可用如下定理.

定理 1.4.1 设 E 为直线上的有界集, 则 E 为可测集的充分必要条件是对 $\forall \varepsilon > 0$, 存在开集 G 与闭集 F 满足 $F \subset E, E \subset G$, 使

$$m(G - F) < \varepsilon.$$

证明 必要性. 若 E 为可测集, 因 E 有界, 故 m^*E, m_*E 存在, 且 $m^*E = m_*E = mE$. 由内、外测度的定义知, 存在开集 G 与闭集 F 满足 $F \subset E, E \subset G$, 使

$$mG < m^*E + \frac{\varepsilon}{2} = mE + \frac{\varepsilon}{2},$$

$$mF > m_*E - \frac{\varepsilon}{2} = mE - \frac{\varepsilon}{2}.$$

故 $mG - mF < \varepsilon$. 因 $F \subset G$, 由上述开、闭集测度的性质 (3) 知

$$m(G - F) < \varepsilon.$$

充分性. 若对 $\forall \varepsilon > 0$, 存在开集 G 与闭集 F 满足 $F \subset E, E \subset G$, 使 $m(G - F) < \varepsilon$, 则 $mG - mF < \varepsilon$. 因为 $mF \leqslant m_*E \leqslant m^*E \leqslant mG$, 故 $m^*E - m_*E < mG - mF < \varepsilon$. 由 ε 的任意性知, $m^*E - m_*E \leqslant 0$, 即 $m^*E \leqslant m_*E$. 又因 $m^*E \geqslant m_*E$, 从而 $m^*E = m_*E$, 即 E 是可测集. $\diamond$

定理 1.4.2 设 E 为直线上的有界集, 则 E 可测集的充分必要条件是对任意的点集 A, 有

$$m^*A = m^*(A \bigcap E) + m^*(A \bigcap E^C).$$

定义 1.4.4 设 E 是直线上的无界集, 若对任意自然数 n, E 与开区间 $(-n, n)$ 的交集是可测集, 则称 E 为无界可测集, 其测度 mE 定义为

$$mE = \lim_{n \to \infty} m(E \bigcap (-n, n)),$$

其中 n 为任意自然数.

无界集的测度可以是有限数, 也可以是 $+\infty$. 区间

$$[a, +\infty), (a, +\infty), (-\infty, b], (-\infty, b), (-\infty, +\infty)$$

都是无界可测集, 测度为 $+\infty$.

例 1.4.3 直线上全体有理点构成的集合 $\mathbf{Q}$ 为可测集, 且测度为零.

证明 $\mathbf{Q}$ 是无界集. 对任取自然数 n, 集合 $\mathbf{Q}_n = \mathbf{Q} \bigcap (-n, n)$ 为有界的有理点集, 是零测集, 即 $\mathbf{Q}_n$ 是可测集, 且 $m\mathbf{Q}_n = 0$. 由 n 的任意性及定义 1.4.3 知, $\mathbf{Q}$ 是可测集, 且

$$m\mathbf{Q} = \lim_{n \to \infty} m\mathbf{Q}_n = 0. \qquad \diamond$$

类似此例的证明, 可以证明直线上的无界可数点集也是可测集, 且测度为零. 综合例 1.4.2 的结论知, 直线上的可数点集 (有界或无界) 是可测集, 且测度为零.

对于可测集 E, 若 $mE < +\infty$, 则称 E 为**有限可测集**; 若 $mE = +\infty$, 则称 E 为**无限可测集**.

1.4.3   可测集的性质

性质 1(单调性)   若 E_1, E_2 是可测集, 且 $E_1 \subset E_2$, 则 $mE_1 \leqslant mE_2$.

性质 2(并、交、差运算的封闭性)   若 E_1, E_2 是可测集, 则

(1) $E_1 \bigcup E_2$ 是可测集, 且当 $E_1 \bigcap E_2 = \varnothing$ 时, 有 $m(E_1 \bigcup E_2) = mE_1 + mE_2$;

(2) $E_1 \bigcap E_2$ 是可测集;

(3) $E_1 - E_2$ 是可测集, 且当 $E_1 \supset E_2$ 且 E_2 为测度有限集合时, 有 $m(E_1 - E_2) = mE_1 - mE_2$.

性质 2 的 (1) 可以推广到有限个集合的情形, 即若 $E_1, E_2, \cdots, E_n$ 都是可测集, 则 $\bigcup\limits_{k=1}^{n} E_k$ 也是可测集, 且当 $E_k, k = 1, 2, \cdots, n$ 互不相交时, 有

$$m \left(\bigcup_{k=1}^{n} E_k \right) = \sum_{k=1}^{n} mE_k,$$

这一性质称为**有限可加性**. 性质 2 的 (2) 也可以推广到有限个集合的情形, 即若 $E_1, E_2, \cdots, E_n$ 都是可测集, 则 $\bigcap\limits_{k=1}^{n} E_k$ 也是可测集.

性质 3(次可加性)   若 $E_1, E_2, \cdots, E_k, \cdots$ 都是可测集, 则 $\bigcup\limits_{k=1}^{+\infty} E_k$ 也是可测集, 且

$$m \left(\bigcup_{k=1}^{+\infty} E_k \right) \leqslant \sum_{k=1}^{+\infty} mE_k.$$

性质 4(可列可加性)   若 $E_k, k = 1, 2, \cdots, n, \cdots$ 都是可测集, 则 $\bigcup\limits_{k=1}^{+\infty} E_k$ 也是可测集, 且当 $E_k, k = 1, 2, \cdots, n, \cdots$ 互不相交时, 有

$$m \left(\bigcup_{k=1}^{+\infty} E_k \right) = \sum_{k=1}^{+\infty} mE_k.$$

性质 5   若 $E_k, k = 1, 2, \cdots, n, \cdots$ 都是可测集, 则 $\bigcap\limits_{k=1}^{+\infty} E_k$ 也是可测集.

性质 6   设 $\{E_k\}, k = 1, 2, \cdots$ 是可测集列,

(1) 若 $E_1 \subset E_2 \subset E_3 \subset \cdots$, 则

$$m \left(\bigcup_{k=1}^{+\infty} \right) = \lim_{k \to +\infty} mE_k.$$

(2) 若 $E_1 \supset E_2 \supset E_3 \supset \cdots$, 且存在某个 k_0 使得 $mE_{k_0} < +\infty$, 则

$$m\left(\bigcap_{k=1}^{+\infty} E_k\right) = \lim_{k \to +\infty} mE_k.$$

定理 1.4.3 直线上的任何开集和闭集都是可测集.

证明 设 G 是直线上的任一开集, $(\alpha_k, \beta_k), k = 1, 2, \cdots, n$ 或 $+\infty$ 是 G 的所有构成区间, 则 $G = \bigcup\limits_{k=1}^{n \text{ 或} +\infty} (\alpha_k, \beta_k)$. 由于构成区间 (α_k, β_k) 都是可测集, 由有限可加性或可列可加性知 G 是可测集.

设 F 是直线上的任一闭集, 则 F^C 是开集, 从而是可测集. 因 $F = \mathbf{R} - F^C$, 其中 $\mathbf{R} = (-\infty, +\infty)$ 是可测集, 由可测集的性质 2 的 (3) 知, F 是可测集. $\diamond$

定义 1.4.5 若 E 是直线上的开集和闭集经过有限次或可数次并集和交集的运算所产生的集合, 则称 E 是**Borel**集.

定理 1.4.4 Borel 集是可测集.

1.5 可 测 函 数

1.5.1 可测函数的概念

设 $f(x)$ 是定义在可测集 E 上的实值函数, 对任意实数 α, 定义 E 的子集 $E(f > \alpha)$ 为

$$E(f > \alpha) = \{x | x \in E, f(x) > \alpha\}.$$

类似地可以定义 $E(f \geqslant \alpha)$, $E(f = \alpha)$, $E(f < \alpha)$, $E(f \leqslant \alpha)$, $E(\alpha < f < \beta)$ 等 E 的子集.

定义 1.5.1 设 $f(x)$ 是定义在可测集 E 上的实值函数, 若对每一个实数 α, 集合 $E(f > \alpha)$ 均为可测集, 则称 $f(x)$ 是 E 上的**可测函数**或称 $f(x)$ 在 E 上可测.

例 1.5.1 定义在区间 $[0, 1]$ 上的 **Dirichlet函数**

$$D(x) = \begin{cases} 1, & x \in \mathbf{Q}_0, \\ 0, & x \in [0, 1] - \mathbf{Q}_0 \end{cases}$$

是可测函数, 其中 $\mathbf{Q}_0$ 是 $[0, 1]$ 中的有理数集.

证明 对每一个实数 α, 集合

$$E(D > \alpha) = \{x | x \in E, D(x) > \alpha\} = \begin{cases} [0, 1], & \alpha < 0, \\ \mathbf{Q}_0, & 0 \leqslant \alpha < 1, \\ \varnothing, & \alpha \geqslant 1, \end{cases}$$

因 $[0,1], \mathbf{Q}_0, \varnothing$ 都是可测集, 故对任意的 $\alpha \in \mathbf{R}$, $E(D > \alpha)$ 均为可测集, 从而 $D(x)$ 为 $[0,1]$ 上的可测函数.　　　　　　　　　　　　　　　　　　　　　　　　　　◇

设 $f(x)$ 是定义在可测集 E 上的实值函数, $E = \bigcup\limits_{k=1}^{n} E_k$, $E_k(k = 1, 2, \cdots, n)$ 互不相交, 且在每个 $E_k(k = 1, 2, \cdots, n)$ 上, $f(x)$ 都等于某个常数 c_k, 则称 $f(x)$ 为**简单函数**. 类似例 1.5.1, 可以证明简单函数是可测函数.

例 1.5.2　定义在零测集上的函数是可测函数.

证明　设 $f(x)$ 是定义在零测集 E 上的函数, 对任意实数 α, 因 $E(f > \alpha)$ 是 E 的子集, 故它也是零测集. 由定义 1.5.1 知, $f(x)$ 是 E 上的可测函数.　　◇

定理 1.5.1　设 $f(x)$ 是可测集 E 上的可测函数, 则对任意的实数 α, β, 集合 $E(f \geqslant \alpha)$, $E(f = \alpha)$, $E(f < \alpha)$, $E(f \leqslant \alpha)$, $E(\alpha < f < \beta)$, $E(\alpha \leqslant f < \beta)$, $E(\alpha < f \leqslant \beta)$, $E(\alpha \leqslant f \leqslant \beta)$ 都是可测集.

证明　对于任意实数 α, 集合

$$E(f \geqslant \alpha) = \bigcap_{n=1}^{\infty} E\left(f > \alpha - \frac{1}{n}\right).$$

因为 α 是任意实数, 则对任意的自然数 n, $\alpha - \dfrac{1}{n}$ 也为任意实数, 故集合 $E\left(f > \alpha - \dfrac{1}{n}\right)$ 为可测集. 由于集合 $E(f \geqslant \alpha)$ 为可列个可测集的交集, 由可测集的性质 5 知其为可测集. 又因

$$E(f = \alpha) = E(f \geqslant \alpha) - E(f > \alpha),$$

$$E(f < \alpha) = E - E(f \geqslant \alpha),$$

$$E(f \leqslant \alpha) = E - E(f > \alpha),$$

故它们都是两个可测集的差集, 则由可测集的性质 2 知, 上述三个集合均为可测集. 再由

$$E(\alpha < f < \beta) = E(f < \beta) - E(f \leqslant \alpha),$$

$$E(\alpha \leqslant f < \beta) = E(f < \beta) - E(f < \alpha),$$

$$E(\alpha < f \leqslant \beta) = E(f \leqslant \beta) - E(f \leqslant \alpha),$$

$$E(\alpha \leqslant f \leqslant \beta) = E(f \leqslant \beta) - E(f < \alpha)$$

都是两个可测集的差集, 仍由可测集的性质 2 知, 上述四个集合均为可测集.　　◇

定理 1.5.2　设 E 是直线上的可测集, 则函数 $f(x)$ 在 E 上可测的充分必要条件是对任意实数 α, 集合 $E(f \geqslant \alpha)$, $E(f < \alpha)$, $E(f \leqslant \alpha)$, $E(\alpha \leqslant f < \beta)$ 中至少有一个是可测集.

证明 必要性可由定理 1.5.1 得到.

充分性. 对任意实数 α, 当 $E(f \geqslant \alpha)$ 是可测集时, 利用等式

$$E(f > \alpha) = \bigcup_{n=1}^{\infty} E\left(f \geqslant \alpha + \frac{1}{n}\right);$$

当 $E(f < \alpha)$ 是可测集时, 利用等式

$$E(f > \alpha) = E - E(f \leqslant \alpha) = E - \bigcap_{n=1}^{\infty} E\left(f < \alpha + \frac{1}{n}\right);$$

当 $E(f \leqslant \alpha)$ 是可测集时, 利用等式

$$E(f > \alpha) = E - E(f \leqslant \alpha);$$

当 $E(\alpha \leqslant f < \beta)$ 是可测集时, 利用等式

$$E(f > \alpha) = \bigcup_{n=1}^{\infty} E\left(\alpha + \frac{1}{n} \leqslant f < \alpha + n\right),$$

可知 $E(f > \alpha)$ 是可测集, 从而由定义 1.5.1 可得 $f(x)$ 是 E 上的可测函数. ◇

定理 1.5.3 闭集 $E \subset \mathbf{R}$ 上的连续函数 $f(x)$ 必为可测函数.

证明 因为直线上的闭集是可测集, 所以对任意实数 α, 要证 $E(f \geqslant \alpha)$ 为可测集, 只需证它为闭集. 设 x_0 为 $E(f \geqslant \alpha)$ 的任一聚点, 则存在点列 $\{x_n\} \subset E(f \geqslant \alpha)$, 使 $\lim_{n \to \infty} x_n = x_0$. 因 $x_n \in E(f \geqslant \alpha)$, 故 $f(x_n) \geqslant \alpha, n = 1, 2, \cdots$. 又因 $f(x)$ 在 E 上连续, 故有

$$f(x_0) = f\left(\lim_{n \to \infty} x_n\right) = \lim_{n \to \infty} f(x_n) \geqslant \alpha,$$

于是 $x_0 \in E(f \geqslant \alpha)$. 由 x_0 的任意性知 $E(f \geqslant \alpha)$ 是闭集, 从而是可测集. 再由定理 1.5.2 知, $f(x)$ 为 E 上的可测函数. ◇

1.5.2 可测函数的性质

定理 1.5.4 设 $f(x)$ 是可测集 E 上的可测函数, 若 E_1 是 E 的可测子集, 则 $f(x)$ 也是 E_1 上的可测函数.

证明 因为 $f(x)$ 是可测集 E 上的可测函数, 故对任意实数 α, 集合 $E(f > \alpha)$ 是可测集. 又因 E_1 是 E 的可测子集, 所以集合 $E_1(f > \alpha) = E_1 \bigcap E(f > \alpha)$ 也是可测集, 从而 $f(x)$ 也是 E_1 上的可测函数. ◇

定理 1.5.5 若 $f(x)$ 是可测集 $E_k(k = 1, 2, \cdots)$ 上的可测函数, 且 $E = \bigcup_{k=1}^{\infty} E_k$, 则 $f(x)$ 也是 E 上的可测函数.

证明　因 $E_k, k = 1, 2, \cdots$ 是可测集, 由可测集的可列可加性知, E 也是可测集. 又因 $f(x)$ 是 E_k 上的可测函数, 故对任意实数 α, 集合 $E_k(f > \alpha)$ 是可测集, 于是集合

$$E(f > \alpha) = \bigcup_{k=1}^{\infty} E_k(f > \alpha)$$

也是可测集. 从而 $f(x)$ 是 E 上的可测函数. 　　　　　　　　　　　　　　　◇

定理 1.5.6　若 $f(x)$ 是可测集 E 上的可测函数, c 是一个有限数, 则 $f(x) + c, cf(x)$ 都是 E 上的可测函数.

证明　因为 $f(x)$ 是可测集 E 上的可测函数, 故对任意实数 α, 集合 $E(f > \alpha)$ 是可测集. 又因 $\alpha - c$ 也为任意实数, 所以集合

$$E(f + c > \alpha) = E(f > \alpha - c)$$

也是可测集, 于是 $f(x) + c$ 是 E 上的可测函数.

当 $c = 0$ 时, 因 $cf(x) \equiv 0$ 是 E 上的简单函数, 故为 E 上的可测函数; 而当 $c \neq 0$ 时, α/c 也为任意实数, 所以集合

$$E(cf > \alpha) = E\left(f > \frac{\alpha}{c}\right)$$

是可测集, 从而 $cf(x)$ 是 E 上的可测函数. 　　　　　　　　　　　　　　◇

定理 1.5.7　若 $f(x)$ 是可测集 E 上的可测函数, 则 $|f(x)|, f^2(x), 1/f(x)(f(x) \neq 0)$ 也都是 E 上的可测函数.

证明　因为 $f(x)$ 是可测集 E 上的可测函数, 故对任意实数 α, 集合 $E(f > \alpha)$ 是可测集. 因

$$E(|f| > \alpha) = \begin{cases} E, & \alpha < 0, \\ E(f > \alpha) \bigcup E(f < -\alpha), & \alpha \geqslant 0, \end{cases}$$

故 $|f(x)|$ 是 E 上的可测函数. 又因

$$E(f^2 > \alpha) = \begin{cases} E, & \alpha < 0, \\ E(|f| > \sqrt{\alpha}), & \alpha \geqslant 0, \end{cases}$$

$$E\left(\frac{1}{f} > \alpha\right) = \begin{cases} E(f > 0), & \alpha = 0, \\ E\left(0 < f < \frac{1}{\alpha}\right), & \alpha > 0, \\ E(f > 0) \bigcup E\left(f < \frac{1}{\alpha}\right), & \alpha < 0, \end{cases}$$

故 $f^2(x), 1/f(x)(f(x) \neq 0)$ 都是 E 上的可测函数. 　　　　　　　　　　◇

定理 1.5.8 若 $f(x)$ 和 $g(x)$ 是可测集 E 上的可测函数, 则集合 $E(f > g) = \{x | x \in E, f(x) > g(x)\}$ 是可测集.

证明 因为 $f(x), g(x)$ 是可测集 E 上的可测函数, 故对任意实数 α, 集合 $E(f > \alpha), E(g < \alpha)$ 都是可测集. 而集合

$$E(f > g) = \bigcup_{k=1}^{\infty} E(f > r_k) \bigcap E(g < r_k),$$

其中 $r_1, r_2, \cdots, r_k, \cdots$ 为全体有理数. 由可测集的性质 2 和性质 4 知, $E(f > g)$ 是可测集. ◇

定理 1.5.9 若函数 $f(x)$ 和 $g(x)$ 是可测集 E 上的可测函数, 则函数 $f(x) \pm g(x), f(x)g(x)$, 以及 $f(x)/g(x)(g(x) \neq 0)$ 都是 E 上的可测函数.

证明 对任意实数 α, 集合

$$E(f - g > \alpha) = E(f > g + \alpha).$$

因 $f(x), g(x)$ 是 E 上的可测函数, 由定理 1.5.6 知, $g(x) + \alpha, -g(x)$ 也是 E 上的可测函数, 故由定理 1.5.8 知, $E(f > g + \alpha)$ 为可测集, 从而 $f(x) - g(x)$ 是 E 上的可测函数. 又因

$$f(x) + g(x) = f(x) - [-g(x)],$$

所以 $f(x) + g(x)$ 也是 E 上的可测函数. 再由

$$f(x)g(x) = \frac{1}{4}[f(x) + g(x)]^2 - \frac{1}{4}[f(x) - g(x)]^2,$$

$$\frac{f(x)}{g(x)} = f(x) \cdot \frac{1}{g(x)}$$

及定理 1.5.7 知, $f(x)g(x), f(x)/g(x)(g(x) \neq 0)$ 都是 E 上的可测函数. ◇

1.5.3 几乎处处收敛和测度收敛

对于函数列 $\{f_n(x)\}$, 我们已经学过一致收敛和逐点收敛的概念, 下面介绍两种更弱的收敛概念.

定义 1.5.2 如果命题 S 在集合 E 上除了某个零测子集处处成立, 则称命题 S 在 E 上**几乎处处**成立, 记为 S a.e. 于 E.

定义 1.5.3 设 $f_n(x), n = 1, 2, \cdots$ 及 $f(x)$ 是可测集 E 上的可测函数, 如果 $\lim\limits_{n \to \infty} f_n(x) = f(x)$ 在 E 上几乎处处成立, 则称可测函数列 $\{f_n(x)\}$ 在 E 上**几乎处处收敛**于 $f(x)$, 记为 $f_n \xrightarrow{\text{a.e.}} f(n \to \infty)$.

例 1.5.3　若 $E = [0,1], f(x) = x^n, f(x) = 0$, 则 $\{f_n(x)\}$ 在 E 上几乎处处收敛于 $f(x)$.

证明　因 $E = [0,1]$ 是闭集, 故 E 是可测集. 又当 $x \in [0,1)$ 时,

$$\lim_{n \to \infty} f_n(x) = \lim_{n \to \infty} x^n = 0 = f(x),$$

而当 $x = 1$ 时, $\lim_{n \to \infty} f_n(x) = 1 \neq f(x)$, 即

$$E_0 = \{x | x \in [0,1], \lim_{n \to \infty} f_n(x) \neq f(x)\} = \{1\},$$

于是 $mE_0 = 0$, 由定义 1.5.3 知, $\{f_n(x)\}$ 在 E 上几乎处处收敛于 $f(x)$.　　　◇

定义 1.5.4　设 $f_n(x), n = 1, 2, \cdots$ 及 $f(x)$ 是可测集 E 上几乎处处有限的可测函数, 若对 $\forall \varepsilon > 0$, 都有

$$\lim_{n \to \infty} mE(|f_n - f| \geqslant \varepsilon) = 0,$$

则称可测函数列 $\{f_n(x)\}$ 在 E 上**依测度收敛**于 $f(x)$, 记为 $f_n \xrightarrow{m} f(n \to \infty)$.

例 1.5.4　若 $E = (0, +\infty)$, 函数列

$$f_n(x) = \begin{cases} 1, & x \in (0, n), \\ 0, & [n, +\infty). \end{cases}$$

显然 $\{f_n(x)\}$ 在 E 上几乎处处收敛于 1, 但当 $0 < \varepsilon < 1$ 时,

$$mE(|f_n - 1| \geqslant \varepsilon) = m([n, +\infty)) = +\infty,$$

所以 $\{f_n(x)\}$ 不依测度收敛于 1.

此例说明存在可测函数列几乎处处收敛但不依测度收敛; 反之, 也有依测度收敛但不几乎处处收敛的可测函数列 (可参看实变函数论教材). 因此这两种收敛的概念是不同的. 但它们也有联系, 见下面两个定理.

定理 1.5.10　设 $f_n(x), n = 1, 2, \cdots$ 及 $f(x)$ 是可测集 E 上几乎处处有限的可测函数, $mE < +\infty$, 若在 E 上 $\{f_n(x)\}$ 几乎处处收敛于 $f(x)$, 则 $\{f_n(x)\}$ 必依测度收敛于 $f(x)$.

定理 1.5.11 (Riesz 定理)　设可测函数列 $\{f_n(x)\}$ 在可测集 E 上依测度收敛于 $f(x)$, 则必有 $\{f_n(x)\}$ 的子列 $\{f_{n_k}(x)\}$ 在 E 上几乎处处收敛于 $f(x)$.

函数列四种收敛的关系如下:

f_n 一致收敛于 $f \implies f_n$ 收敛于 $f \implies f_n$ 几乎处处收敛于 f;

f_n 几乎处处收敛于 f 且 $mE < +\infty \implies f_n$ 依测度收敛于 $f \implies$ 存在 f_n 的子列 f_{n_k} 几乎处处收敛于 f.

可测函数与连续函数的关系如下.

定理 1.5.12 (Lusin 定理) *设 $f(x)$ 是 E 上几乎处处有限的可测函数, 则对 $\forall \delta > 0$, 存在闭集 $F_\delta \subset E$, 使得 $m(E - F_\delta) < \delta$, 且 $f(x)$ 限制在 F_δ 上是连续函数.*

此定理说明在 E 上几乎处处有限的可测函数, 除去 E 的一个测度为任意小的子集外, 它就是连续函数. 可测函数是一种基本上连续的函数.

1.6 Lebesgue 积分

1.6.1 Riemann 积分

我们在高等数学中学过的定积分是德国数学家 Riemann 于 1854 年创立的, 也称为 Riemann 积分.

定义 1.6.1 设 $f(x)$ 在 $[a,b]$ 上有定义且有界, 对 $[a,b]$ 作任意一种分划:

$$\Delta : a = x_0 < x_1 < \cdots < x_{n-1} < x_n = b,$$

在每一个子区间 $[x_{i-1}, x_i](i = 1, 2, \cdots, n)$ 中任取一点 ξ_i, 记 $\Delta x_i = x_i - x_{i-1}$, 作积分和

$$T_n = \sum_{i=1}^{n} f(\xi_i) \Delta x_i,$$

如果不论 $[a,b]$ 如何划分, 也不论 ξ_i 在 $[x_{i-1}, x_i]$ 中如何选取, 都有确定的实数 I 存在, 使得

$$\lim_{\lambda \to 0} T_n = I$$

成立, 其中 $\lambda = \max_{1 \leqslant i \leqslant n} \{\Delta x_i\}$, 则称 $f(x)$ 在 $[a,b]$ 上 **Riemann 可积**(简称 **R 可积**), I 称为 **Riemann 积分值**, 记为

$$I = \int_a^b f(x) \mathrm{d}x,$$

即有

$$\int_a^b f(x) \mathrm{d}x = \lim_{\lambda \to 0} \sum_{i=1}^{n} f(\xi_i) \Delta x_i.$$

另外, 在定义 1.6.1 中, 若记

$$E_1 = [a, x_1], \quad E_i = (x_{i-1}, x_i] \quad (i = 2, 3, \cdots, n),$$

则 $[a,b] = \bigcup_{i=1}^{n} E_i$, 令

$$M_i = \sup\{f(x) | x \in E_i\}, \quad m_i = \inf\{f(x) | x \in E_i\},$$

作 Darboux 大和与小和

$$S_D = \sum_{i=1}^{n} M_i \Delta x_i, \quad s_D = \sum_{i=1}^{n} m_i \Delta x_i,$$

显然 S_D 和 s_D 都与 $[a, b]$ 的分划有关, 而且 $s_D \leqslant T_n \leqslant S_D$. 当对 $[a, b]$ 的分划越来越细, 即 λ 越来越小时, S_D 单调减小而 s_D 单调增加, 而且

$$\lim_{\lambda \to 0} S_D = \inf_{\Delta} \{S_D\}, \quad \lim_{\lambda \to 0} s_D = \sup_{\Delta} \{s_D\}.$$

若 $\inf_{\Delta} \{S_D\} = \sup_{\Delta} \{s_D\} = I$, 则 $\lim_{\lambda \to 0} T_n = I$, 从而 $f(x)$ 在 $[a, b]$ 上 R 可积. 上述内容是法国数学家 Darboux 改进过的基于大小和的 Riemann 积分定义.

定理 1.6.1   设 $f(x)$ 是 $[a, b]$ 上的有界函数, 则 $f(x)$ 在 $[a, b]$ 上可积的充分必要条件是 $f(x)$ 在 $[a, b]$ 上几乎处处连续.

Riemann 积分是针对连续函数以及几乎处处连续的函数设计的. 随着数学、物理和其他应用学科的发展, Riemann 积分越来越显现出一些缺陷. 主要表现为下面三个方面.

(1) 许多有界函数不是 R 可积的.

例 1.6.1   区间 $[a, b]$ 上的 Dirichlet 函数

$$D(x) = \begin{cases} 1, & x \in \mathbf{Q} \bigcap [a, b], \\ 0, & x \in [a, b] - \mathbf{Q} \end{cases}$$

在 $[a, b]$ 上不是 R 可积的, 其中 $\mathbf{Q}$ 为有理数集.

证明   对 $[a, b]$ 作分划 Δ, 若取 ξ_i 为 $[x_{i-1}, x_i]$ 中的有理数, 则有

$$T_n^{(1)} = \sum_{i=1}^{n} f(\xi_i) \Delta x_i = \sum_{i=1}^{n} 1 \cdot \Delta x_i = 1,$$

若取 ξ_i 为 $[x_{i-1}, x_i]$ 中的无理数, 则有

$$T_n^{(2)} = \sum_{i=1}^{n} f(\xi_i) \Delta x_i = \sum_{i=1}^{n} 0 \cdot \Delta x_i = 0,$$

所以 $\lim_{n \to 0} T_n$ 不存在, 由 R 可积的定义 1.6.1 知, $D(x)$ 不是 R 可积的.   ◇

(2) 极限、积分、导数、求和等运算能交换次序需要很强的条件.

例如, 由定理 1.2.10 知, 当 $\{f_n(x)\}$ 在 $[a, b]$ 上一致收敛于 $f(x)$, 才有

$$\lim_{n \to \infty} \int_a^b f_n(x) \mathrm{d}x = \int_a^b \lim_{n \to \infty} f_n(x) \mathrm{d}x = \int_a^b f(x) \mathrm{d}x;$$

另外可以证明, 也当 $\{f_n(x)\}$ 在 $[a,b]$ 上一致收敛于 $f(x)$ 时, 才有

$$f^{'}(x) = \left(\sum_{n=1}^{\infty} f_n(x)\right)^{'} = \sum_{n=1}^{\infty} f_n^{'}(x).$$

(3) 函数空间 L^2 是由全体 Lebesgue 平方可积的函数组成的 (1.6.4 节将学到), 它是完备的空间. 若其中的积分采用 Riemann 积分, 则它就不完备.

针对 Riemann 积分的诸多缺陷, 1902 年, 法国数学家 Lebesgue 从点集的测度出发, 完成了对 Riemann 积分的改造, 创立了 Lebesgue 积分.

1.6.2 Lebesgue 积分的概念

1. 有界可测集上有界可测函数的 Lebesgue 积分

定义 1.6.2 设 $f(x)$ 是有界可测集 E 上的有界函数. 对 E 作可测分割,

$$\Delta : E = \bigcup_{i=1}^{n} E_i,$$

其中, $\{E_i\}_{i=1}^{n}$ 都可测, 且两两不交. 记 $u_i = \sup\limits_{x \in E_i} f(x), v_i = \inf\limits_{x \in E_i} f(x), i = 1, 2, \cdots, n.$
作 Lebesgue 大和与小和

$$S_L = \sum_{i=1}^{n} u_i m E_i, \quad s_L = \sum_{i=1}^{n} v_i m F_i,$$

显然 S_L 和 s_L 都与 E 的分划有关, 而且 $s_L \leqslant S_L$. 记 $\lambda_L = \max\limits_{1 \leqslant i \leqslant n} \{mE_i\}$, 则当对 E 的分划越来越细, 即 λ_L 越来越小时, S_L 单调减小而 s_L 单调增加, 而且

$$\lim_{\lambda_L \to 0} S_L = \inf_{\Delta} \{S_L\}, \quad \lim_{\lambda_L \to 0} s_L = \sup_{\Delta} \{s_L\}.$$

若有 $\inf\limits_{\Delta} \{S_L\} = \sup\limits_{\Delta} \{s_L\} = I$, 则称 $f(x)$ 在 E 上 **Lebesgue 可积**(简称 **L 可积**), I 称为 **Lebesgue 积分值**, 记为 $\int_E f(x)\mathrm{d}x$ 或 $(\mathrm{L})\int_E f(x)\mathrm{d}x.$

当 $E = [a,b]$ 时, 在不会混淆的前提下, 也可将 $f(x)$ 的 Lebesgue 积分记为 $\int_a^b f(x)\mathrm{d}x.$

定理 1.6.2 设 $f(x)$ 是定义在有界可测集 E 上的有界函数, 则 $f(x)$ 为 L 可积的充分必要条件是 $f(x)$ 为 E 上的可测函数.

比较 L 积分的定义与 R 积分的 Darboux 改进定义, 不难得出如下定理.

定理 1.6.3 若有界函数 $f(x)$ 在 $[a,b]$ 上 R 可积, 则它一定 L 可积, 且有

$$\int_a^b f(x)\mathrm{d}x = \int_{[a,b]} f(x)\mathrm{d}x.$$

此定理说明 R 可积的函数一定是 L 可积的. 但反之未必, 见下例.

例 1.6.2 求例 1.6.1 中 Dirichlet 函数的 L 积分.

解 因 $[a,b]$ 上的 Dirichlet 函数为简单函数, 故为可测函数, 从而它在 $[a,b]$ 上 L 可积. 对 $[a,b]$ 作分划 $E = E_1 \cup E_2$, 其中 $E_1 = \mathbf{Q} \cap [a,b], E_2 = [a,b] - \mathbf{Q}$, 则 $mE_1 = 0, mE_2 = b - a, m_1 = M_1 = 1, m_2 = M_2 = 0$, 从而

$$s_L = m_1 \cdot mE_1 + m_2 \cdot mE_2 = 1 \times 0 + 0 \times (b-a) = 0,$$

$$S_L = M_1 \cdot mE_1 + M_2 \cdot mE_2 = 1 \times 0 + 0 \times (b-a) = 0.$$

所以 $0 = s_L \leqslant \sup_{\Delta}\{s_L\} \leqslant \inf_{\Delta}\{S_L\} \leqslant S_L = 0$, 故有 $\sup_{\Delta}\{s_L\} = \inf_{\Delta}\{S_L\} = 0$, 从而

$$\int_{[a,b]} D(x)\mathrm{d}x = 0.$$

因此有限可测集上有界可测函数的 L 积分是 R 积分的推广.

2. 有界可测集上无界可测函数的 Lebesgue 积分

首先定义有界可测集上非负无界可测函数的 Lebesgue 积分.

定义 1.6.3 设 $f(x)$ 是有界可测集 E 上的非负无界可测函数, 作有界可测函数列 $\{f_n(x)\}$,

$$f_n(x) = \begin{cases} f(x), & x \in E(f < n), \\ n, & x \in E(f \geqslant n), \end{cases}$$

如果

$$\lim_{n\to\infty} \int_E f_n(x)\mathrm{d}x$$

为有限值, 则称 $f(x)$ 在 E 上 **Lebesgue 可积**(简称 **L 可积**), 称此极限值为 $f(x)$ 在 E 上的 **Lebesgue 积分值**, 记为 $\int_E f(x)\mathrm{d}x$ 或 (L) $\int_E f(x)\mathrm{d}x$, 即

$$\int_E f(x)\mathrm{d}x = \lim_{n\to\infty} \int_E f_n(x)\mathrm{d}x.$$

对于有界可测集上非负有界可测函数此定义仍然成立. 下面讨论有界可测集上一般无界可测函数的 Lebesgue 积分. 设 $f(x)$ 是有界可测集 E 上的无界可测函数, 引入两个非负可测函数

$$f_+(x) = \frac{1}{2}(|f(x)| + f(x)), \quad f_-(x) = \frac{1}{2}(|f(x)| - f(x)),$$

则

$$f(x) = f_+(x) - f_-(x).$$

若 $f_+(x)$ 与 $f_-(x)$ 都在 E 上 L 可积, 则称 $f(x)$ 在 E 上 **L 可积**, 并定义其 **Lebesgue 积分值**为

$$\int_E f(x)\mathrm{d}x = \int_E f_+(x)\mathrm{d}x - \int_E f_-(x)\mathrm{d}x.$$

3. 无界可测集上无界可测函数的 Lebesgue 积分

定义 1.6.4 设 $E \subset \mathbf{R}$ 为无界集, $mE = +\infty$, $f(x)$ 是 E 上的可测函数, 记 $\Delta_n = [-n, n](n = 1, 2, \cdots)$, 如果

$$\lim_{n\to\infty} \int_{\Delta_n \cap E} f_+(x)\mathrm{d}x, \quad \lim_{n\to\infty} \int_{\Delta_n \cap E} f_-(x)\mathrm{d}x$$

均为有限值, 则称 $f(x)$ 在 E 上 **Lebesgue 可积**(简称 **L 可积**), 并定义其积分值为两极限值之差, 即

$$\int_E f(x)\mathrm{d}x = \lim_{n\to\infty} \int_{\Delta_n \cap E} f_+(x)\mathrm{d}x - \lim_{n\to\infty} \int_{\Delta_n \cap E} f_-(x)\mathrm{d}x.$$

有限区间上无界函数和无限区间上函数的Riemann 广义积分存在, 不一定能保证其 Lebesgue 可积. 例如定义在 $(0, 1]$ 上的函数 $f(x) = \dfrac{1}{x}\sin\dfrac{1}{x}$ 是广义 R 可积的, 但不是 L 可积的.

1.6.3 Lebesgue 积分的性质

性质 1(线性性) 设 $f(x), g(x)$ 在可测集 E 上 L 可积, 则

$$\int_E [\alpha f(x) \pm \beta g(x)]\mathrm{d}x = \alpha \int_E f(x)\mathrm{d}x \pm \beta \int_E g(x)\mathrm{d}x.$$

性质 2 设 $f(x), g(x)$ 在可测集 E 上有界, 且 L 可积, $mE < +\infty$, 则 $f(x) \cdot g(x)$, $f(x)/g(x)$ $(g(x) \neq 0)$ 在 E 上都是 L 可积的.

性质 3(可加性) 设 $f(x), g(x)$ 在可测集 E 上 L 可积, $E_1, E_2, \cdots, E_n, \cdots$ 为 E 的可测子集, 且 $E_i \cap E_j = \varnothing(i \neq j, i, j = 1, 2, \cdots)$. 若 $E = \bigcup\limits_{i=1}^{n} E_i$, 则

$$\int_E f(x)\mathrm{d}x = \sum_{i=1}^{n} \int_{E_i} f(x)\mathrm{d}x;$$

若 $E = \bigcup\limits_{i=1}^{\infty} E_i$, 则

$$\int_E f(x)\mathrm{d}x = \sum_{i=1}^{\infty} \int_{E_i} f(x)\mathrm{d}x.$$

性质 4(单调性)　设 $f(x), g(x)$ 在可测集 E 上 L 可积, 且 $f(x) \leqslant g(x)$ a.e. 于 E, 则

$$\int_E f(x)\mathrm{d}x \leqslant \int_E g(x)\mathrm{d}x.$$

由此可得

(1) 因 $f(x) \leqslant |f(x)|$, 故有 $\displaystyle\int_E f(x)\mathrm{d}x \leqslant \int_E |f(x)|\mathrm{d}x$;

(2) 若 $A \leqslant f(x) \leqslant B$, 则有 $A \cdot mE \leqslant \displaystyle\int_E f(x)\mathrm{d}x \leqslant B \cdot mE$;

(3) 若 $f(x) = g(x)$ a.e. 于 E, 则有 $\displaystyle\int_E f(x)\mathrm{d}x = \int_E g(x)\mathrm{d}x$.

性质 5　设 $f(x)$ 是可测集 E 上的可测函数, 则 $f(x)$L 可积的充分必要条件是 $|f(x)|$L 可积.

性质 6　$\displaystyle\int_E |f(x)|\mathrm{d}x = 0$ 的充分必要条件是 $f(x) = 0$ a.e. 于 E.

性质 7(绝对连续性)　若 $f(x)$ 在可测集 E 上 L 可积, 则对 $\forall \varepsilon > 0$, 总存在 $\delta > 0$, 使得当 $e \subset E$, 且 $me < \delta$ 时, 就有

$$\left| \int_e f(x)\mathrm{d}x \right| < \varepsilon.$$

性质 8　设 $f(x)$ 和 $u_n(x)(n=1,2,\cdots)$ 都是可测集 E 上的非负可测函数, 且 $f(x) = \displaystyle\sum_{n=1}^{\infty} u_n(x)$, 则

$$\int_E f(x)\mathrm{d}x = \sum_{n=1}^{\infty} \int_E u_n(x)\mathrm{d}x.$$

性质 9(Levi 单调收敛定理)　设 $f_n(x)(n=1,2,\cdots)$ 是可测集 E 上的非负可测函数列, 若 $f_n(x) \leqslant f_{n+1}(x)(n=1,2,\cdots)$, 且 $\displaystyle\lim_{n\to\infty} f_n(x) = f(x)$ a.e. 于 E, 则

$$\int_E f(x)\mathrm{d}x = \int_E \lim_{n\to\infty} f_n(x)\mathrm{d}x = \lim_{n\to\infty} \int_E f_n(x)\mathrm{d}x.$$

性质 10(Fatou 引理)　设 $f_n(x)(n=1,2,\cdots)$ 是可测集 E 上的非负可测函数列, 则

$$\int_E \varliminf_{n\to\infty} f_n(x)\mathrm{d}x \leqslant \varliminf_{n\to\infty} \int_E f_n(x)\mathrm{d}x.$$

这里, $\varliminf\limits_{n\to\infty}$ 表示数列的下极限, 即, 对数列 $\{a_n\}_{n=1}^{\infty}$, $\varliminf\limits_{n\to\infty} a_n = \lim\limits_{k\to\infty} \inf\limits_{n \geqslant k} a_n$.

性质 11(Lebesgue 控制收敛定理)　设 $f_n(x)(n=1,2,\cdots)$ 是可测集 E 上的可测函数列, 且 $\lim\limits_{n\to\infty} f_n(x) = f(x)$ a.e. 于 E. 若存在 E 上的 L 可积函数 $F(x)$, 使得

$$|f_n(x)| \leqslant F(x), \quad x \in E, n = 1, 2, \cdots$$

a.e. 于 E, 则 $f(x)$ 在 E 上 L 可积, 且有

$$\int_E f(x)\mathrm{d}x = \int_E \lim_{n\to\infty} f_n(x)\mathrm{d}x = \lim_{n\to\infty} \int_E f_n(x)\mathrm{d}x.$$

例 1.6.3　求极限 $\lim\limits_{n\to\infty} \int_0^1 \dfrac{n\sqrt{x}}{1+n^2x} \sin^5 nx\mathrm{d}x$.

解　因为当 $x \in [0,1]$ 时, $1 + n^2 x \geqslant 2n\sqrt{x}$, 所以

$$|f_n(x)| = \left| \frac{n\sqrt{x}}{1+n^2x} \sin^5 nx \right| \leqslant \left| \frac{n\sqrt{x}}{1+n^2x} \right| \leqslant \frac{1}{2} = F(x)$$

且 $f_n(x)(n=1,2,\cdots)$ 在 $[0,1]$ 上连续, 由定理 1.5.3 知, 它们为 $[0,1]$ 上的可测函数列. 由定理 1.6.2 知, $F(x) = \dfrac{1}{2}$ 为 $[0,1]$ 上 L 可积函数. 又

$$\lim_{n\to\infty} \frac{n\sqrt{x}}{1+n^2x} \sin^5 nx = 0,$$

从而由 Lebesgue 控制收敛定理得

$$\lim_{n\to\infty} \int_0^1 \frac{n\sqrt{x}}{1+n^2x} \sin^5 nx\mathrm{d}x = \int_0^1 \left(\lim_{n\to\infty} \frac{n\sqrt{x}}{1+n^2x} \sin^5 nx \right) \mathrm{d}x = \int_0^1 0\mathrm{d}x = 0.$$

1.6.4　L^p 空间

定义 1.6.5　设 E 是 $\mathbf{R}$ 中的可测集, $f(x)$ 是 E 上的可测函数, 若对于 $p \geqslant 1$, $|f(x)|^p$ 在 E 上 L 可积, 则称 $f(x)$ 在 E 上是 p **幂可积的**. 在 E 上一切 p 幂可积函数的全体构成的集合记为 $L^p(E)$ (简记为 L^p), 称为 L^p **空间**. 特别地, 当 $p=1$ 时, L^1 空间是 E 上 L 可积函数的全体, 记为 $L(E)$.

L^p 空间的离散化空间为 l^p, 即

$$l^p = \left\{ x = (x_1, x_2, \cdots, x_n, \cdots) \,\middle|\, \left(\sum_{n=1}^{\infty} |x_n|^p \right)^{\frac{1}{p}} < +\infty \right\},$$

其中 $x = (x_1, x_2, \cdots, x_n, \cdots)$ 为数列.

L^p 空间具有下列性质.

性质 12　当 $mE < +\infty$ 时, 若 $f(x) \in L^p(E)$ $(p \geqslant 1)$, 则 $f(x) \in L(E)$.

性质 13 若 $f(x), g(x) \in L^p(E)$, 则 $f(x) + g(x) \in L^p(E)$; $cf(x) \in L^p(E)$, 其中 c 为实常数.

性质 14(Hölder 等式) 设 $p > 1, \frac{1}{p} + \frac{1}{q} = 1, x(t) \in L^p(E), y(t) \in L^q(E)$, 则 $x(t)y(t) \in L(E)$, 且

$$\int_E |x(t)y(t)|\mathrm{d}t \leqslant \left(\int_E |x(t)|^p \mathrm{d}t\right)^{\frac{1}{p}} \cdot \left(\int_E |y(t)^q|\mathrm{d}t\right)^{\frac{1}{q}}.$$

上述不等式是 Hölder 不等式的积分形式, Hölder 不等式的级数形式为

$$\sum_{n=1}^{+\infty} |x_n y_n| \leqslant \left(\sum_{n=1}^{+\infty} |x_n|^p\right)^{\frac{1}{p}} \cdot \left(\sum_{n=1}^{+\infty} |y_n|^q\right)^{\frac{1}{q}},$$

其中 $p > 1, \frac{1}{p} + \frac{1}{q} = 1, x_n, y_n (n = 1, 2, \cdots)$ 为复数. 当右边的两个级数收敛时, 左边的级数收敛.

性质 15(Minkowski 不等式) 设 $p \geqslant 1$, 当 $x(t), y(t) \in L^p(E)$ 时, 有 $x(t) + y(t) \in L^p(E)$, 且

$$\left(\int_E |x(t) + y(t)|^p \mathrm{d}t\right)^{\frac{1}{p}} \leqslant \left(\int_E |x(t)|^p \mathrm{d}t\right)^{\frac{1}{p}} + \left(\int_E |y(t)|^p \mathrm{d}t\right)^{\frac{1}{p}}.$$

上述不等式是 Minkowski 不等式的积分形式, Minkowski 不等式的级数形式为

$$\left(\sum_{n=1}^{+\infty} |x_n + y_n|^p\right)^{\frac{1}{p}} \leqslant \left(\sum_{n=1}^{+\infty} |x_n|^p\right)^{\frac{1}{p}} + \left(\sum_{n=1}^{+\infty} |y_n|^p\right)^{\frac{1}{p}},$$

其中 $p > 1, x_n, y_n (n = 1, 2, \cdots)$ 为复数. 当右边的两个级数收敛时, 左边的级数收敛.

习 题 1

1. 证明: $A \bigcap (B - C) = A \bigcap B - A \bigcap C$.

2. 证明: $(A - B) - (C - D) \subset (A - C) \bigcup (D - B)$.

3. 证明: (De Morgan 律) $\left(\bigcup_{\alpha \in I} A_\alpha\right)^C = \bigcap_{\alpha \in I} A_\alpha^C$, $\left(\bigcap_{\alpha \in I} A_\alpha\right)^C = \bigcup_{\alpha \in I} A_\alpha^C$.

4. 证明: $(A_1 \times B_1) \bigcap (A_2 \times B_2) = (A_1 \bigcap A_2) \times (B_1 \bigcap B_2)$.

5. 设 $f : X \to Y$ 是满射, 证明下列条件等价:

(1) f 是一一映射;

(2) 对 $\forall E_1, E_2 \subset X$, 均有 $f(E_1 \bigcap E_2) = f(E_1) \bigcap f(E_2)$;

(3) 对 $\forall E_1, E_2 \subset X, E_1 \bigcap E_2 = \varnothing$, 均有 $f(E_1) \bigcap f(E_2) = \varnothing$;

(4) 对 $\forall E_1 \subset E_2 \subset X$, 均有 $f(E_2 - E_1) = f(E_2) - f(E_1)$.

6. 证明下列命题.

(1) $(-1, 1) \sim \mathbf{R}$;　　(2) $[-1, 1] \sim \mathbf{R}$;　　(3) $\mathbf{N} \times \mathbf{N} \sim \mathbf{N}$.

7. 证明可数集关于任意映射的像集至多是可数集.

8. 设 E_1, E_2 为非空的有界数集, 定义数集

$$E_1 + E_2 = \{c = a + b | a \in E_1, b \in E_2\},$$

证明: $\sup(E_1 + E_2) = \sup E_1 + \sup E_2$; $\inf(E_1 + E_2) = \inf E_1 + \inf E_2$.

9. 设数列 $\{x_n\}$ 单调增加且有上界, 证明 $\lim\limits_{n \to \infty} x_n = \sup\{x_n\}$.

10. 用闭区间套定理证明闭区间上的连续函数一定有界.

11. 用有限覆盖定理证明 B-W 定理.

12. 证明函数 $y = x^2$ 在 $[0, 1]$ 上一致连续, 但在 $\mathbf{R}$ 上不一致连续.

13. 证明函数列 $\left\{\dfrac{x}{1 + n^2 x^2}\right\}$ 在 $(-\infty, +\infty)$ 上一致收敛.

14. 设 $A \subset \mathbf{R}$, A^0 表示 A 的全体内点构成的集合, 称为 A 的内部, 证明 A^0 是开集.

15. 设 $A \subset \mathbf{R}$, 证明 $\overline{A}$ 是闭集, 且为包含集 A 的最小闭集.

16. 设 $f(x)$ 是定义在 $\mathbf{R}$ 上只取整数值的函数, 试证它的连续点集为开集, 不连续点集为闭集.

17. 证明 $\mathbf{R}$ 中每个闭集可表为可列个开集的交集, 每个开集可表为可列个闭集的并集.

18. 设 F 是闭集, G 是开集, 且 $G \supset F$, 证明 $G - F$ 是开集.

19. 设 $f(x)$ 是 $\mathbf{R}$ 上的实值连续函数, 证明对 $\forall a \in \mathbf{R}$, 集 $\{x | f(x) > a\}$ 是开集, 集 $\{x | f(x) \geqslant a\}$ 是闭集.

20. 设 E_1, E_2 是可测集, $E_1 \subset E_2$, 证明 $m(E_2 - E_1) = mE_2 - mE_1$.

21. 设 E_1, E_2 是可测集, 证明 $m(E_1 \bigcup E_2) = mE_1 + mE_2 - m(E_1 \bigcap E_2)$.

22. 设 $E \subset \mathbf{R}$, 若对 $\forall \varepsilon > 0$, 存在开集 G 满足 $G \supset E$ 且 $m^*(G - E) < \varepsilon$, 证明 E 是可测集.

23. 设 $E \subset \mathbf{R}$, 若对 $\forall \varepsilon > 0$, 存在闭集 F 满足 $E \supset F$ 且 $m(E - F) < \varepsilon$, 证明 E 是可测集.

24. 设 $E \subset \mathbf{R}$, 则 E 可测的充分必要条件是对 $\forall \varepsilon > 0$, 存在开集 G_1, G_2 满足 $G_1 \supset E, G_2 \supset E^C$, 使得 $m(G_1 \bigcap G_2) < \varepsilon$.

25. 设 $E_1, E_2 \subset \mathbf{R}$, 则 $m^*(E_1 \bigcup E_2) = m^* E_1 + m^* E_2$ 的充分必要条件是存在可测集 M_1, M_2 满足 $M_1 \supset E_1, M_2 \supset E_2$ 且 $m(M_1 \bigcap M_2) = 0$.

26. 设 $f(x)$ 是区间 $[a, b]$ 上的单调函数, 证明 $f(x)$ 是 $[a, b]$ 上的可测函数.

27. 设 $f(x)$ 是 $\mathbf{R}$ 上的连续函数, $g(x)$ 是 $[a, b]$ 上的可测函数, 证明 $f[g(x)]$ 是 $[a, b]$ 上的可测函数.

28. 设 $f^2(x)$ 是 E 上的可测函数, $E(f > 0)$ 是可测集, 证明 $f(x)$ 在 E 上可测.

29. 设 $f(x)$ 是可测集 E 上的可测函数, 证明对任意开集 $G \in \mathbf{R}$, $f^{-1}(G)$ 是可测集; 对任意闭集 $F \in \mathbf{R}$, $f^{-1}(F)$ 是可测集.

30. 设 $m(E) < \infty$, $f(x)$ 是 E 上几乎处处有限的非负可测函数, 证明对 $\forall \varepsilon > 0$, 存在闭集 $F \subset E$, 使得 $m(E \backslash F) < \varepsilon$, 而在 F 上 $f(x)$ 有界.

31. 设函数列 $\{f_n(x)\}$ 在 E 上依测度收敛于 $f(x)$, 且在 E 上几乎处处有 $f_n(x) \leqslant g(x)$, $n = 1, 2, \cdots$, 证明在 E 上几乎处处有 $f(x) \leqslant g(x)$.

32. 设函数列 $\{f_n(x)\}$ 在 E 上依测度收敛于 $f(x)$, 且几乎处处有 $f_n(x) \leqslant f_{n+1}(x)$, $n = 1, 2, \cdots$, 证明 $\{f_n(x)\}$ 几乎处处收敛于 $f(x)$.

33. 设 $\{f_n(x)\}$ 是 $[a, b]$ 上处处有限的可测函数列, 证明存在正数列 $\{a_n\}$, 使得 $\lim\limits_{n \to \infty} a_n f_n(x) = 0$ a.e. 于 $[a, b]$.

34. 设 $f(x), g(x)$ 是 E 上的非负可测函数, 若 $f(x) = g(x)$ a.e. 于 E, 证明 $\int_E f(x)\mathrm{d}x = \int_E g(x)\mathrm{d}x$.

35. 设 $f(x)$ 是 E 上的非负有界可测函数, $mE(f \geqslant c) = a$, 证明 $\int_E f(x)\mathrm{d}x \geqslant ca$.

36. 证明等式 $\int_0^1 \dfrac{1}{1-x}\mathrm{d}x = \sum\limits_{n=1}^{\infty} \int_0^1 x^{n-1}\mathrm{d}x$.

37. 求 $\int_0^1 \dfrac{\ln x}{1-x}\mathrm{d}x$.

38. 证明: $f(x) = \dfrac{\sin x}{x}$ 在 $[0, +\infty)$ 上 R 可积, 但不是 L 可积.

39. 设 $f(x)$ 在 E 上 L 可积, 若对 E 上任意有界可测函数 $g(x)$, 有 $\int_E f(x)g(x)\mathrm{d}x = 0$, 证明 $f(x) = 0$ a.e. 于 E.

40. 设 $\{f_n(x)\}$ 是可测集 E 上的可测函数列, $f(x), g(x)$ 是 E 上的可测函数, 若 $\{f_n(x)\}$ 依测度分别收敛到 $f(x)$ 和 $g(x)$, 则 $f(x) = g(x)$ a.e. 于 E.

41. 求下列极限.

(1) $\lim\limits_{n \to \infty} \int_0^1 \dfrac{nx}{1 + n^2 x}\mathrm{d}x$,

(2) $\lim\limits_{n \to \infty} \int_0^1 \mathrm{e}^{-nx^2}\mathrm{d}x$,

(3) $\lim\limits_{n \to \infty} \int_0^{\infty} \dfrac{\sin(x/n)}{(1 + x/n)^n}\mathrm{d}x$,

(4) $\lim\limits_{n \to \infty} \int_0^{\infty} \left(1 + \dfrac{x^2}{n}\right)^{-n}\mathrm{d}x$.

42. 设 $m(E) < \infty$, 证明 $f(x)$ 在 E 上可积的充分必要条件是级数 $\sum\limits_{n=1}^{\infty} mE(|f| \geqslant n)$ 收敛. 当 $m(E) = \infty$ 时, 结论是否成立?

第2章 距离空间

2.1 距离空间的定义和例子

2.1.1 距离空间的定义

定义 2.1.1 若非空集合 X 中任意两个元素 x, y 都对应于一个实数 $d(x, y)$, 使

(1) $d(x, y) \geqslant 0$; $d(x, y) = 0$ 当且仅当 $x = y$;

(2) $\mathrm{d}(x, y) = \mathrm{d}(y, x)$;

(3) $\mathrm{d}(x, z) \leqslant \mathrm{d}(x, y) + \mathrm{d}(y, z)$,

对任意的 $x, y, z \in X$ 成立, 则称 X 为**距离空间**, 记作 $\langle X, d \rangle$, 而称 $d(x, y)$ 为 x 与 y 之间的**距离**. 通常称 (3) 为**三角不等式**.

定义 2.1.2 设距离空间 $\langle X, d \rangle$ 中的点列 $\{x_n\}_{n=1}^{\infty}$, 使

$$\lim_{n \to \infty} d(x_n, x) = 0 \quad (\text{或 } d(x_n, x) \to 0),$$

则称 $\{x_n\}_{n=1}^{\infty}$ 按距离 $d(\cdot, \cdot)$ **收敛**到 x, 并记作 $x_n \xrightarrow{d} x$. 假如不致引起误会, 通常也简记为 $x_n \to x$.

上面我们只涉及 X 上的拓扑. 一般在泛函分析中, X 还是个线性空间, 有必要把其上的代数结构与拓扑结构结合起来. 这就很自然地导出下面的概念.

定义 2.1.3 设线性空间 X 上还赋有距离 $d(\cdot, \cdot)$, 加法和数乘都按 $d(\cdot, \cdot)$ 所确定的极限是连续的, 即

(1) $d(x_n, x) \to 0, d(x_n, x) \to 0 \Rightarrow d(x_n + y_n, x + y) \to 0$;

(2) $d(x_n, x) \to 0, \alpha_n \to \alpha \Rightarrow d(\alpha_n x_n, \alpha x) \to 0$,

那么线性空间 X 称为**线性距离空间**.

2.1.2 距离空间的实例

下面我们看一些具体的距离线性空间的例子. 它们在今后会经常遇到.

例 2.1.1 有界序列空间 (m). 设 X 代表所有的有界数列

$$x = \{\xi_1, \xi_2, \cdots, \xi_j, \cdots\},$$

常简记为 $x = \{\xi_j\}$ 的集合. 即对每个 $x = \{\xi_j\}$, 存在常数 $K_x > 0$, 使得对所有的 j, $|\xi_j| \leqslant K_x$, ξ_j 称为元 $x = \{\xi_j\}$ 的第 j 个坐标. 设 $x = \{\xi_j\}, y = \{\eta_j\}$ 属于 X, α 是

数, 定义

$$x + y = \{\xi_j + \eta_j\},$$

$$\alpha x = \{\alpha \xi_j\},$$

$$d(x, y) = \sup_{j \geqslant 1} |\xi_j - \eta_j|.$$

不难验证 $d(\cdot, \cdot)$ 满足距离定义, X 是赋以距离 $d(\cdot, \cdot)$ 的距离线性空间. 这样得到的空间称为**有界序列空间**, 记作 (m), 有时也记作 l^∞. 设 $x_n = \{\xi_j^{(n)}\}, n = 1, 2, \cdots, x = \{\xi_j\}$ 都是 (m) 中的元, 而且 $d(x_n, x) \to 0$, 即任给 $\varepsilon > 0$, 存在 $n_0 = n_0(\varepsilon)$, 使当 $n \geqslant n_0$ 时,

$$d(x_n, x) = \sup_{j \geqslant 1} |\xi_j^{(n)} - \xi_j| < \varepsilon,$$

则当 $n \geqslant n_0$ 时, 对一切 j,

$$|\xi_j^{(n)} - \xi_j| < \varepsilon.$$

反之, 如果对任给 $\varepsilon > 0$, 存在 $n_0 = n_0(\varepsilon)$, 使当 $n \geqslant n_0$ 时, 对一切 j,

$$|\xi_j^{(n)} - \xi_j| < \varepsilon,$$

则

$$d(x_n, x) = \sup_{j \geqslant 1} |\xi_j^{(n)} - \xi_j| \leqslant \varepsilon.$$

即 $d(x_n, x) \to 0$. 由此可见空间 (m) 中的收敛就是按坐标的一致收敛.

例 2.1.2   设 X 代表所有收敛数列

$$x = \{\xi_1, \xi_2, \cdots, \xi_j, \cdots\}$$

的集合. 即对每个 $x = \{\xi_j\} \in X$, $\lim\limits_{j \to \infty} \xi_j = \xi$ 存在且有限. 像空间 (m) 一样定义加法, 数乘和距离 $d(\cdot, \cdot)$, 容易验证 X 是赋有距离 $d(\cdot, \cdot)$ 的线性空间, 称为**收敛序列空间**, 记作 (c). 易见 (c) 是 (m) 的线性流形, 而且距离的定义也是一样的, 因此 (c) 中的收敛亦是按坐标的一致收敛.

例 2.1.3   本质有界可测函数空间 $L^\infty[a, b]$, 这里 a, b 是任意两个实数, 而且 $-\infty < a < b < \infty$. 在引进这个空间之前, 先引进本质上确界的概念. 设 $f(t)$ 是区间 $[a, b]$ 上 Lebesgue 可测函数, 如果存在 $[a, b]$ 的一个零测度子集 E, 使 $f(t)$ 在 $[a, b] \backslash E$ 上是有界函数, 则称 f 是 $[a, b]$ **上本质有界可测函数**. 称

$$\operatorname{ess\,sup}_{t \in [a, b]} |f(t)| = \inf_{m(E) = 0} \{ \sup_{t \in [a, b] \backslash E} |f(t)| \}$$

为 $f(t)$ 在 $[a,b]$ 上的**本质上确界**, 这里 $m(E)$ 表示集合 E 的 Lebesgue 测度. 设 X 代表区间 $[a,b]$ 上所有本质有界可测函数的集合. X 中两个元 $x = x(t), y = y(t)$ 看作是相等的, 如果 $x(t)$ 与 $y(t)$ 是几乎处处相等的, 即 $x(t) = y(t)$, a.e. 于 $[a,b]$. 对 X 中的两个元 $x = x(t), y = y(t)$, 数 α, 定义

$$(x + y)(t) = x(t) + y(t),$$

$$(\alpha x)(t) = \alpha x(t), \quad t \in [a,b],$$

即逐点定义函数的加法和数乘运算. 易见 X 是个线性空间, 又定义

$$d(x,y) = \operatorname*{ess\,sup}_{t \in [a,b]} | x(t) - y(t) | .$$

我们来验证它满足距离公设.

(1) 显然 $d(x,y) \geqslant 0$. 如果 $x(t) = y(t)$, a.e. 于 $[a,b]$, 则由定义有 $d(x,y) = 0$. 另一方面, 如果

$$d(x,y) = \inf_{m(E)=0} \left\{ \sup_{t \in [a,b] \setminus E} | x(t) - y(t) | \right\} = 0,$$

则对每个正整数 n, 存在 $E_n \subset [a,b], m(E_n) = 0$, 且

$$\sup_{t \in [a,b] \setminus E} | x(t) - y(t) |\} \leqslant \frac{1}{n}.$$

令 $E = \bigcup_{n=1}^{\infty} E_n$, 则 $m(E) = 0$, 且

$$\sup_{t \in [a,b] \setminus E} | x(t) - y(t) | \leqslant \sup_{t \in [a,b] \setminus E_n} | x(t) - y(t) | \leqslant \frac{1}{n}.$$

令 $n \to \infty$, 可见

$$\sup_{t \in [a,b] \setminus E} | x(t) - y(t) | = 0.$$

于是, $x(t) = y(t)$, a.e. 于 $[a,b]$, 即 $x = y$.

(2) 是显然的.

(3) 设 $x(t), y(t), z(t)$ 都是 X 中元, 则对任意 $\varepsilon > 0$, 存在 $[a,b]$ 的零测度集 $E_\varepsilon^1, E_\varepsilon^2$, 使

$$\sup_{t \in [a,b] \setminus E_\varepsilon^1} | x(t) - y(t) | \leqslant d(x,y) + \frac{\varepsilon}{2},$$

$$\sup_{t \in [a,b] \setminus E_\varepsilon^2} | y(t) - z(t) | \leqslant d(y,z) + \frac{\varepsilon}{2}.$$

令 $E_\varepsilon = E_\varepsilon^1 \bigcup E_\varepsilon^2$, 则 E_ε 仍是 $[a,b]$ 的零测度集, 且

$$
\begin{aligned}
\sup_{t\in[a,b]\backslash E_\varepsilon} |\, x(t) - z(t)\,| &\leqslant \sup_{t\in[a,b]\backslash E_\varepsilon} |\, x(t) - y(t)\,| + \sup_{t\in[a,b]\backslash E_\varepsilon} |\, y(t) - z(t)\,| \\
&\leqslant \sup_{t\in[a,b]\backslash E_\varepsilon^1} |\, x(t) - y(t)\,| + \sup_{t\in[a,b]\backslash E_\varepsilon^2} |\, y(t) - z(t)\,| \\
&\leqslant d(x,y) + d(y,z) + \varepsilon.
\end{aligned}
$$

从而

$$
\begin{aligned}
d(x,z) &= \inf_{m(E)=0} \left\{ \sup_{t\in[a,b]\backslash E} |\, x(t) - z(t)\,| \right\} \\
&\leqslant \sup_{t\in[a,b]\backslash E_\varepsilon} |\, x(t) - z(t)\,| \\
&\leqslant d(x,y) + d(y,z) + \varepsilon,
\end{aligned}
$$

$\varepsilon > 0$ 是任意的, 故 $d(x,z) \leqslant d(x,y) + d(y,z)$.

总之, $d(\cdot,\cdot)$ 是一个距离. 又容易验证 X 中加法和数乘按这个距离 $d(\cdot,\cdot)$ 是连续的. 一般称这样得到的距离线性空间为**本质有界可测函数空间**, 记作 $L^\infty[a,b]$. 可以证明 $L^\infty[a,b]$ 中收敛是几乎处处一致收敛, 即设 $x_n(t), x(t) \in L^\infty[a,b]$, 则 $d(x_n,x) \to 0$ 等价于任给 $\varepsilon > 0$, 存在正整数 n_0 及零测度集 E_ε 使 $|\, x_n(t) - x(t)\,| < \varepsilon$, 对 $n \geqslant n_0$ 和所有 $t \in [a,b]\backslash E_\varepsilon$.

例 2.1.4   所有序列空间 (s). 设 X 是所有数列的集合. 如果 $x = \{\xi_j\}, y = \{\eta_j\}$ 属于 X, α 是数, 定义

$$
x + y = \{\xi_j + \eta_j\}, \quad \alpha x = \{\alpha \xi_j\},
$$

易见 X 是线性空间, 又定义

$$
d(x,y) = \sum_{j=1}^{\infty} \frac{1}{2^j} \frac{|\, \xi_j - \eta_j\,|}{1 + |\, \xi_j - \eta_j\,|},
$$

显然 $d(\cdot,\cdot)$ 满足距离公设的 $(1),(2)$. 为证明它满足 (3), 我们需要一个不等式: 对任意复数 a,b,

$$
\frac{|\, a + b\,|}{1 + |\, a + b\,|} \leqslant \frac{|\, a\,|}{1 + |\, a\,|} + \frac{|\, b\,|}{1 + |\, b\,|}. \tag{2.1.1}
$$

考虑 $(0,\infty)$ 上函数

$$
f(t) = \frac{t}{1 + t}.
$$

我们有

$$
f'(t) = \frac{1}{(1 + t)^2} > 0.
$$

于是 $f(t)$ 是 $(0, \infty)$ 上单调增加函数. 因为

$$| a + b | \leqslant | a | + | b |,$$

故

$$\begin{aligned}
\frac{| a + b |}{1 + | a + b |} &\leqslant \frac{| a | + | b |}{1 + | a | + | b |} \\
&= \frac{| a |}{1 + | a | + | b |} + \frac{| b |}{1 + | a | + | b |} \\
&\leqslant \frac{| a |}{1 + | a |} + \frac{| b |}{1 + | b |}.
\end{aligned}$$

即不等式 (2.1.1) 成立. 假设 $x = \{\xi_j\}, y = \{\eta_j\}, z = \{\zeta_j\}$ 都属于 X, 因为 $\xi_j - \zeta_j = (\xi_j - \eta_j) + (\eta_j - \zeta_j), j = 1, 2, \cdots$, 则由不等式 (2.1.1),

$$\begin{aligned}
d(x, z) &= \sum_{j=1}^{\infty} \frac{1}{2^j} \frac{| \xi_j - \zeta_j |}{1 + | \xi_j - \zeta_j |} \\
&\leqslant \sum_{j=1}^{\infty} \left[\frac{1}{2^j} \frac{| \xi_j - \eta_j |}{1 + | \xi_j - \eta_j |} + \frac{| \eta_j - \zeta_j |}{1 + | \eta_j - \zeta_j |} \right] \\
&= \sum_{j=1}^{\infty} \frac{1}{2^j} \frac{| \xi_j - \eta_j |}{1 + | \xi_j - \eta_j |} + \sum_{j=1}^{\infty} \frac{1}{2^j} \frac{| \eta_j - \zeta_j |}{1 + | \eta_j - \zeta_j |} \\
&= d(x, y) + d(y, z).
\end{aligned}$$

所以 $d(\cdot, \cdot)$ 是 X 上的距离. 容易验证 X 中加法和数乘按上述定义的距离 $d(\cdot, \cdot)$ 是连续的. 这样得到的距离线性空间称为**所有序列空间**, 记作 (s). 设 $x_n = \{\xi_j^{(n)}\} \in (s), n = 1, 2, \cdots, x_0 = \{\xi_j^{(0)}\} \in (s)$. 如果 $x_n \to x_0$, 则 $\lim_{n \to \infty} \{\xi_j^{(n)}\} = \{\xi_j^{(0)}\}, j = 1, 2, \cdots$. 否则, 存在某个正整数 j 及 $\varepsilon_0 > 0$, 与正整数列的子序列 $\{n_k\}_{k=1}^{\infty}$, 使

$$| \xi_j^{(n_k)} - \xi_j^0 | \geqslant \varepsilon_0, \quad k = 1, 2, \cdots.$$

由不等式 (2.1.1) 的证明知道, $f(t) = \dfrac{t}{1 + t}$ 是单调递增的, 故

$$\begin{aligned}
d(x_{n_k}, x_0) &\geqslant \frac{1}{2^j} \frac{| \xi_j^{n_k} - \xi_j^0 |}{1 + | \xi_j^{n_k} - \xi_j^0 |} \\
&\geqslant \frac{1}{2^j} \frac{\varepsilon_0}{1 + \varepsilon_0}, \quad k = 1, 2, \cdots.
\end{aligned}$$

这与 $d(x_{n_k}, x_0) \to 0$ 矛盾. 反之, 若 $\{x_n\}_{n=1}^{\infty}$ 按坐标收敛于 x_0, 易证 $\{x_n\}_{n=1}^{\infty}$ 在 (s) 中收敛于 x_0. 请读者把这当作习题来做. 这说明 (s) 中收敛等价于按坐标收敛.

例 2.1.5   空间 $l^p (1 \leqslant p < \infty)$. 设 X 代表满足条件 $\sum\limits_{j=1}^{\infty} |\xi_j|^p < \infty$ 的所有数列 $x = \{\xi_j\}$ 的集合. 如果 $x = \{\xi_j\}, y = \{\eta_j\}$ 属于 X, α 是数, 定义

$$x + y = \{\xi_j + \eta_j\}, \quad \alpha x = \{\alpha \xi_j\}.$$

对任意复数 a, b, 显然

$$|a + b|^p \leqslant (|a| + |b|)^p \leqslant [2 \max\{|a|, |b|\}]^p \leqslant 2^p (|a|^p + |b|^p). \tag{2.1.2}$$

据此容易证明 X 按上述定义的加法和数乘是一个线性空间. 又定义

$$d(x, y) = \left(\sum_{j=1}^{\infty} |\xi_j - \eta_j|^p \right)^{1/p}.$$

易见它满足距离公设 (1) 和 (2). 利用 Minkowski 不等式 (江泽坚等, 2007, 第六章, 第 1 节, 定理 2),

$$\left(\sum_{j=1}^{\infty} |\xi_j + \eta_j|^p \right)^{1/p} \leqslant \left(\sum_{j=1}^{\infty} |\xi_j|^p \right)^{1/p} + \left(\sum_{j=1}^{\infty} |\eta_j|^p \right)^{1/p},$$

可见它也满足距离公设 (3), 所以 $d(\cdot, \cdot)$ 是 X 上的距离. 进一步易证 X 是赋以距离 $d(\cdot, \cdot)$ 的距离线性空间, 称为空间 l^p. 可以证明, 空间 l^p 的序列 $x_n = \{\xi_j^{(n)}\}, n = 1, 2, \cdots$ 收敛于 $x = \{\xi_j\}$, 当

(1) $\xi_j^{(n)} \to \xi_j, n \to \infty$, 对所有 j;

(2) 任给 $\varepsilon > 0$, 存在 $N_0 = N_0(\varepsilon)$, 使 $\sum\limits_{j=N}^{\infty} |\xi_j^{(n)}|^p < \varepsilon$, 对所有 $N \geqslant N_0$ 和所有 n.

例 2.1.6   空间 $L^p[a, b] (1 \leqslant p < \infty)$, 与例 2.1.3 一样, 这里 a, b 是任意两个实数, 而且 $-\infty < a < b < \infty$. 设 X 代表所有满足条件 $\int_a^b |x(t)|^p \, dt < \infty$ 的区间 $[a, b]$ 上可测函数 $x(t)$ 的集合. 这样的 $x(t)$ 称为 $[a, b]$ 上 p **幂可积函数**. X 中两个元 $x = x(t), y = y(t)$ 看作是相等的, 如果 $x(t)$ 与 $y(t)$ 是几乎处处相等的, 即 $x(t) = y(t)$, a.e. 于 $[a, b]$. 设 $x = x(t), y = y(t)$ 属于 X, α 是数, 定义

$$(x + y)(t) = x(t) + y(t), \quad (\alpha x)(t) = \alpha x(t), \quad t \in [a, b].$$

利用不等式 (2.1.2) 可以证明 X 是线性空间. 又定义

$$d(x, y) = \left(\int_a^b |x(t) - y(t)|^p \, dt \right)^{1/p},$$

显然它满足距离公设 (1),(2). 由 Minkowski 不等式(江泽坚等, 2007, 第六章, 第 1 节, 定理 2), 如果 $p \geqslant 1, x, y \in L^p[a,b]$, 则

$$\left(\int_a^b \mid x(t) + y(t) \mid^p \mathrm{d}t\right)^{1/p} \leqslant \left(\int_a^b \mid x(t) \mid^p \mathrm{d}t\right)^{1/p} + \left(\int_a^b \mid y(t) \mid^p \mathrm{d}t\right)^{1/p}.$$

可见距离公设 (3) 成立, 所以 $d(\cdot,\cdot)$ 是 X 上的距离. 容易验证 X 是赋有距离 $d(\cdot,\cdot)$ 的距离线性空间, 称为空间 $L^p[a,b]$. 设 $x_n = x_n(t), x = x(t) \in L^p[a,b], n = 1, 2, \cdots,$ 而且

$$\int_a^b \mid x_n(t) - x(t) \mid^p \mathrm{d}t \to 0, \quad n \to \infty.$$

则称函数列 $\{x_n(t)\}_{n=1}^\infty$ p **阶平均收敛**于函数 $x(t)$. 显然 $L^p[a,b]$ 中收敛就是 p **阶平均收敛**.

注意   例 2.1.3 函数空间 $L^\infty[a,b]$ 和例 2.1.6 函数空间 $L^p[a,b]$ 中的元不是一个函数, 而是一个几乎处处相等的函数的等价类.

2.2   度量空间中的点集

2.2.1   距离拓扑

定义 2.2.1   对距离空间 $\langle X, d \rangle$,

(1) 设 $x_0 \in X, r > 0. B(x_0, r) = \{x \in X : d(x, x_0) < r\}$ 称为以 x_0 为心, r 为半径的**球**.

(2) X 中的点集 O 称为**开的**, 如果对任何 $y \in O$, 都有 $r > 0$, 使 $B(y, r) \subset O$.

(3) 设 $y \in X$, X 的子集 U 称为 Y 的**邻域**, 如果有 $r > 0$, 使 $B(y, r) \subset U$.

(4) 对 $E \subset X$, 点 $x_0 \in X$ 称为 E 的**极限点**, 如果对任何 $r > 0$, 球 $B(x_0, r)$ 包含了 E 中异于 x_0 的点.

(5) X 中的点集 F 称为**闭的**, 如果 F 的极限点都在 F 中.

(6) 设 $G \subset X$, 点 $x_0 \in X$ 称为 G 的**内点**, 若 G 是 x_0 的邻域. 点集 G 的内点全体称为 G 的**内部**.

定义 2.2.2   设 $y = f(x)$ 是从距离空间 $\langle X, d \rangle$ 到距离空间 $\langle Y, \rho \rangle$ 的函数. $x_0 \in X, y_0 \in Y, f(x_0) = y_0$. 如果对 y_0 的任何邻域 V_{y_0} 都有 x_0 的邻域 U_{x_0}, 使 $f(x) \in V_{y_0}$, 当 $x \in U_{x_0}$, 则称 $f(x)$ 在 x_0 处**连续**. 如果 $f(x)$ 在 X 中每点都连续, 就称 $f(x)$ 是**连续函数**.

定理 2.2.1   从距离空间 $\langle X, d \rangle$ 到距离空间 $\langle Y, \rho \rangle$ 的函数 $f(x)$ 是连续的必须且只需对 Y 中任何开集 $O, f^{-1}(O)$ 都是 X 中开集. 这里 $f^{-1}(O)$ 表示 O 的原像 $\{x \in X : f(x) \in O\}$.

证明　设 $f(x)$ 连续, O 是 Y 中开集. 对任意的 $x_0 \in f^{-1}(O)$, 必有 $y_0 = f(x_0) \in O$. 取 y_0 的邻域 V_0 使 $V_0 \subset O$, 由 $f(x)$ 在 x_0 处连续, 必有 x_0 的邻域 U_0 使 $f(x) \in V_0$, 当 $x \in U_0$. 故 $U_0 \subset f^{-1}(V_0) \subset f^{-1}(O)$, 即 $f^{-1}(O)$ 是 X 中开集.

反之, 任给 $x_0 \in X$, 设 $f(x_0) = y_0$. 取 y_0 的任一邻域 V_0, 不失一般性, 可以假定 V_0 是开的. 由假设 $f^{-1}(V_0)$ 也是开的. 因 $x_0 \in f^{-1}(V_0)$, 故有 x_0 的邻域 U_0, 使 $U_0 \subset f^{-1}(V_0)$. 于是 $f(x) \in V_0$, 当 $x \in U_0$, 即 $f(x)$ 在 x_0 处连续.　　　　　◇

2.2.2　稠密集与可分性

全体有理数是可数的, 而且在实数轴上稠密. 这给我们研究实数带来许多方便. 同样, 实数轴的这个性质在一般距离空间中的推广: 可分空间概念, 也使我们能够在空间可分的假设下比较容易地证出一些深刻的结果.

定义 2.2.3　设 $\langle X, d \rangle$ 是距离空间, 子集 $S \subset X$ 称为 X 的**稠密集**, 如果任给 $\varepsilon > 0$, 对任何的 $x \in X$, 存在元 $x_0 \in S$, 使 $d(x, x_0) < \varepsilon$.

空间 X 称为**可分的**, 如果 X 内存在一个可数的稠密子集.

我们在 2.1 节列举的许多空间都是可分的.

例 2.2.1　空间 $l^p (1 \leqslant p < \infty)$ 可分.

证明　设 S_0 是 l^p 中所有形如

$$\{r_1, r_2, \cdots, r_n, 0, 0, \cdots\}$$

的元素的集合, 其中 n 是任意正整数, $r_j (j = 1, 2, \cdots, n)$ 是任意的有理数. 则 S_0 是可数的. 易证 S_0 在实空间 l^p 中稠密.

事实上, 任给 $\varepsilon > 0$, 对任何 $x = \{\xi_j\} \in l^p, \xi_j (j = 1, 2, \cdots)$ 是实数, 都存在正整数 n 使

$$\sum_{j=n+1}^{\infty} |\xi_j|^p < \frac{\varepsilon^p}{2}.$$

显然可选有理数 $r_j, j = 1, \cdots, n$, 使

$$\sum_{j=1}^{n} |\xi_j - r_j|^p < \frac{\varepsilon^p}{2}.$$

令 $x_0 = \{r_1, \cdots, r_n, 0, 0, \cdots\}$, 则 $x_0 \in S_0$, 且

$$[d(x, x_0)]^p = \sum_{j=1}^{n} |\xi_j - r_j|^p + \sum_{j=n+1}^{\infty} |\xi_j|^p < \varepsilon^p.$$

从而

$$d(x, x_0) < \varepsilon.$$

因而实空间 l^p 是可分的. 进而还可以证明复空间 l^p 也是可分的.

例 2.2.2 空间 (s) 可分.

证明 像例 1.2.1 一样, 令 S_0 表示所有形如

$$\{r_1, r_2, \cdots, r_n, 0, 0, \cdots\}$$

的元素的集合, 其中 n 是任意正整数, $r_j(j = 1, 2, \cdots, n)$ 是任意的有理数, 则 S_0 可数. 为证明 S_0 在实空间 (s) 内稠密, 只需证明任给 $x \in (s)$, 存在 S_0 中元列 $\{x_k\}_{k=1}^\infty$, 使 $x_k \to x$. 由 2.1 节例 2.1.4 知道, 这等价于对所有的正整数 j, x_k 的第 j 个坐标收敛于 x 的第 j 个坐标. 设 $x = \{\xi_1, \xi_2, \cdots, \xi_j, \cdots\} \in (s)$, 对每个 ξ_j, 我们可以构造一个有理数列 $\{r_j^{(k)}\}_{k=1}^\infty$, 使 $r_j^{(k)} \to \xi_j$, 当 $k \to \infty$. 令

$$x_k = \{r_1^{(k)}, r_2^{(k)}, \cdots, r_k^{(k)}, 0, 0, \cdots\}, \quad k = 1, 2, \cdots,$$

则 $x_k \in S_0$, 而且 $x_k \to x$. 因此实空间 (s) 是可分的. $\diamond$

进一步可以证明复空间 (s) 也是可分的.

例 2.2.3 空间 (m) 不可分.

证明 令

$$E_0 = \{x = \{\xi_j\} \in (m) : \xi_j = 0 \text{ 或 } 1, j = 1, 2, \cdots\}.$$

注意 E_0 中每个元 $x = \{\xi_j\}$ 对应着 $[0, 1]$ 上一个二进位小数, 据此可建立 E_0 和区间 $[0, 1]$ 之间 1-1 对应关系, 因此 E_0 的基数为 c, 即 E_0 是不可数的. 任取 E_0 内两个不同元 $x = \{\xi_j\}, y = \{\eta_j\}$, 显然 $d(x, y) = 1$. 由此可断定 (m) 是不可分的. $\diamond$

事实上, 如果 (m) 内存在可数的稠密集 S, 以 S 中每个元为心, $\varepsilon = \dfrac{1}{3}$ 为半径作球, (m) 的所有元都将落在这些球内. 但这些球是可数的, 于是不可数集 E_0 中至少有两个不同元 x, y 落在同一球内. 设该球球心为 x_0, 则

$$1 = d(x, y) \leqslant d(x, x_0) + d(x_0, y) \leqslant \frac{1}{3} + \frac{1}{3} = \frac{2}{3}.$$

矛盾.

尽管空间 (m) 不可分, 但可以证明, 作为空间 (m) 的线性流形 (c) 是可分的.

利用测度论上的 Lusin 定理与 Weierstrass 逼近定理, 我们还可以证明空间 $L^p[a, b](1 \leqslant p < \infty)$ 是可分的 (江泽坚等, 2007, 第六章, 第 1 节, p219—221).

2.3 完备距离空间

定义 2.3.1 设 $\{x_n\}_{n=1}^\infty$ 是距离空间 $\langle X, d \rangle$ 中的序列, 如果对任给的 $\varepsilon > 0$, 都有正整数 N, 使

$$d(x_n, x_m) < \varepsilon, \quad n, m \geqslant n,$$

则称 $\{x_n\}_{n=1}^{\infty}$ 是 Cauchy**序列**.

显然凡收敛序列都是 Cauchy 序列, 但其逆不真. 例如, 全体有理数构成的距离空间中就有不收敛的 Cauchy 序列.

定义 2.3.2   若距离空间 $\langle X,d \rangle$ 中任何 Cauchy *序列都收敛*, 则称距离空间 $\langle X,d \rangle$ 为**完备的**距离空间.

回想各种实数的定义, 其精神实质无非就是把有理数集加以完备化而已. 只有对于完备的空间, 极限运算才能顺利进行, 也才有可能用上经典分析的技巧. 明白了这点, 为什么人们对各种空间常要考虑其完备性, 便是很自然的事了.

以下且看两个最常见的完备空间的例子.

例 2.3.1 $C[0,1]$ 是完备空间.

证明 $C[0,1]$ 表示区间 $[0,1]$ 上的所有复值连续函数的集合, 逐点定义加法和数乘运算, 即

$$(x+y)(t) = x(t) + y(t), \quad (\alpha x)(t) = \alpha x(t), \quad t \in [0,1],$$

当 $x(t), y(t) \in C[0,1], \alpha \in \mathbf{C}$. 赋以如下距离

$$d(x,y) = \max_{0 \leqslant t \leqslant 1} |x(t) - y(t)|.$$

不难证明 $C[0,1]$ 是赋以距离 $d(\cdot,\cdot)$ 的距离线性空间, 通常称为**连续函数空间**.

下面证明 $C[0,1]$ 是完备的.

设 $\{x_n(t)\}_{n=1}^{\infty}$ 是 $C[0,1]$ 中的 Cauchy 序列, 则任给 $\varepsilon > 0$, 存在正整数 N, 使

$$d(x_n, x_m) < \varepsilon, \quad n,m \geqslant N.$$

即

$$|x_n(t) - x_m(t)| < \varepsilon, \quad n,m \geqslant N, 0 \leqslant t \leqslant 1.$$

显然对每个 $t \in [0,1]$, $\{x_n(t)\}_{n=1}^{\infty}$ 收敛. 设 $\lim\limits_{n\to\infty} x_n(t) = x(t)$, 则在上式中令 $m \to \infty$, 可得

$$|x_n(t) - x(t)| \leqslant \varepsilon, \quad n \geqslant N, 0 \leqslant t \leqslant 1.$$

这表明 $\{x_n(t)\}_{n=1}^{\infty}$ 在 $[0,1]$ 上一致收敛到 $x(t)$. 由数学分析可知, $x(t)$ 也是 $[0,1]$ 上连续函数. 又由上式

$$d(x_n, x) = \max_{0 \leqslant t \leqslant 1} |x_n(t) - x(t)| \leqslant \varepsilon, \quad n \geqslant N,$$

即 $x_n \to x$. 故 $C[0,1]$ 是完备的.

例 2.3.2 $L^p[a,b](1 \leqslant p \leqslant \infty)$ 是完备空间.

证明 我们只讨论 $1 < p < \infty$ 情形, 对 $p = 1$ 或 ∞ 情形可类似证明.

设 $\{x_n\}_{n=1}^\infty$ 是 $L^p[a,b]$ 中的 Cauchy 序列, 则有正整数 N_k, 使当 $n, m \geqslant N_k$ 时,

$$d(x_n, x_m) < \frac{1}{2^k}.$$

不妨设 $N_1 < N_2 < \cdots < N_k < \cdots$, 则

$$\sum_{k=1}^\infty d(x_{N_{k+1}}, x_{N_k}) \leqslant \sum_{k=1}^\infty \frac{1}{2^k} < \infty.$$

设 $1 < q < \infty$, 使 $\frac{1}{p} + \frac{1}{q} = 1$, 由 Hölder 不等式,

$$\int_a^b |x_{N_{k+1}}(t) - x_{N_k}(t)| \, dt \leqslant \left(\int_a^b |x_{N_{k+1}}(t) - x_{N_k}(t)|^p \, dt \right)^{1/p} \left(\int_a^b 1 dt \right)^{1/q}$$
$$= d(x_{N_{k+1}}, x_{N_k})(b-a)^{1/q}.$$

于是

$$\sum_{k=1}^\infty \int_a^b |x_{N_{k+1}}(t) - x_{N_k}(t)| \, dt \leqslant (b-a)^{1/q} \sum_{k=1}^\infty d(x_{N_{k+1}}, x_{N_k}) < \infty,$$

则

$$\int_a^b \left(\sum_{k=1}^\infty |x_{N_{k+1}}(t) - x_{N_k}(t)| \right) dt < \infty.$$

从而 $\sum\limits_{k=1}^\infty [x_{N_{k+1}}(t) - x_{N_k}(t)]$ 在 $[a,b]$ 上几乎处处收敛. 于是

$$\lim_{j \to \infty} x_{N_j}(t) = x_{N_1}(t) + \lim_{j \to \infty} \sum_{k=1}^{j-1} [x_{N_{k+1}}(t) - x_{N_k}(t)]$$

在 $[a,b]$ 上几乎处处存在. 设

$$\lim_{j \to \infty} x_{N_j}(t) = x(t), \quad \text{a.e.} \text{于} [a,b],$$

则 $x(t)$ 可测, 根据 Fatou 引理(江泽坚等, 2007, 第五章, 第 1 节, 定理 7),

$$\int_a^b |x_{N_k}(t) - x(t)|^p \, dt \leqslant \varliminf_{j \to \infty} \int_a^b |x_{N_k}(t) - x_{N_j}(t)|^p \, dt$$
$$= \varliminf_{j \to \infty} [d(x_{N_k}, x_{N_j})]^p$$
$$\leqslant \frac{1}{2^{kp}},$$

故 $x_{N_k}(t) - x(t) \in L^p[a, b]$. 已知 $x_{N_k}(t) \in L^p[a, b]$, 由 $L^p[a, b]$ 是线性空间可知 $x(t) \in L^p[a, b]$.

任给 $\varepsilon > 0$, 由 $\{x_n\}_{n=1}^{\infty}$ 是 Cauchy 序列, 应有正整数 N 使

$$d(x_n, x_m) < \varepsilon, \quad n, m \geqslant N.$$

显然存在正整数 K 使 $N_k \geqslant N$, 当 $k \geqslant K$. 于是

$$d(x_n, x_{N_k}) < \varepsilon, \quad n \geqslant N, k \geqslant K.$$

根据 Fatou 引理, 当 $n \geqslant N$ 时,

$$
\begin{aligned}
[d(x_n, x)]^p &= \int_a^b | x_n(t) - x(t) |^p \, \mathrm{d}t \\
&\leqslant \varliminf_{j \to \infty} \int_a^b | x_n(t) - x_{N_j}(t) |^p \, \mathrm{d}t \\
&= \varliminf_{j \to \infty} [d(x_n, x_{N_j})]^p \\
&\leqslant \varepsilon^p,
\end{aligned}
$$

由此可见, $d(x_n, x) \to 0, n \to \infty$.

2.3.1   距离空间的完备化

定义 2.3.3   对距离空间 $\langle X, d \rangle$, 若有完备的距离空间 $\langle \tilde{X}, \rho \rangle$, 使 X 等距于 $\tilde{X}$ 的稠密子集, 即存在映射 $T : X \to \tilde{X}$ 使

$$d(x, y) = \rho(T(x), T(y)), \quad \forall x, y \in X,$$

且 $T(X)$ 是 $\tilde{X}$ 中稠密子集, 则称 $\tilde{X}$ 为 X 的**完备化**.

定理 2.3.1   任何距离空间都存在完备化.

证明   将距离空间 $\langle X, d \rangle$ 中所有 Cauchy 序列的集合记作 $\tilde{X}$. 对 $\tilde{X}$ 中元 $\xi = \{x_n\}$ 与 $\eta = \{y_n\}$, 若

$$\lim_{n \to \infty} d(x_n, y_n) = 0,$$

则称 ξ 与 η 相等, 并记作 $\xi = \eta$. 又对 $\tilde{X}$ 中任意两个元 $\xi = \{x_n\}, \eta = \{y_n\}$, 定义

$$\rho(\xi, \eta) = \lim_{n \to \infty} d(x_n, y_n).$$

因为 $\{x_n\}, \{y_n\}$ 是 X 中 Cauchy 序列, 不难证明 $\{d(x_n, y_n)\}_{n=1}^{\infty}$ 是 Cauchy 数列, 所以上述极限是存在的. 假设又有 Cauchy 序列 $\{x_n'\}, \{y_n'\}$, 使 $\xi = \{x_n'\}, \eta = \{y_n'\}$, 则

$$\lim_{n \to \infty} d(x_n, x_n') = 0, \quad \lim_{n \to \infty} d(y_n, y_n') = 0.$$

利用距离公设 (3),

$$d(x'_n, y'_n) \leqslant d(x_n, x'_n) + d(x_n, y_n) + d(y_n, y'_n).$$

于是

$$\lim_{n \to \infty} d(x'_n, y'_n) \leqslant \lim_{n \to \infty} d(x_n, y_n).$$

类似地有相反的不等式. 总之

$$\lim_{n \to \infty} d(x'_n, y'_n) = \lim_{n \to \infty} d(x_n, y_n).$$

这说明 $\rho(\xi, \eta)$ 不依赖于表示 ξ, η 的具体 Cauchy 序列. 因而 $\rho(\cdot, \cdot)$ 的定义是完善的. 显然 $\rho(\cdot, \cdot)$ 满足距离公设中的 (1),(2), 设 $\xi = \{x_n\}, \eta = \{y_n\}, \zeta = \{z_n\} \in \tilde{X}$, 则

$$\begin{aligned}
\rho(\xi, \zeta) &= \lim_{n \to \infty} d(x_n, z_n) \\
&\leqslant \lim_{n \to \infty} d(x_n, y_n) + \lim_{n \to \infty} d(y_n, z_n) \\
&= \rho(\xi, \eta) + \rho(\eta, \zeta),
\end{aligned}$$

即 $\rho(\cdot, \cdot)$ 也满足距离公设中的 (3). 总之, $\tilde{X}$ 按 $\rho(\cdot, \cdot)$ 成为距离空间.

定义 $\langle X, d \rangle$ 到 $\langle \tilde{X}, \rho \rangle$ 的映射 T 如下:

$$T(x) = \tilde{x} = \{x, x, \cdots, x, \cdots\}, \quad x \in X.$$

设 $y \in X$, 则 $T(y) = \tilde{y} = \{y, y, \cdots, y, \cdots\}$, 于是

$$\rho(T(x), T(y)) = \lim_{n \to \infty} d(x, y) = d(x, y),$$

所以 $T : X \to \tilde{X}$ 是一个等距映射. 往证 $T(X)$ 在 $\tilde{X}$ 中稠密. 设 $\xi = \{x_n\} \in \tilde{X}$. 令 $\tilde{x}_k = \{x_k, x_k, \cdots, x_k, \cdots\}, k = 1, 2, \cdots$, 则 $\tilde{x}_k = T(x_k) \in T(X)$. 对任何 $\varepsilon > 0$, 因为 $\{x_n\}_{n=1}^\infty$ 是 X 中 Cauchy 序列, 存在正整数 N 使 $d(x_n, x_m) < \varepsilon, n, m \geqslant N$. 于是

$$\rho(\xi, \tilde{x_k}) = \lim_{n \to \infty} d(x_n, x_k) \leqslant \varepsilon, \quad k \geqslant N,$$

可见 $T(X)$ 在 $\tilde{X}$ 中稠密.

最后, 只需证明 $\tilde{X}$ 是完备的. 设 $\{\xi_n\}_{n=1}^\infty$ 是 $\tilde{X}$ 中 Cauchy 序列, 由于 $T(X)$ 在 $\tilde{X}$ 中稠密, 对每个 ξ_n, 必有 $x_n \in X$ 使 $\tilde{x}_n = T(x_n) \in \tilde{X}$ 且 $\rho(\tilde{x}_n, \xi_n) < \dfrac{1}{n}$, 于是

$$\begin{aligned}
d(x_n, x_m) &= \rho(\tilde{x_n}, \tilde{x_m}) \\
&\leqslant \rho(\tilde{x_n}, \xi_n) + \rho(\xi_n, \xi_m) + \rho(\xi_m, \tilde{x_m}) \\
&\leqslant 1/n + \rho(\xi_n, \xi_m) + 1/m.
\end{aligned}$$

由此可见 $\{x_n\}_{n=1}^{\infty}$ 是 X 中 Cauchy 序列, 记 $\xi = \{x_n\}_{n=1}^{\infty}$, 则 $\xi \in \tilde{X}$. 而

$$\rho(\xi_n, \xi) \leqslant \rho(\xi_n, \tilde{x}_n) + \rho(\tilde{x}_n, \xi) \leqslant 1/n + \lim_{k \to \infty} d(x_n, x_k) \to 0,$$

当 $n \to \infty$. 即 $\tilde{X}$ 是完备的.   ◇

　　设想我们不把有理数集完备化, 那么像 $x^2 - 2 = 0$ 这类方程就没有解. 同样, 如果不把某些函数空间完备化, 那么许多数理方程也没有解. 例如, 对波动方程

$$\begin{cases} \Delta u - \dfrac{\partial^2 u}{\partial t^2} = F, \\[2mm] u(x, y, z, 0) = u'_t(x, y, z, 0), \\[2mm] \left. \dfrac{\partial u}{\partial n} \right|_s = 0, \end{cases} \tag{2.3.1}$$

这里 S 是空间区域 Ω 的边界. 索波列夫就考虑一串 $L^2(\Omega)$ 中函数 $F_1, F_2, \cdots, F_k, \cdots$, 使

$$\lim_{k \to \infty} \iiint\limits_{\Omega} | F_k - F |^2 \, \mathrm{d}x\mathrm{d}y\mathrm{d}z = 0,$$

若方程

$$\begin{cases} \Delta u - \dfrac{\partial^2 u}{\partial t^2} = F_k, \\[2mm] u(x, y, z, 0) = u'_t(x, y, z, 0), \\[2mm] \left. \dfrac{\partial u}{\partial n} \right|_s = 0 \end{cases} \tag{2.3.2}$$

的寻常解 u_k 存在, 使得

$$\lim_{k \to \infty} \iiint\limits_{\Omega} | u_k - u |^2 \, \mathrm{d}x\mathrm{d}y\mathrm{d}z = 0,$$

就称 u 是方程 (2.3.1) 的广义解, 而且他果然利用空间 $L^2(\Omega)$ 的完备性或 Riesz-Fisher 定理证出上述广义解的存在性 (索波列夫, 1958, 第 XXII 讲).

2.4　紧性与列紧性

　　我们知道: 直线上每个有界的无穷点集都至少有一个聚点. 这是古典分析的基础. 推广到一般距离空间, 人们引进下列概念.

　　定义 2.4.1　距离空间 X 中的集合 M 称为**列紧的**, 如果 M 中任何序列都含有一个收敛的子列 (注意这个子序列的极限未必还在 M 中). 闭的列紧集称为**自列紧集**.

这是距离空间中非常重要的几何概念.

设 M, N 都是距离空间 $\langle X, d \rangle$ 中的集合, ε 为给定正数. 如果对 M 中任何一点 x, 必存在 N 中一点 x', 使 $d(x, x') < \varepsilon$, 则称 N 是 M 的 ε-网.

定义 2.4.2 距离空间 X 中的集合 M 称为**完全有界**的, 如果对任给 $\varepsilon > 0$, 总存在由有限个元组成的 M 的 ε-网.

定理 2.4.1 在距离空间 X 中, 列紧性蕴涵完全有界性, 若 X 是完备的, 则列紧性与完全有界性等价.

证明 设 M 是 X 中列紧集. 如果 M 不是完全有界的, 则必存在某个 $\varepsilon_0 > 0$, 使 M 没有只包含有限个元素的 ε_0-网. 从而任取 $x_1 \in M$, 必存在 $x_2 \in M$, 使 $d(x_2, x_1) \geqslant \varepsilon_0$, 否则, $\{x_1\}$ 就是 M 之有限的 ε_0-网. 同理, 存在 $x_3 \in M$, 使 $d(x_3, x_j) \geqslant \varepsilon_0, j = 1, 2$. 这个步骤可以一直进行下去, 这样我们得到 M 中一个序列 $\{x_n\}_{n=1}^{\infty}$, 使 $d(x_n, x_m) \geqslant \varepsilon_0, n \neq m$. 显然 $\{x_n\}_{n=1}^{\infty}$ 没有收敛的子序列, 这与 M 是列紧的矛盾.

若 X 是完备的, M 是 X 中完全有界集, $\{x_n\}_{n=1}^{\infty}$ 是 M 中任一序列. 不失一般性, 可假定 $\{x_n\}_{n=1}^{\infty}$ 有无穷多个元. 取定一个正数列 $\{\varepsilon_k\}_{k=1}^{\infty}$, 使 $\varepsilon_k \searrow 0$. 由假设存在 M 的 ε_1-网只包含有限个元, 于是存在 X 中半径为 ε_1 的球 B_1, 它包含了 $\{x_n\}_{n=1}^{\infty}$ 中无穷多个元. 记 $S_1 = B_1 \bigcap \{x_n\}_{n=1}^{\infty}$, 则 S_1 是 $\{x_n\}_{n=1}^{\infty}$ 的无穷子集. 又存在 M 的 ε_2-网只包含有限个元, 故存在 X 中半径为 ε_2 的球 B_2, 包含 S_1 中无穷多个元, 令 $S_2 = B_2 \bigcap S_1$. 如此类推, 我们得到 X 中一串球 $\{B_k\}_{k=1}^{\infty}$, 其半径分别为 ε_k, 以及 $\{x_n\}_{n=1}^{\infty}$ 的一串无穷子集 $\{S_k\}_{k=1}^{\infty}$, 满足

$$S_{k+1} \subset S_k \subset B_k, \quad k = 1, 2, \cdots.$$

于是我们可以依次选取

$$x_{n_1} \in S_1, x_{n_2} \in S_2 \setminus \{x_{n_1}\}, x_{n_k} \in S_k \setminus \{x_{n_1}, x_{n_2}, \cdots, x_{n_{k-1}}\}, \cdots.$$

这样我们得到 $\{x_n\}_{n=1}^{\infty}$ 的一个子序列 $\{x_{n_k}\}_{k=1}^{\infty}$, 根据构造, $x_{n_j} \in B_k$, 当 $j \geqslant k$. 于是

$$d(x_{n_k}, x_{n_j}) < 2\varepsilon_k, \quad j > k.$$

因 $\varepsilon_k \searrow 0$, 所以 $\{x_{n_k}\}_{k=1}^{\infty}$ 是 Cauchy 序列. 而 X 是完备的, 故 $\{x_{n_k}\}_{k=1}^{\infty}$ 收敛. ◇

定理 2.4.2 在距离空间中, 任何完全有界集都是可分的.

证明 设 M 是距离空间 $\langle X, d \rangle$ 的完全有界集, 则对任给的 $\varepsilon > 0$, 可以取 M 的有限子集作为 M 的 ε-网. 事实上, 由假设存在 M 之有限的 $\frac{\varepsilon}{2}$-网, 记为 $\{y_1, \cdots, y_j\}$. 任取 $x_k \in M \bigcap B\left(y_k, \frac{\varepsilon}{2}\right), k = 1, \cdots, j$, 则 $\{x_1, \cdots, x_j\} \subset M$. 易见它是 M 的 ε-网.

现在, 对每个正整数 n, 设 $N_n \subset M$ 是 M 之有限的 $\frac{1}{n}$--网. 令

$$N = \bigcup_{n=1}^{\infty} N_n,$$

则 $N \subset M$, 且是一个可数集. 任给 $\varepsilon > 0, x \in M$, 应有正整数 n, 使 $\frac{1}{2} < \varepsilon$ 及 $x_n \in N_n$ 使

$$d(x_n, x) < \frac{1}{n} < \varepsilon,$$

可见 N 在 M 中稠密. 总之, M 是可分的.   ◇

定义 2.4.3   距离空间 X 中的集合 M 称为**紧**的, 如果 M 的任何开覆盖都存在有限的子覆盖.

定理 2.4.3   在距离空间中, 紧性与自列紧性等价.

证明   设 M 是距离空间 X 中的紧子集, $\{x_n\}_{n=1}^{\infty}$ 是 M 中任一序列. 如果 $\{x_n\}_{n=1}^{\infty}$ 不存在收敛于 M 中某点的子序列, 则对每点 $\xi \in M$, 必存在 $\delta_\xi > 0$, 使 $B(\xi, \delta_\xi)$ 不包含 $\{x_n\}_{n=1}^{\infty}$ 中异于 ξ 的点, 这个 ξ 便是 $\{x_n\}_{n=1}^{\infty}$ 中某个子序列的极限, 这与 $\{x_n\}_{n=1}^{\infty}$ 不存在收敛于 M 中某点的子序列的假设矛盾. 显然 $B(\xi, \delta_\xi)$ 的全体形成 M 的一个开覆盖. 因 M 是紧的, 必存有限子覆盖. 设其为 $B(\xi_1, \delta_{\xi_1}), \cdots, B(\xi_k, \delta_{\xi_k})$. 根据 $B(\xi_j, \delta_{\xi_j})$ 的选取, 每个最多只包含 $\{x_n\}_{n=1}^{\infty}$ 中一个点. 于是 $\{x_n\}_{n=1}^{\infty}$ 中只有有限个不同点, 必然至少有一个点重复出现无穷多次, 从而 $\{x_n\}_{n=1}^{\infty}$ 有收敛于 M 中某点的序列. 这和假设矛盾. 故 M 必是自列紧的.

反之, 设 M 是自列紧的, 由定理 1.6.1 及定理 1.6.2, M 是可分的, 即 M 中存在可数稠密子集 M_0. 设 $\{G_\alpha\}_{\alpha \in J}$ 是 M 的一个开覆盖. 任给 $x \in M$, 必有某个 G_α, 使 $x \in G_\alpha$. 因 G_α 是开集, 存在 $\delta > 0$, 使 $B(x, \delta) \subset G_\alpha$. 因 M_0 是 M 的稠密子集, 故存在某个 $x' \in M_0$ 及有理数 $r' > 0$, 使

$$x \in B(x', r') \subset B(x, \delta) \subset G_\alpha.$$

现在我们考虑以 M_0 的元为心, 正有理数为半径, 而且包含于某个 G_α 内的球的全体, 它们最多是可数个, 记为 $B_1, B_2, \cdots$. 根据构造它们形成了 M 的一个开覆盖. 我们断言, $\{B_n\}_{n=1}^{\infty}$ 中必有有限个覆盖了 M. 若不然, 对每个正整数 n, 都存在点 $x_n \in M \setminus [\bigcup_{j=1}^{n} B_j]$. 因 M 是自列紧的, $\{x_n\}_{n=1}^{\infty}$ 存在一个子序列 $\{x_{n_k}\}_{k=1}^{\infty}$ 收敛于一点 $x_0 \in M$. 易证 x_0 不属于任何 B_n. 这与 $\{B_n\}_{n=1}^{\infty}$ 是 M 的覆盖矛盾. 故存在 $\{B_n\}_{n=1}^{\infty}$ 中有限个 $\{B_1, \cdots, B_k\}$ 覆盖了 M. 由 B_n 的构造应有 $G_{\alpha_j}, \alpha_j \in J$, 使 $G_{\alpha_j} \supset B_j, j = 1, \cdots, k$. 于是 $\{G_{\alpha_1}, \cdots, G_{\alpha_k}\}$ 是 $\{G_\alpha\}_{\alpha \in J}$ 的有限子覆盖.   ◇

分析中常用到一种被称为**对角线方法**的技巧, 它是证明紧性的典型方法. 为便于今后使用, 我们来详细地介绍这种方法.

设 $\{\alpha_{kn}\}_{n=1}^{\infty}(k=1,2,\cdots)$ 是一串有界数列. 则对每个 k, 由于 $\{\alpha_{kn}\}_{n=1}^{\infty}$ 是有界数列, 必有一个收敛子序列 $\{\alpha_{kn_k(j)}\}_{j=1}^{\infty}$. 一般说来, 对不同的 k, $\{n_k(j)\}_{j=1}^{\infty}$ 是不同的正整数子序列. 对角线方法就是要对所有 k, 找到一个共同的正整数列的子序列 $\{n(j)\}_{j=1}^{\infty}$, 使对每个 k, $\{\alpha_{kn(j)}\}_{j=1}^{\infty}$ 都收敛. 具体做法如下.

把 $\{\alpha_{kn}\}_{n=1}^{\infty}$, $k=1,2,\cdots$, 排成一个无穷方阵, 第一个数列 $\{\alpha_{1n}\}_{n=1}^{\infty}$ 排在第一行, 第二个数列 $\{\alpha_{2n}\}_{n=1}^{\infty}$ 排在第二行. 依此类推, 便有

$$
\begin{array}{cccccc}
\alpha_{11} & \alpha_{12} & \alpha_{13} & \cdots & \alpha_{1n} & \cdots \\
\alpha_{21} & \alpha_{22} & \alpha_{23} & \cdots & \alpha_{2n} & \cdots \\
\alpha_{31} & \alpha_{32} & \alpha_{33} & \cdots & \alpha_{3n} & \cdots \\
\vdots & \vdots & \vdots & & \vdots & \\
\alpha_{k1} & \alpha_{k2} & \alpha_{k3} & \cdots & \alpha_{kn} & \\
\cdots & \cdots & \cdots & & \cdots &
\end{array}
$$

先看第一行, 由于 $\{\alpha_{1n}\}_{n=1}^{\infty}$ 是有界数列, 必有收敛子序列, 记为 $\{\alpha_{1n_1(j)}\}_{j=1}^{\infty}$, 然后再看第二行的子序列 $\{\alpha_{2n_1(j)}\}_{j=1}^{\infty}$, 它也是有界的, 必有收敛子序列, 记为 $\{\alpha_{2n_2(j)}\}_{j=1}^{\infty}$, 再看第三行的子序列 $\{\alpha_{3n_2(j)}\}_{j=1}^{\infty}$, 它也是有界的, 故有收敛子序列, 记为 $\{\alpha_{3n_3(j)}\}_{j=1}^{\infty}$. 如此继续下去, 便得到一串收敛数列排成的无穷方阵

$$
\begin{array}{cccccc}
\alpha_{1n_1(1)} & \alpha_{1n_1(2)} & \alpha_{1n_1(3)} & \cdots & \alpha_{1n_1(j)} & \cdots \\
\alpha_{2n_2(1)} & \alpha_{2n_2(2)} & \alpha_{2n_2(3)} & \cdots & \alpha_{2n_2(j)} & \cdots \\
\alpha_{3n_3(1)} & \alpha_{3n_3(2)} & \alpha_{3n_3(3)} & \cdots & \alpha_{3n_3(j)} & \cdots \\
\vdots & \vdots & \vdots & & \vdots & \\
\alpha_{kn_k(1)} & \alpha_{kn_k(2)} & \alpha_{kn_k(3)} & \cdots & \alpha_{kn_k(j)} & \cdots \\
\cdots & \cdots & \cdots & & \cdots &
\end{array}
$$

这个方阵中的每一行都是一个收敛的无穷数列.

对应地, 我们得到这些数列的第二个指标排成的无穷方阵

$$
\begin{array}{cccccc}
n_1(1) & n_1(2) & n_1(3) & \cdots & n_1(j) & \cdots \\
n_2(1) & n_2(2) & n_2(3) & \cdots & n_2(j) & \cdots \\
n_3(1) & n_3(2) & n_3(3) & \cdots & n_3(j) & \cdots \\
\vdots & \vdots & \vdots & & \vdots & \\
n_k(1) & n_k(2) & n_k(3) & \cdots & n_k(j) & \cdots \\
\cdots & \cdots & \cdots & & \cdots &
\end{array}
$$

根据前面的选取, 我们看到该方阵中下面一行的指标序列都是上面一行的指标序列的子序列, 即 $\{n_2(j)\}_{j=1}^{\infty}$ 是 $\{n_1(j)\}_{j=1}^{\infty}$, $\{n_3(j)\}_{j=1}^{\infty}$ 是 $\{n_2(j)\}_{j=1}^{\infty}$ 的子序列等. 现在

我们把上述无穷方阵中对角线上的元素取出来, 得到一个指标序列 $\{n_j(j)\}_{j=1}^{\infty}$, 这就是我们要找的正整数列的子序列, 使对每个 k, $\{\alpha_{kn_j(j)}\}_{j=1}^{\infty}$ 都收敛. 事实上, 对每个 k, 当 $j \geqslant k$ 以后, $\{n_j(j)\}_{j=k}^{\infty}$ 便是 $\{n_k(j)\}_{j=1}^{\infty}$ 的子序列, 从而 $\{\alpha_{kn_j(j)}\}_{j=k}^{\infty}$ 是 $\{\alpha_{kn_k(j)}\}_{j=1}^{\infty}$ 的子序列. 而 $\{\alpha_{kn_k(j)}\}_{j=1}^{\infty}$ 是收敛的, 故 $\{\alpha_{kn_j(j)}\}_{j=1}^{\infty}$ 也是收敛的.

对于 $[0,1]$ 上的一族连续函数 $\mathcal{F}$, 把它看作是 $C[0,1]$ 空间中的一个点集, 这可以说是 $\mathcal{F}$ 的几何化. 自然对于 $\mathcal{F}$ 我们就有如下问题.

问题 2.4.1 $\mathcal{F}$ 何时是列紧的?

如果 $\mathcal{F}$ 是列紧的, 则 $\mathcal{F}$ 是完全有界的, 当然便也一致有界, 即存在常数 $K > 0$, 使

$$| f(t) | \leqslant K, \quad \forall t \in [0,1], \quad f \in \mathcal{F},$$

任给 $\varepsilon > 0$, $\mathcal{F}$ 存在有限的 $\frac{\varepsilon}{3}$-网: $f_1, \cdots, f_n$, 使对任给的 $f \in \mathcal{F}$ 都有一个 $f_k(1 \leqslant k \leqslant n)$ 使得

$$\rho(f, f_k) < \frac{\varepsilon}{3}.$$

这里 $\rho(\cdot, \cdot)$ 是 $C[0,1]$ 上的距离. 注意 $f_1(t), \cdots, f_n(t)$ 都在 $[0,1]$ 上一致连续. 因此有 $\delta > 0$, 使

$$| f_k(t'' - f_k(t')) | < \frac{\varepsilon}{3},$$

对一切 $t', t'' \in [0,1]$ 且 $| t'' - t' | < \delta, 1 \leqslant k \leqslant n$.

于是对任给的 $f \in \mathcal{F}$ 有

$$\begin{aligned}
| f(t'' - f(t')) | &\leqslant | f(t'' - f_k(t'')) | + | f_k(t'' - f_k(t')) | + | f_k(t' - f(t')) | \\
&\leqslant \rho(f, f_k) + | f_k(t'' - f_k(t')) | + \rho(f, f_k) \\
&< \frac{\varepsilon}{3} + \frac{\varepsilon}{3} + \frac{\varepsilon}{3} \\
&= \varepsilon,
\end{aligned}$$

当 $| t'' - t' | < \delta$.

于是可得下面的重要概念.

定义 2.4.4   设 $\mathcal{F}$ 是一族从距离空间 $\langle X, d \rangle$ 到距离空间 $\langle Y, \rho \rangle$ 的函数. 如果任给 $\varepsilon > 0$, 都存在 $\delta > 0$, 使得对一切 $f \in \mathcal{F}$ 都有

$$\rho(f(x), f(x')) < \varepsilon,$$

当 $d(x, x') < \delta$, 则称 $\mathcal{F}$ 是**同等连续**的.

下面著名定理回答了前面所提问题 2.4.1.

定理 2.4.4 (Arzelá-Ascoli, 1889) $\mathcal{F} \subset C[0,1]$ 是列紧的必须且只需 $\mathcal{F}$ 是一致有界而且同等连续的.

证明 必要性已见于前面的分析, 问题只在于充分性.

设 $\{f_n\}_{n=1}^{\infty}$ 是 $\mathcal{F}$ 中一个无穷序列. 因为 $C[0,1]$ 中元列 $\{f_n\}_{n=1}^{\infty}$ 收敛等价于 $\{f_n(t)\}_{n=1}^{\infty}$ 在 $[0,1]$ 上一致收敛. 故只需证明存在 $\{f_n(t)\}_{n=1}^{\infty}$ 的某个子序列 $\{f_{n_j}(t)\}_{j=1}^{\infty}$ 在 $[0,1]$ 上一致收敛.

将 $[0,1]$ 中全体有理数排成序列 $r_1, r_2, \cdots, r_i, \cdots$, 考虑无穷方阵

$$f_n(r_i), \quad n = 1, 2, \cdots.$$

由假设, 它们是一致有界的, 根据对角线方法, 有子序列 $\{f_{n_j(j)}(t)\}_{j=1}^{\infty}$ 在一切 $r_i (i = 1, 2, \cdots)$ 处收敛, 简记这个子序列为 $\{f_{n_j}(t)\}_{j=1}^{\infty}$.

任给 $\varepsilon > 0$, 由 $\{f_{n_j}(t)\}_{j=1}^{\infty}$ 的同等连续性, 有 $\delta > 0$, 使对一切 $j = 1, 2, \cdots$,

$$\mid f_{n_j}(t'') - f_{n_j}(t') \mid < \frac{\varepsilon}{3}, \quad \mid t'' - t' \mid < \delta.$$

显然我们可以找到有限个 $r_i, i = 1, \cdots, I$, 使

$$[0,1] \subset \bigcup_{i=1}^{I} (r_i - \delta, r_i + \delta).$$

因为对每个 r_i, $\{f_{n_j}(r_i)\}_{j=1}^{\infty}$ 收敛. 于是存在 $N = N(\varepsilon)$, 对每个 $i = 1, \cdots, I$,

$$\mid f_{n_j}(r_i) - f_{n_k}(r_i) \mid < \frac{\varepsilon}{3}, \quad j, k \geqslant N.$$

对任何 $t \in [0,1]$, 应有某个 $r_i (i = 1, \cdots, I)$ 使 $\mid t - r_i \mid < \delta$, 从而

$$\mid f_{n_j}(t) - f_{n_k}(t) \mid \; \mid f_{n_j}(t) - f_{n_j}(r_i) \mid + \mid f_{n_j}(r_i) - f_{n_k}(r_i) \mid + \mid f_{n_k}(r_i) - f_{n_k}(t) \mid$$

$$< \frac{\varepsilon}{3} + \frac{\varepsilon}{3} + \frac{\varepsilon}{3} = \varepsilon,$$

当 $j, k \geqslant N$. 这说明 $\{f_{n_j}(t)\}_{j=1}^{\infty}$ 在 $[0,1]$ 上一致收敛. $\diamond$

设 M 是 $\mathbf{R}^n$ 中的紧子集, 对在 M 上连续的函数 u, v, 定义其距离为

$$d(u, v) = \max_{x \in M} \mid u(x) - v(x) \mid,$$

则全体在 M 上连续的函数按这个距离和逐点定义的线性运算形成一个距离线性空间, 记为 $C(M)$. 应该指出, 上述定理对 $C(M)$ 也是成立的. 20 世纪初 (大约 1906 年), Fréchet 对抽象空间引进列紧性概念后, 很快就被 P.Montel 用于单复变函数论, 得到辉煌的成就, 即后来所谓的正常函数族理论. 以下且来介绍这理论中一个最初的但是具有代表性的结果.

引理 2.4.1   设 D 代表复平面上圆域 $\{z:|z|<3d\}(d>0)$, $f_n(z)(n=1,2,\cdots)$ 是 D 内解析函数, 且 $\{f_n(z)\}_{n=1}^{\infty}$ 在 D 上是一致有界的, 则 $\{f_n(z)\}_{n=1}^{\infty}$ 在 $\{z:|z|<d\}$ 上是同等连续的.

证明   设 $|z_1|\leqslant d,|z_2|\leqslant d$, Γ 代表圆周 $|z|=2d$. 根据 Cauchy 积分公式,

$$|f_n(z_1)-f_n(z_1)|=\frac{1}{2\pi}\left|\int_{\Gamma}\frac{z_1-z_2}{(\omega-z_1)(\omega-z_2)}f_n(\omega)\mathrm{d}\omega\right|.$$

由假设存在常数 $K>0$, 使

$$|f_n(z)|\leqslant K$$

对所有 $z\in D$ 与 $n=1,2,\cdots$. 注意 $\Gamma\subset D$, 于是

$$|f_n(z_1)-f_n(z_1)|\leqslant\frac{1}{2\pi}\cdot\frac{K4\pi d}{d^2}|z_1-z_2|=\frac{2K}{d}|z_1-z_2|.$$

从而任给 $\varepsilon>0$,

$$|f_n(z_1)-f_n(z_1)|<\varepsilon$$

当 $|z_1-z_2|<\dfrac{\varepsilon d}{2K}$. 这里 $\dfrac{\varepsilon d}{2K}$ 与 n 和 z 无关, 故 $\{f_n(z)\}_{n=1}^{\infty}$ 在 $\{z:|z|\leqslant d\}$ 上是同等连续的.   ◇

定理 2.4.5 (Montel 定理, 1907)   设 $\{f_n(z)\}_{n=1}^{\infty}$ 是区域 Ω 上一致有界的解析函数列, 则于任何完全位于 Ω 内的有界区域 D (即 D 的闭包 $\overline{D}\subset\Omega$), 恒有子序列 $\{f_{n_j}(z)\}_{j=1}^{\infty}$ 在 D 上一致收敛.

证明   设 $3d$ 表示从 D 到 Ω 的边界 $\partial\Omega$ 的距离, 则 $d>0$. 根据 Heine-Borel 覆盖定理, 有限多个以 d 为半径的小圆域 $K_i(i=1,\cdots,N)$ 完全覆盖了 $\overline{D}$. 由引理 1.6.1 , $\{f_n(z)\}_{n=1}^{\infty}$ 在 $\overline{K_1}$ 上是同等连续的. 根据 Arzelá-Ascoli 定理, $\{f_n(z)\}_{n=1}^{\infty}$ 有子序列 $\{f_{n_j}(z)\}_{j=1}^{\infty}$ 按 $C(\overline{K_1})$ 中距离收敛, 亦即 $\{f_{n_j}(z)\}_{j=1}^{\infty}$ 在 $\overline{K_1}$ 上一致收敛. 注意再由引理 1.6.1 , $\{f_{n_j}(z)\}_{j=1}^{\infty}$ 亦在 $\overline{K_2}$ 上是同等连续的. 因此有子序列, 不妨仍记作 $\{f_{n_j}(z)\}_{j=1}^{\infty}$, 在 $\overline{K_2}$ 上, 从而亦在 $\overline{K_1}\bigcup\overline{K_2}$ 上一致收敛. 经过有限次抽子列手续, 便得到 $\{f_n(z)\}_{n=1}^{\infty}$ 的子序列 $\{f_{n_j}(z)\}_{j=1}^{\infty}$ 在 $\bigcup\limits_{i=1}^{N}\overline{K_i}$ 上一致收敛, 当然在 D 上一致收敛.   ◇

有人说, 在 19 世纪末到 20 世纪初, 发现了分析的几何化的新运河——即函数被看成函数空间中的点或向量(江泽坚等, 2005, 第 25 页). Montel 定理正是把 $\{f_n(z)\}_{n=1}^{\infty}$ 几何化以后, 研究它的重要几何性质——列紧性而有的结果. 有了分析的几何化才能提出相应的几何问题, 进而得到几何的结果, 然后又自然地用到分析上去.

2.5   Banach 空间

定义 2.5.1   对复 (或实) 的线性空间 X, 若有从 X 到 $\mathbf{R}$ 的函数 $\|x\|$, 使

(1) $\| x \| \geqslant 0$, $\| x \|= 0$ 当且仅当 $x = 0$;

(2) $\| \alpha x \|=| \alpha | \| x \|$;

(3) $\| x + y \| \leqslant \| x \| + \| y \|$,

对任意的 $x, y \in X, \alpha \in \mathbf{C}$(或 $\mathbf{R}$) 成立, 则称 X 为复 (或实) 的赋范线性空间, 记为 $\langle X, \| \cdot \| \rangle$, 称 $\| x \|$ 为 x 的**范数**.

例 2.5.1 设 Ω 为 $\mathbf{R}^n$ 中的有界闭集, 令 $C(\Omega)$ 表示 Ω 上一切复值连续函数的集合. 定义

$$(x + y)(t) = x(t) + y(t), \quad (\alpha x)(t) = \alpha x(t), \quad t \in \Omega,$$

这里 α 是常数. 又以

$$\| x \|= \max_{t \in \Omega} | x(t) |$$

作为范数. 容易证明 $C(\Omega)$ 是赋范线性空间.

例 2.5.2 设 (Ω, μ) 是 σ-有限测度空间, 即 μ 是 Ω 上测度, 而 Ω 可以表示成 $\Omega = \bigcup_{n=1}^{\infty} E_n$, 这里 $\mu(E_n) < \infty, n = 1, 2, \cdots$. 对 $p \geqslant 1$, 设

$$L^p(\Omega, \mu) = \left\{ x(t) : \int_\Omega | x(t) |^p \, \mathrm{d}\mu(t) < +\infty \right\}.$$

以下有时将它简记为 L^p.

根据不等式 (2.1.2) 可见, L^p 按逐点定义的加法和数乘形成一个线性空间. 注意这里几乎处处相等的函数视为 L^p 中同一个元素.

对 $x(t) \in L^p$, 定义

$$\| x \|= \left[\int_\Omega | x(t) |^p \, \mathrm{d}\mu(t) \right]^{1/p}.$$

容易验证如此定义的 $\| \cdot \|$ 满足范数公设 (1),(2), 利用 Minkowski 不等式可验证它也满足 (3), 于是 L^p 是一个赋范线性空间, 容易看到, 当 $\Omega = [a, b]$, μ 是 Lebesgue 测度时, L^p 就是例 2.1.6 的 $L^p[a, b]$.

例 2.5.3 在例 2.1.6 中, 特别取 $\Omega = \{1, 2, \cdots, n, \cdots\}, \mu(n) = 1, n = 1, 2, \cdots$, 则

$$L^p(\Omega, \mu) = \left\{ x = \{\xi_n\} : \sum_{n=1}^{\infty} | \xi_n |^p < +\infty \right\},$$

相应的范数为

$$\| x \|= \left(\sum_{n=1}^{\infty} | \xi_n |^p \right)^{1/p}, \quad x = \{\xi_n\}.$$

这种特殊的 $L^p(\Omega, \mu)$ 也是赋范线性空间, 一般记作 l^p, 显然它和例 2.1.5 的 l^p 是同一个空间.

例 2.5.4　假设 $1 \leqslant p < \infty$. 对在单位圆盘 $D = \{z : |z| < 1\}$ 内解析的函数 f 和 $0 \leqslant r < 1$, 令

$$m_p[f; r] = \left[\frac{1}{2\pi} \int_0^{2\pi} |f(re^{i\theta})|^p \, d\theta \right]^{1/p}.$$

设 H^p 表示所有满足条件

$$\sup_{0 \leqslant r < 1} m_p[f; r] < \infty,$$

且在单位圆盘 D 内解析的函数 f 的集合. 逐点定义加法和数乘, 根据 Minkowski 不等式, 当 $f, g \in H^p$, 则 H^p 是线性空间. 又定义

$$\| f \| = \sup_{0 \leqslant r < 1} m_p[f; r], \quad f \in H^p.$$

易证它满足范数公设, 从而 H^p 是赋范线性空间.

例 2.5.5　设 H^∞ 是所有在单位圆盘 D 内有界解析函数的集合, 逐点定义加法和数乘运算, 又定义

$$\| f \| = \sup_{|z| < 1} |f(z)|,$$

易见 H^∞ 是赋范线性空间.

设 $A(\overline{D})$ 表示在 D 内解析而且在 $\overline{D}$ 上连续的函数组成的集合. 按着 H^∞ 的运算和范数, $A(\overline{D})$ 也是赋范线性空间, 它是 H^∞ 中的线性流形. 根据解析函数的最大模原理和 f 在 $\overline{D}$ 上连续, 可知对每个 $f \in A(\overline{D})$, 其范数也可表示成

$$\| f \| = \max_{|z|=1} |f(z)|.$$

下面我们考察赋范线性空间的简单但是基本的性质.

首先, 对赋范线性空间 $\langle X, \| \cdot \| \rangle$, 总可用下面方式引进距离

$$d(x, y) = \| x - y \|, \quad x, y \in X.$$

容易看出, 如此定义的 $d(\cdot, \cdot)$ 满足距离公设, X 中加法和数乘按 $d(\cdot, \cdot)$ 确定的极限是连续的, 因此 X 也是距离线性空间. 于是赋范线性空间中序列的收敛就有意义, 它总是理解为按范数的收敛, 即 $\lim_{n \to \infty} x_n = x$ 指的是

$$\| x_n - x \| \to 0, \quad n \to \infty.$$

常简记为 $x_n \to x$.

命题 2.5.1　在赋范线性空间 X 中, 范数 $\| x \|$ 是 $x \in X$ 的连续函数.

证明 设 $\{x_n\}_{n=1}^{\infty}$ 收敛于 x. 由

$$\| x_n \| \leqslant \| x_n - x \| + \| x \|$$

和

$$\| x \| \leqslant \| x_n - x \| + \| x_n \|$$

可知

$$\| \| x_n \| - \| x \| \| \leqslant \| x_n - x \| .$$

因为 $\| x_n - x \| \to 0$, 故 $\| x_n \| \to \| x \|$, 当 $n \to \infty$. $\diamond$

定义 2.5.2 设 T 是从赋范线性空间 $\langle X, \| \cdot \|_1 \rangle$ 到赋范线性空间 $\langle Y, \| \cdot \|_2 \rangle$ 的函数 (或映射), 如果对一切 $x, y \in X$ 和数 α, β 都有

$$T(\alpha x + \beta y) = \alpha T(x) + \beta T(y),$$

则称 T 为从 X 到 Y 的**线性算子**. 如果还存在常数 $C > 0$, 使对一切 $x \in X$ 都有

$$\| Tx \|_2 \leqslant C \| x \|_1,$$

则称 T 是**有界**的. 如上的 C 的下确界称为 T 的**范数**, 记作 $\| T \|$. 显然

$$\| T \| = \sup_{\| x \|_1} \| Tx \|_2 .$$

线性算子和一般函数不一样, 它的性质要整齐得多. 这表现在下面定理中.

定理 2.5.1 设 X, Y 都是赋范线性空间, T 是从 X 到 Y 的线性算子. 则下述条件等价:

(1) T 在 X 中某点连续;

(2) T 在 X 中所有点连续;

(3) T 是有界的.

证明 设 X, Y 的范数分别为 $\| \cdot \|_1, \| \cdot \|_2$.

(3) $\Rightarrow$ (2) 因 T 有界, 存在常数 $C > 0$, 使

$$\| Tx \|_2 \leqslant C \| x \|_1, \quad x \in X.$$

任给 $x, x' \in X$, 则 $x - x' \in X$, 于是

$$\| Tx - Tx' \|_2 = \| T(x - x') \|_2 \leqslant C \| x - x' \|_1,$$

这表明 T 在 x' 处连续.

(2) $\Rightarrow$ (1)   是显然的.

(1) $\Rightarrow$ (3)   设 T 在 $x_0 \in X$ 处连续. 于是存在 $\delta > 0$, 使

$$\| Tx - Tx_0 \|_2 \leqslant 1, \quad \| x - x_0 \|_1 \leqslant \delta.$$

任给 $x \in X, x \neq 0$, 记 $x_1 = \dfrac{\delta}{\| x \|_1} x$, 由

$$\| (x_1 + x_0) - x_0 \|_1 = \| x_1 \|_1 = \delta$$

可知

$$\| Tx_1 \|_2 = \| T(x_1 + x_0) - Tx_0 \|_2 \leqslant 1.$$

因 $x = \dfrac{\| x \|_1}{\delta} x_1$, 故 $Tx = \dfrac{\| x \|_1}{\delta} Tx_1$, 于是

$$\| Tx \|_2 = \dfrac{\| x \|_1}{\delta} \| Tx_1 \|_2 \leqslant \dfrac{\| x \|_1}{\delta}.$$

取 $C = \dfrac{1}{\delta}$, 则

$$\| Tx \|_2 \leqslant C \| x_1 \|, \quad x \in X.$$

即 T 是有界的. $\diamond$

设 X, Y 都是赋范线性空间, T 是从 X 到 Y 的有界线性算子. 记

$$R(T) = \{ y \in Y : \exists x \in X \mathrm{s.t.} y = Tx \},$$

称为 T 的**值域**. 如果 $R(T) = Y$, 称 T 是**满射**的. 如果对任何的 $y \in R(T)$, 至多有唯一的 $x \in X$, 使 $y = Tx$, 称 T 是**单射**的. 这时, 可以定义从 $R(T)$ 到 X 中的算子:

$$T^{-1}y = x, \quad y = Tx.$$

称 T^{-1} 为 T 的**逆算子**. 显然 T^{-1} 也是线性算子, 但一般说来 T^{-1} 未必是有界的.

如果 T 既是单射又是满射的, 则 T^{-1} 是从 Y 到 X 上的线性算子. 进一步, 如果 T^{-1} 还是有界的, 称 T 是**有界可逆**的.

例 2.5.6   设 $f \in C[0,1]$, 定义

$$(Tf)(x) = \int_0^x f(t)\mathrm{d}t, \quad 0 \leqslant x \leqslant 1.$$

易见 T 是从 $C[0,1]$ 到 $C[0,1]$ 中的有界线性算子. 根据数学分析知识容易知道, T 的值域为

$$R(T) = \{ g : g' \in C[0,1], g(0) = 0 \},$$

而且 T 是单射的, 当 $g \in R(T)$,

$$(T^{-1}g)(t) = g'(t), \quad 0 \leqslant t \leqslant 1.$$

这里 g' 表示 g 的导函数.

定义 2.5.3 线性空间 X 上的复值函数 $f : X \to \mathbf{C}$, 称为**线性泛函**, 如果对任意 $x, y \in X$, 数 α, β 都有

$$f(\alpha x + \beta y) = \alpha f(x) + \beta f(y).$$

显然, 赋范线性空间上线性范函是线性算子的特殊情形. 因此从定理 2.5.1 可知, 赋范线性空间上线性范函是有界的当且仅当它是连续的.

引理 2.5.1 设 $x_1, \cdots, x_n$ 是赋范线性空间 X 中线性无关元素, 则有 $\mu > 0$, 使

$$|\alpha_1| + \cdots + |\alpha_n| \leqslant \mu \|\alpha_1 x_1 + \cdots + \alpha_n x_n\|$$

对任意的数 $\alpha_1, \cdots, \alpha_n$ 成立.

证明 设

$$r = \inf \left\{ \|\alpha_1 x_1 + \cdots + \alpha_n x_n\| : \sum_{j=1}^{n} |\alpha_j| = 1 \right\}.$$

往证 $r > 0$. 由下确界定义有

$$y_k = \sum_{j=1}^{n} \alpha_j^{(k)} x_j, \quad \sum_{j=1}^{n} |\alpha_j^{(k)}| = 1, k = 1, 2, \cdots,$$

使 $\|y_k\| \to r$, 当 $k \to \infty$.

由 $|\alpha_j^{(k)}| \leqslant 1, k = 1, 2, \cdots, j = 1, \cdots, n$, 可知存在 $\{k\}_{k=1}^{\infty}$ 的子序列 $\{k_m\}_{m=1}^{\infty}$, 使

$$\alpha_j^{(k_m)} \to \beta_j, m \to \infty, j = 1, \cdots, n,$$

而且

$$|\beta_1| + \cdots + |\beta_n| = 1.$$

当然 $x = \beta_1 x_1 + \cdots + \beta_n x_n \neq 0$. 此外由

$$\|y_{k_m} - x\| \leqslant \sum_{j=1}^{n} |\alpha_j^{(k_m)} - \beta_j| \|x_j\|,$$

可见 $y_{k_m} \to x$, 从而 $\| y_{k_m} \| \to \| x \|$, 当 $m \to \infty$. 于是 $0 < \| x \| = r$. 取 $\mu = \dfrac{1}{r}$, 则由 r 的定义,

$$1 \leqslant \mu \| \alpha_1 x_1 + \cdots + \alpha_n x_n \|, \quad | \alpha_1 | + \cdots + | \alpha_n | = 1.$$

现在, 对一般的不全为 0 的 $(\alpha_1, \cdots, \alpha_n)$, 我们有

$$1 \leqslant \mu \left\| \sum_{k=1}^{n} \frac{\alpha_k}{\sum\limits_{j=1}^{n} | \alpha_j |} x_k \right\|.$$

由此立见引理成立.　　　　　　　　　　　　　　　　　　　　　　　　　　◇

命题 2.5.2　设 $\{e_1, \cdots, e_n\}$ 是赋范线性空间 X 的基, 则

$$y_k = \sum_{j=1}^{n} \alpha_j^{(k)} e_j \to y = \sum_{j=1}^{n} \alpha_j e_j$$

必须且只需

$$\lim_{k \to \infty} \alpha_j^{(k)} = \alpha_j, \quad j = 1, \cdots, n.$$

证明　易见

$$y_k - y = \sum_{j=1}^{n} (\alpha_j^{(k)} - \alpha_j), \quad k = 1, 2, \cdots.$$

由引理 2.5.1, 存在正数 μ, 对所有 k,

$$\sum_{j=1}^{n} | \alpha_j^{(k)} - \alpha_j | \leqslant \mu \| y_k - y \|.$$

由此可得必要性.

另外,

$$\| y_k - y \| \leqslant \sum_{j=1}^{n} | \alpha_j^{(k)} - \alpha_j | \| e_j \|,$$

可见充分性也成立.　　　　　　　　　　　　　　　　　　　　　　　　　　◇

由命题 2.5.2 可见, 有限维赋范线性空间中点列收敛等价于按坐标收敛.

命题 2.5.3　任何 n 维实赋范线性空间必与 $\mathbf{R}^n$ 线性同构且同胚.

证明　设 X 是 n 维实赋范线性空间. $\{e_1, \cdots, e_n\}$ 是 X 的一个基, 对每个 $x \in X$, 有唯一表达式

$$x = \xi_1 e_1 + \cdots + \xi_n e_n,$$

这里 $\xi_j (j = 1, \cdots, n)$ 都是实数. 故 $(\xi_1, \cdots, \xi_n) \in \mathbf{R}^n$. 定义 X 到 $\mathbf{R}^n$ 的映射 T:

$$Tx = (\xi_1, \cdots, \xi_n), \quad x = \xi_1 e_1 + \cdots + \xi_n e_n.$$

易证 T 是线性的, 双射 (既是单射又是满射), 故 T 是同构映射.

根据引理 2.5.1, 存在 $\mu > 0$, 对一切 $(\xi_1, \cdots, \xi_n) \in \mathbf{R}^n$,

$$\sum_{j=1}^{n} | \xi_j | \leqslant \mu \left\| \sum_{j=1}^{n} \xi_j e_j \right\|.$$

于是对每个 $x = \sum_{j=1}^{n} \xi_j e_j \in X$,

$$\| Tx \|^2 = \sum_{j=1}^{n} | \xi_j |^2 \leqslant \left(\sum_{j=1}^{n} | \xi_j | \right)^2 \leqslant \mu^2 \left\| \sum_{j=1}^{n} \xi_j e_j \right\|^2 = \mu^2 \| x \|^2,$$

即 $\| Tx \| \leqslant \mu \| x \|$. 这说明 T 是有界的, 根据定理 2.5.1, T 是连续的.

另一方面, 对任何 $(\xi_1, \cdots, \xi_n) \in \mathbf{R}^n, x = \sum_{j=1}^{n} \xi_j e_j \in X$, 且 $Tx = (\xi_1, \cdots, \xi_n)$, 由 Hölder 不等式

$$\| x \| \leqslant \sum_{j=1}^{n} | \xi_j | \| e_j \| \leqslant \left(\sum_{j=1}^{n} | \xi_j |^2 \right)^{1/2} \left(\sum_{j=1}^{n} \| e_j \|^2 \right)^{1/2} = \left(\sum_{j=1}^{n} \| e_j \|^2 \right)^{1/2} \| Tx \|,$$

这里 $\left(\sum_{j=1}^{n} \| e_j \|^2 \right)^{1/2}$ 是与 x 无关的常数. 这说明 T 的逆映射 T^{-1} 是有界的, 从而连续. 故 X 与 $\mathbf{R}^n$ 同胚. $\diamond$

命题 2.5.4 在有限维赋范线性空间中,Bolzano-Weierstrass 聚点原理成立.

证明 设 $\{e_1, \cdots, e_n\}$ 是有限维赋范线性空间 X 的一个基, $y_k = \sum_{j=1}^{n} \alpha_j^{(k)} e_j \in X, \| y_k \| \leqslant M, k = 1, 2, \cdots$, 这里 M 是正的常数.

根据引理 2.5.1, 存在正数 μ, 使

$$\sum_{j=1}^{n} | \alpha_j^{(k)} | \leqslant \mu \left\| \sum_{j=1}^{n} \alpha_j^{(k)} e_j \right\| = \mu \| y_k \| \leqslant \mu M.$$

显然可有 $\{k\}_{k=1}^{\infty}$ 的子序列 $\{k_m\}_{m=1}^{\infty}$ 使对每个 $j = 1, \cdots, n, \lim_{m \to \infty} \alpha_j^{(k_m)} = \beta_j$ 都存在. 由命题 2.5.2,

$$y_{k_m} \to \sum_{j=1}^{n} \beta_j e_j \in X, \quad m \to \infty. \qquad \diamond$$

在无穷维的距离线性空间中, 一般的线性流形未必是闭集, 因此我们需要下面的概念.

定义 2.5.4 在距离线性空间中, 闭的线性流形称为**子空间**.

定理 2.5.2 (Riesz 引理,1918) 设 M 是赋范线性空间 X 的子空间, 且 $M \neq X$, 则对任给的正数 $\varepsilon < 1$, 都有 $x_\varepsilon \in X$, 使 $\| x_\varepsilon \| = 1$, 且

$$\rho(x_\varepsilon, M) = \inf_{x \in M} \| x - x_\varepsilon \| \geqslant 1 - \varepsilon.$$

证明 取定 $x_0 \in X \backslash M$. 因为 M 是闭的, $\rho(x_0, M) = d > 0$. 对任给的正数 $\varepsilon < 1$ 与 η, 由 d 的定义, 存在 $y_0 \in M$, 使

$$d \leqslant \| x_0 - y_0 \| < d + \eta.$$

令

$$x_\varepsilon = \frac{x_0 - y_0}{\| x_0 - y_0 \|},$$

则 $x_\varepsilon \in X$, $\| x_\varepsilon \| = 1$, 且对任何 $x \in M$,

$$
\begin{aligned}
\| x - x_\varepsilon \| = \left\| x - \frac{x_0 - y_0}{\| x_0 - y_0 \|} \right\| \\
= \frac{\| (\| x_0 - y_0 \| x + y_0) - x_0 \|}{\| x_0 - y_0 \|} \\
\geqslant \frac{d}{d + \eta} \geqslant 1 - \varepsilon,
\end{aligned}
$$

当 $\eta \geqslant d\varepsilon$ 时.   ◇

在有限维空间 $\mathbf{R}^n$ 中, 以原点为球心的小球总是列紧的. 现在我们可以看到, 这是有限维空间所独有的特性. 因为根据 Riesz 引理, 对任何赋范线性空间 X, 若小球 $B = \{ x \in X : \| x \| < r \} (r > 0)$ 是列紧的, 则 X 必是有限维的.

在 2.3 节中, 我们已经着重指出空间完备性的重要意义. 因此有必要也很自然要研究完备的赋范线性空间, 即现今通称的 **Banach空间**. 这很早就出现在 S.Banach 的博士论文中 (1920 年). 虽然差不多同时, 还有另一些人也独立提出了这个概念, 但是自从 S.Banach 的名著 *Theorie des Operations Linearies* 1932 年出版以后, 人们鉴于 S.Banach 在这方面的全面而且重要的贡献, 便通称这类空间为 Banach 空间. 它在众多数学分支中经常出现, 无论从理论还是应用的角度来看, 它都是非常重要的.

2.6   不动点原理及其应用

2.6.1   Banach 不动点原理及迭代方法

Banach 不动点原理代表了一个基本的收敛定理在一大类迭代模型中的应用.

我们想通过下面的迭代方法:

$$u_{n+1} = Au_n, \quad n = 0, 1, \cdots, \tag{2.6.1}$$

这里初值 $u_0 \in M$. 求解算子方程

$$u = Au, \quad u \in M, \tag{2.6.2}$$

称算子方程 (2.6.2) 的每个解为算子 A 的一个**不动点**.

定理 2.6.1 (Banach 不动点原理) 假设以下条件成立:

(a) M 是数域 K 上的 Banach 空间 X 中的非空闭子集;

(b) 算子 $A: M \to M$ 是 k- 压缩的, 即存在某个固定的常数 $k, 0 \leqslant k < 1$, 使得对任意的 $u, v \in M$, 有

$$\| Au - Av \| \leqslant k \| u - v \|, \tag{2.6.3}$$

则下列结论成立:

(1) 解的存在性和唯一性. 原始方程 (2.6.2) 恰好有一个解 u, 即算子 A 在集合 M 上恰好有一个不动点 u.

(2) 迭代法的收敛性. 对每个给定的 $u_0 \in M$, 由 (2.6.1) 式构造的序列 (u_n) 唯一收敛到方程 (2.6.2) 的解 u.

(3) 误差估计. 对所有 $n = 0, 1, \cdots$, 我们有**先验误差估计**

$$\| u_n - u \| \leqslant k^n (1-k)^{-1} \| u_1 - u_0 \| \tag{2.6.4}$$

和所谓的**后验误差估计**

$$\| u_{n+1} - u \| \leqslant k(1-k)^{-1} \| u_{n+1} - u_n \|. \tag{2.6.5}$$

(4) 收敛速度. 对所有 $n = 0, 1, \cdots$, 我们有

$$\| u_{n+1} - u \| \leqslant k \| u_n - u \|.$$

Banach 在 1920 年证明了这个定理. Banach 不动点原理也通常被称为**压缩映像原理**.

先验误差估计 (2.6.4) 让我们可以通过应用初始值 u_0 和 $u_1 = Au_0$ 来决定达到指定精度的迭代的最多步数. 与之对比, 后验误差估计 (2.6.5) 允许我们使用计算出的 u_n 和 u_{n+1} 来确定逼近 u_{n+1} 的精度. 经验表明, 后验误差估计要优于先验误差估计.

证明   第一步: 我们首先验证 (u_n) 是 Cauchy 列. 对 $n = 1, 2, \cdots$, 利用 (2.6.3) 式我们有

$$\| u_{n+1} - u_n \| = \| Au_n - Au_{n-1} \| \leqslant k \| u_n - u_{n-1} \|$$
$$= k \| Au_{n-1} - Au_{n-2} \| \leqslant k^2 \| u_{n-1} - u_{n-2} \|$$
$$\leqslant \cdots \leqslant k^n \| u_1 - u_0 \|.$$

现在对 $n = 0, 1, \cdots$ 和 $m = 1, 2, \cdots$, 由三角不等式和几何级数的求和公式得

$$\| u_n - u_{n+m} \| = \| (u_n - u_{n+1}) + (u_{n+1} - u_{n+2}) + \cdots + (u_{n+m-1} - u_{n+m}) \|$$
$$\leqslant (k^n + k^{n+1}) + \cdots + k^{n+m-1} \| u_1 - u_0 \|$$
$$\leqslant k^n (1 + k + k^2 + \cdots) \| u_1 - u_0 \|$$
$$= k^n (1 - k)^{-1} \| u_1 - u_0 \|.$$

由 $0 \leqslant k \leqslant 1$ 得到当 $n \to \infty$ 时有 $k^n \to 0$. 因此序列 (u_n) 是 Cauchy 列.

因为 X 是 Banach 空间, 从 X 的完备性可知序列 (u_n) 收敛, 即

$$u_n \to u, \quad n \to \infty.$$

第二步: 我们证明极限点 u 的确是原始方程 (2.6.2) 的解. 由 $u_0 \in M$ 和 $u_1 = Au_0$ 及 $A(M) \subset M$ 我们得到 $u_1 \in M$. 类似地, 由归纳法,

$$u_n \in M$$

对所有 $n = 0, 1, \cdots$, 因为集合 M 是闭的, 我们得到

$$u \in M,$$

并且因此 $Au \in M$. 由 (2.6.3) 式,

$$\| Au_n - Au \| \leqslant k \| u_n - u \| \to 0, \quad n \to \infty.$$

令 $n \to \infty$, 由 $u_{n+1} = Au_n$ 得到

$$u = Au.$$

第三步: 验证 (2.6.2) 式的解 u 的唯一性.

由 $Au = u$ 和 $Av = v, u, v \in M$ 有

$$\| u - v \| = \| Au - Av \| \leqslant k \| u - v \|.$$

因为 $0 \leqslant k < 1$, 这意味着 $\| u - v \| = 0$, 因此有 $u = v$.

现在我们来验证 (3) 成立. 令 $m \to \infty$, 由

$$\| u_n - u_{n+m} \| \leqslant k^n (1-k)^{-1} \| u_1 - u_0 \|$$

得到对所有 $n = 0, 1, \cdots$, 有

$$\| u_n - u \| \leqslant k^n (1-k)^{-1} \| u_1 - u_0 \|,$$

这即是误差估计 (2.6.4).

对 $n = 0, 1, \cdots, m = 1, 2, \cdots$, 为了证明误差估计 (2.6.5), 考察

$$\begin{aligned} \| u_{n+1} - u_{n+m+1} \| &\leqslant \| u_{n+1} - u_{n+2} \| + \| u_{n+2} - u_{n+3} \| + \cdots + \| u_{n+m} - u_{n+m+1} \| \\ &\leqslant (k + k^2 + \cdots + k^m) \| u_n - u_{n+1} \|. \end{aligned}$$

令 $m \to \infty$, 我们得到

$$\| u_{n+1} - u \| \leqslant k(1-k)^{-1} \| u_n - u_{n+1} \|.$$

(4) 的证明. 注意到

$$\| u_{n+1} - u \| = \| Au_n - Au \| \leqslant k \| u_n - u \|. \qquad \diamond$$

例 2.6.1 设 $-\infty < a < b < \infty$. 假设给定可微函数

$$A : [a, b] \to [a, b]$$

满足对所有 $u \in [a, b]$ 和某个固定的 k 有

$$| A'(u) | \leqslant k < 1.$$

此时定理 2.6.1 可应用到求解如下方程

$$u = Au, \quad u \in [a, b]. \tag{2.6.6}$$

此处 $M := [a, b], X := R$, 范数 $\| u \| := | u |$.

特别地, 方程 (2.6.6) 有唯一的解 u, 而且这个解就是图 2.1 中函数 A 的图像和对角线的交点.

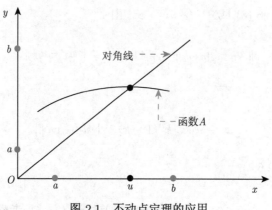

图 2.1   不动点定理的应用

证明   集合 $M = [a,b]$ 在实的 Banach 空间 $X = \mathbf{R}$ 中是闭的. 由经典的中值定理, 对每个 $u, v \in [a,b]$, 存在某个点 $\omega \in [a,b]$ 使得

$$| Au - Av | = | A'(\omega)(u-v) | \leqslant k \, | u - v |,$$

即函数 $A : [a,b] \to [a,b]$ 是 k- 可缩的. 因此满足定理 2.6.1 的假设.   ◇

2.6.2   压缩映像原理在积分方程理论中的应用

本小节我们利用迭代法

$$u_{n+1}(x) = \lambda \int_a^b F(x, y, u_n(y)) \mathrm{d}y + f(x), \quad a \leqslant x \leqslant b, n = 0, 1, \cdots, \tag{2.6.7}$$

这里 $u_0(x) \equiv 0$ 且 $-\infty < a < b < \infty$, 来求解积分方程

$$u(x) = \lambda \int_a^b F(x, y, u(y)) \mathrm{d}y + f(x), \quad a \leqslant x \leqslant b. \tag{2.6.8}$$

命题 2.6.1   假设下述条件成立:

(a) 函数 $f : [a,b] \to \mathbf{R}$ 是连续的.

(b) 函数 $F : [a,b] \times [a,b] \times \mathbf{R} \to \mathbf{R}$ 是连续的, 它的偏导数

$$F_u : [a,b] \times [a,b] \times \mathbf{R} \to \mathbf{R}$$

也是连续的.

(c) 存在常数 $\mathcal{L}$ 使得对所有 $x, y \in [a,b], u \in \mathbf{R}$ 有

$$| F_u(x, y, u) | \leqslant \mathcal{L}.$$

(d) $(b-a)|\lambda|\mathcal{L} < 1$.

(e) 令集合 $X := C[a,b]$ 和 $\|u\| := \max\limits_{a\leqslant x\leqslant b}|u(x)|$.

则下列事实成立:

(1) 原始问题 (2.6.8) 有唯一的解 $u \in X$.

(2) 由 (2.6.7) 式构造的序列 (u_n) 在 X 中收敛到 u.

(3) 对所有的 $n = 0, 1, 2, \cdots$, 我们得到下列的误差估计:

$$\|u_n - u\| \leqslant k^n(1-k)^{-1}\|u_1\|,$$
$$\|u_{n+1} - u\| \leqslant k(1-k)^{-1}\|u_{n+1} - u_n\|,$$

这里 $k := (b-a)|\lambda|\mathcal{L}$.

证明 对所有的 $x \in [a,b]$, 定义算子

$$(Au)(x) := \lambda \int_a^b F(x, y, u(y))\mathrm{d}y + f(x),$$

则原始问题 (2.6.8) 现在化成了不动点问题

$$u = Au.$$

如果 $u : [a,b] \to \mathbf{R}$ 是连续的, 那么函数 $Au : [a,b] \to \mathbf{R}$ 也是如此. 由此我们得到算子

$$A : X \to X.$$

对每个 $x, y \in [a,b]$ 和 $u, v \in \mathbf{R}$, 由经典的均值定理可知存在一个 $\omega \in \mathbf{R}$ 使得

$$|F(x, y, u) - F(x, y, v)| \leqslant |F_u(x, y, \omega)||u - v| \leqslant \mathcal{L}|u - v|,$$

这意味着

$$\|Au - Av\| = \max\limits_{a\leqslant x\leqslant b}|(Au)(x) - (Av)(x)|$$
$$\leqslant |\lambda|(b-a)\mathcal{L}\max\limits_{a\leqslant x\leqslant b}|u(x) - v(x)|.$$

因此对所有 $u, v \in X$

$$\|Au - Av\| \leqslant k\|u - v\|.$$

现在令 $M := X$, 由不动点原理便知命题成立. $\diamond$

例 2.6.2 (线性积分方程) 令

$$F(x, y, u) := K(x, y)u, \tag{2.6.9}$$

并且假设函数 $K : [a,b] \times [a,b] \to \mathbf{R}$ 连续.

此时由

$$\mathcal{L} = \max_{a \leqslant x, y \leqslant b} \mid K(x, y) \mid$$

可知命题2.6.1 的假设全部满足. 因此, 对积分方程 (2.6.8) 和 (2.6.9), 命题2.6.1 的所有结论都成立.

在特殊情形 (2.6.9) 中, 原始问题 (2.6.8) 叫做**线性积分方程**.

2.6.3　利用不动点定理求解常微分方程

本小节我们解决下面的初值问题:

$$\begin{cases} u' = F(x, u), \\ u(x_0) = u_0, \\ x_0 - h \leqslant x \leqslant x_0 + h, \end{cases} \tag{2.6.10}$$

这里给定点 $(x_0, u_0) \in \mathbf{R}^2$. 更精确地说, 我们试图寻找方程 (2.6.10) 的一个解 $u = u(x)$, 满足下列条件:

(1) 函数

$$u : [x_0 - h, x_0 + h] \to \mathbf{R} \tag{2.6.11}$$

可微;

(2) 对所有的 $x \in [x_0 - h, x_0 + h]$ 有 $(x, u(x)) \in S$, 其中

$$S := \{(x, u) \in \mathbf{R}^2 : \mid x - x_0 \mid \leqslant r, \mid u - u_0 \mid \leqslant r\}.$$

这里 $r > 0$ 是取定的值 (参考图 2.2).

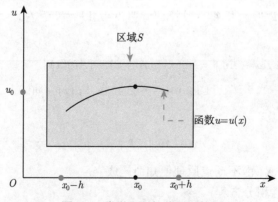

图 2.2　常微方程初值问题的解

令

$$X := C[x_0 - h, x_0 + h] \text{以及} M := \{u \in X : \| u - u_0 \| \leqslant r\}.$$

回忆 $\| u \| = \max\limits_{a \leqslant x \leqslant b} | u(x) |$.

我们考虑如下积分方程:

$$u(x) = u_0 + \int_{x_0}^{x} F(y, u(y)) \mathrm{d}y, \quad x_0 - h \leqslant x \leqslant x_0 + h, \quad u \in M, \qquad (2.6.12)$$

如果 u 是方程 (2.6.12) 的解, 对方程 (2.6.12) 两边求导可知, u 是方程 (2.6.10) 的解. 反过来, 如果 u 是方程 (2.6.10) 的解, 对 $u' = F(x, u)$ 两边在区间 $[x_0, x]$ 上积分便得到 u 满足方程 (2.6.12).

平行于问题 (2.6.10), 以及对应的迭代模型

$$u_{n+1}(x) = u_0 + \int_{x_0}^{x} F(y, u_n(y)) \mathrm{d}y, \quad x_0 - h \leqslant x \leqslant x_0 + h, n = 0, 1, \cdots, \qquad (2.6.13)$$

我们给出下面结果.

命题 2.6.2 (Picard-Lindelof 定理) *假设以下条件成立:*

(a) *函数 $F : S \to \mathbf{R}$ 连续且偏导数*

$$F_u : S \to \mathbf{R}$$

也连续.

(b) *令*

$$\mathcal{M} := \max_{(x,u) \in S} | F(x, u) |,$$

$$\mathcal{L} := \max_{(x,u) \in S} | F_u(x, u) |,$$

我们选择实数 h 使得

$$0 < h \leqslant r, \quad h\mathcal{M} \leqslant r, \quad h\mathcal{L} < 1.$$

则下述事实成立:

(1) *初始问题 (2.6.10) 有唯一解.*

(2) *它也是积分方程 (2.6.12) 的唯一解.*

(3) *由 (2.6.13) 式构造的序列 (u_n) 在 Banach 空间 X 中收敛到 u.*

(4) *对 $n = 0, 1, \cdots$, 我们有如下的误差估计:*

$$\| u_n - u \| \leqslant k^n (1-k)^{-1} \| u_1 - u_0 \|,$$

$$\| u_{n+1} - u \| \leqslant k(1-k)^{-1} \| u_{n+1} - u_n \|,$$

这里 $k := h\mathcal{L}$.

证明　对所有 $x \in [x_0 - h, x_0 + h]$, 利用下式

$$(Au)(x) := u_0 + \int_{x_0}^{x} F(y, u(y))\mathrm{d}y$$

定义算子 A. 则积分方程 (2.6.12) 与下面的不动点问题一致:

$$u = Au, \quad u \in M. \tag{2.6.14}$$

如果 $u \in M$, 那么函数 $u : [x_0 - h, x_0 + h] \to \mathbf{R}$ 连续并且对所有 $x \in [x_0 - h, x_0 + h]$ 有 $(x, u(x)) \in S$. 因此, 函数

$$x \mapsto F(x, u(x))$$

在区间 $[x_0 - h, x_0 + h]$ 上也连续. 这样, $A : u \mapsto Au$ 就是从 M 到 X 的算子.

下面证明

(a) $A(M) \subseteq M$;

(b) $\| Au - Av \| \leqslant k \| u - v \|$ 对所有 $u, v \in M$.

(a) 的证明　令 $u \in M$. 那么对所有的 $x \in [x_0 - h, x_0 + h]$ 有

$$\left| \int_{x_0}^{x} F(y, u(y))\mathrm{d}y \right| \leqslant | x - x_0 | \max_{(y,u) \in S} | F(y, u) | \leqslant h\mathcal{M} \leqslant r.$$

因而有

$$\| Au - u_0 \| = \max_{x_0 - h \leqslant x \leqslant x_0 + h} \left| \int_{x_0}^{x} F(y, u(y))\mathrm{d}y \right| \leqslant r,$$

即 $Au \in M$.

(b) 的证明　由经典的中值定理我们有

$$| F(x, u) - F(x, v) | = \max_{x_0 - h \leqslant x \leqslant x_0 + h} \left| \int_{x_0}^{x} [F(y, u(y)) - F(y, v(y))]\mathrm{d}y \right|$$

$$\leqslant h\mathcal{L} \max_{x_0 - h \leqslant x \leqslant x_0 + h} | u(y) - v(y) |$$

$$= k \| u - v \|,$$

这里 $k := h\mathcal{L}$. 现在我们对方程 (2.6.14) 应用 Banach 不动点原理, 即可得到与积分方程 (2.6.12) 有关的结果.

2.7　有界线性泛函与 Hahn-Banach 扩张定理

2.7.1　有界线性算子

1. 算子的范数

在 2.5 节中我们引进了有界线性算子的概念. 设 X, Y 是赋范线性空间, 以下记从 X 到 Y 的全体有界线性算子的集合为 $L(X, Y)$, 而 $L(X, X)$ 简记为 $L(X)$. 设

$A \in L(X, Y)$, 我们知道 A 的范数为

$$\| A \| = \sup_{\|x\|=1} \| Ax \| = \sup_{\|x\| \leqslant 1} \| Ax \| = \sup_{x \neq 0} \frac{\| Ax \|}{\| x \|}.$$

诚如 L.Garding 所说: 事实证明, 范数是一个强有力的工具, 我们可以利用它干一大堆事情.

例 2.7.1 设 $K(s, t)$ 是 $0 \leqslant s, t \leqslant 1$ 上的连续函数, 则 $C[0,1]$ 上的积分算子

$$(Ax)(s) = \int_0^1 K(s,t)x(t)\mathrm{d}t, \quad x = x(s) \in C[0,1]$$

的范数为

$$\| A \| = \sup_{0 \leqslant s \leqslant 1} \int_0^1 | K(s,t) | \, \mathrm{d}t.$$

事实上, 令

$$M = \sup_{0 \leqslant s \leqslant 1} \int_0^1 | K(s,t) | \, \mathrm{d}t.$$

由于

$$| (Ax)(s) | \leqslant \int_0^1 | K(s,t) | | x(t) | \, \mathrm{d}t \leqslant \| x \| \int_0^1 | K(s,t) | \, \mathrm{d}t,$$

故

$$\begin{aligned}
\| Ax \| &= \sup_{0 \leqslant s \leqslant 1} | (Ax)(s) | \\
&\leqslant \| x \| \sup_{0 \leqslant s \leqslant 1} \int_0^1 | K(s,t) | \, \mathrm{d}t \\
&= M \| x \|,
\end{aligned}$$

可见 $\| A \| \leqslant M$.

另一方面, $\int_0^1 | K(s,t) | \, \mathrm{d}t$ 是 $0 \leqslant s \leqslant 1$ 上的连续函数, 因此有 $[0,1]$ 上的点 s_0, 使 $\int_0^1 | K(s_0,t) | \, \mathrm{d}t = M$. 令

$$k_0(t) = \mathrm{sgn} \ K(s_0, t), \quad 0 \leqslant t \leqslant 1,$$

则 $k_0(t)$ 是 $[0,1]$ 上模不超过 1 的可测函数, 且

$$\int_0^1 K(s_0,t)k_0(t)\mathrm{d}t = \int_0^1 | K(s_0,t) | \, \mathrm{d}t = M.$$

根据 Lusin 定理, 对任何 $\delta > 0$, 有 $[0,1]$ 上连续函数 $x(t)$, 使 $| x(t) | \leqslant 1$ 且

$$m(\{t \in [0,1] : x(t) \neq k_0(t)\}) < \delta.$$

对任给 $\varepsilon > 0$, 令 $\delta = \dfrac{\varepsilon}{2C}$, 这里 $C = \sup\limits_{0 \leqslant s,t \leqslant 1} \mid K(s,t) \mid$, 由上述便有 $x \in C[0,1]$, 使 $\parallel x \parallel \leqslant 1$, 且 $E = \{t \in [0,1] : x(t) \neq k_0(t)\}$ 的测度 mE 小于 δ, 从而

$$\left| \int_0^1 K(s_0,t)[x(t) - k_0(t)]\mathrm{d}t \right| = \left| \int_E K(s_0,t)[x(t) - k_0(t)]\mathrm{d}t \right| \leqslant 2CmE < \varepsilon.$$

于是

$$\mid (Ax)(s_0) \mid = \left| \int_0^1 K(s_0,t)x(t)\mathrm{d}t \right|$$

$$= \left| \int_0^1 K(s_0,t)k_0(t)\mathrm{d}t + \int_0^1 K(s_0,t)[x(t) - k_0(t)]\mathrm{d}t \right|$$

$$\geqslant \int_0^1 \mid K(s_0,t) \mid \mathrm{d}t - \left| \int_0^1 K(s_0,t)[x(t) - k_0(t)]\mathrm{d}t \right|$$

$$\geqslant M - \varepsilon.$$

从而

$$\parallel Ax \parallel \geqslant M - \varepsilon.$$

因为 $\parallel x \parallel \leqslant 1$, 所以 $\parallel A \parallel \geqslant M - \varepsilon$. 而 ε 是任意的, 故 $\parallel A \parallel \geqslant M$, 总之 $\parallel A \parallel = M$.

命题 2.7.1   若 $A, B \in L(X,Y)$, α 是常数, 则 $A + B, \alpha A \in L(X,Y)$, 而且

$$\parallel A + B \parallel \leqslant \parallel A \parallel + \parallel B \parallel, \quad \parallel \alpha A \parallel = \mid \alpha \mid \parallel A \parallel.$$

此外, $\parallel A \parallel = 0$ 当且仅当 $A = 0$, 从而 $L(X,Y)$ 按算子范数是赋范线性空间. 这里 $A + B, \alpha A$ 是逐点定义的:

$$(A + B)(x) = Ax + Bx, \quad (\alpha A)x = \alpha(Ax), \quad \forall x \in X.$$

证明   由算子范数定义,

$$\parallel A + B \parallel = \sup_{\|x\|=1} \parallel (A + B)x \parallel$$

$$\leqslant \sup_{\|x\|=1} (\parallel Ax \parallel + \parallel Bx \parallel)$$

$$\leqslant \sup_{\|x\|=1} \parallel Ax \parallel + \sup_{\|x\|=1} \parallel Bx \parallel$$

$$= \parallel A \parallel + \parallel B \parallel.$$

其他结果由范数定义也不难证明.   ◇

命题 2.7.2   设 X 是赋范线性空间, Y 是 Banach 空间, 则 $L(X,Y)$ 也是 Banach 空间.

证明 由命题 2.7.1, 只需证明 $L(X,Y)$ 是完备的. 设 $\{A_n\}_{n=1}^{\infty}$ 是 $L(X,Y)$ 中 Cauchy 序列, 则对任何 $x \in X$, 从

$$\| A_n x - A_m x \| \leqslant \| A_n - A_m \| \| x \|,$$

可见 $\{A_n x\}_{n=1}^{\infty}$ 是 Y 中 Cauchy 序列. 而 Y 是完备的, 故有唯一的 $y \in Y$, 使 $\lim_{n\to\infty} A_n x = y$. 现在定义 $Ax = y$. 易见 A 是线性的. 因为赋范线性空间的 Cauchy 序列是有界的, 故存在常数 $M > 0$, 使 $\| A_n \| \leqslant M, n = 1, 2, \cdots$. 则

$$\| Ax \| = \lim_{n\to\infty} \| A_n x \| \leqslant \lim_{n\to\infty} \| A_n \| \| x \| \leqslant M \| x \|.$$

可见 $A \in L(X,Y)$. 又对任意 $\varepsilon > 0$, 存在 N 使得当 $n, m \leqslant N$ 时, $\| A_n - A_m \| < \varepsilon$, 所以当 $n \leqslant N$ 时,

$$\begin{aligned}
\| A_n - A \| &= \sup_{\|x\|=1} \| (A_n - A)x \| \\
&\leqslant \sup_{\|x\|=1} \lim_{m\to\infty} \varepsilon \| x \| \\
&= \sup_{\|x\|=1} \varepsilon \| x \| \\
&= \varepsilon,
\end{aligned}$$

所以 $\lim_{n\to\infty} A_n = A$. $\diamond$

对于 Banach 空间 X, $L(X)$ 不仅是 Banach 空间, 而且是个代数. 因为对任何 $A, B \in L(X)$, 可定义乘法:

$$(AB)x = A(Bx), \quad x \in X.$$

容易证明以下命题.

命题 2.7.3 设 $A, B \in L(X)$, 则 $AB \in L(X)$ 且

$$\| AB \| \leqslant \| A \| \| B \|.$$

特别地, 对任意正整数 n,

$$\| A^n \| \leqslant \| A \|^n.$$

定义 2.7.1 设 $\| \cdot \|_1$ 与 $\| \cdot \|_2$ 都是线性空间 X 上的范数, 如果对 X 中任意点列 $\{x_n\}_{n=1}^{\infty}$, $\| x_n \|_1 \to 0$ 蕴涵 $\| x_n \|_2 \to 0$, 则称范数 $\| \cdot \|_1$ **强于** $\| \cdot \|_2$. 如果两个范数中任何一个都强于另一个, 则称它们是**等价范数**.

考察从 $\langle X, \| \cdot \|_1 \rangle$ 到 $\langle X, \| \cdot \|_2 \rangle$ 的恒等映射 I, 即

$$Ix = x, \quad \forall x \in X.$$

则所谓范数 $\|\cdot\|_1$ 强于 $\|\cdot\|_2$ 实即 I 为连续线性算子, 从而存在常数 $\mu > 0$, 使

$$\|x\|_2 = \|Ix\|_2 \leqslant \mu \|x\|_1, \quad \forall x \in X.$$

由此我们容易得到以下命题.

命题 2.7.4　线性空间 X 上的范数 $\|\cdot\|_1$ 与 $\|\cdot\|_2$ 等价的充分必要条件是存在正数 r_1, r_2 使

$$r_1 \leqslant \frac{\|x\|_2}{\|x\|_1} \leqslant r_2, \quad \forall x \neq 0.$$

2. 算子的逆

数学中的众多问题导致寻求

$$Ax = y$$

这样方程的解, 这里 A 是从赋范线性空间 X 到 Y 的线性算子. 当 A 是单射的时候如同在常微分方程论中常要讨论解的稳定性那样, 我们还要问解 $A^{-1}y$ 关于 y 是否连续?

命题 2.7.5　设 X, Y 都是赋范线性空间, $A : X \to Y$ 是线性映射. 那么 A 是单射的, 且定义在 $R(A)$ 上的算子 A^{-1} 是连续的充分必要条件是存在常数 $m > 0$ 使 $\|Ax\| \geqslant m\|x\|, \forall x \in X$.

证明　先证充分性. 显然 $Ax = 0$ 蕴涵 $x = 0$, 故 A 是单射的, 从而 A^{-1} 是定义在 $R(A)$ 上的线性映射. 设 $y = Ax$, 则 $x = A^{-1}y$. 由假设 $\|y\| \geqslant m\|A^{-1}y\|$, 足见 A^{-1} 是有界的.

条件还是必要的. 否则, 对每个正整数 n, 有 $x_n \in X$, 使

$$\|Ax_n\| < \frac{1}{n}\|x_n\|.$$

设 $y_n = Ax_n$, 则

$$\|y_n\| < \frac{1}{n}\|A^{-1}y_n\|.$$

可见 A^{-1} 不是有界的, 与假设 A^{-1} 是连续的矛盾.　　　　　　　　　$\diamond$

定理 2.7.1　设 X 为 Banach 空间, $A \in L(X)$, 且 $\|A\| < 1$, 则 $I - A$ 是有界可逆的, 且

$$(I - A)^{-1} = \sum_{n=0}^{\infty} A^n,$$

$$\|(I - A)^{-1}\| \leqslant \frac{1}{1 - \|A\|}.$$

这里 $A^0 = I$ 是恒等算子.

证明　从 $\| A^n \| \leqslant \| A \|^n, n = 1, 2, \cdots, \| A \| < 1$, 以及 $L(X)$ 为 Banach 空间, 可知

$$\sum_{n=0}^{\infty} A^n = I + A + A^2 + \cdots.$$

按算子范数收敛, 且其和在 $L(X)$ 中. 注意, 对任意正整数 n,

$$(I - A)(I + A + \cdots + A^n) = (I + A + \cdots + A^n)(I - A) = I - A^{n+1},$$

而且 $\| A^{n+1} \| \to 0$, 当 $n \to \infty$. 令 $n \to \infty$, 上式成为

$$(I - A)\left(\sum_{n=0}^{\infty} A^n\right) = \left(\sum_{n=0}^{\infty} A^n\right)(I - A) = I.$$

由此可知 $I - A$ 是有界可逆的 (参见本章习题 27), 且

$$(I - A)^{-1} = \sum_{n=0}^{\infty} A^n.$$

从而

$$\| (I - A)^{-1} \| = \left\| \sum_{n=0}^{\infty} A^n \right\| \leqslant \sum_{n=0}^{\infty} \| A \|^n = \frac{1}{1 - \| A \|}. \qquad \diamond$$

例 2.7.2　考察积分方程

$$f(x) - \int_0^1 K(x, y) f(y) \mathrm{d}y = g(x), \tag{2.7.1}$$

这里 $K(x, y)$ 在 $0 \leqslant x, y \leqslant 1$ 上连续, $g \in C[0, 1]$.

引进算子

$$(Af)(x) = \int_0^1 K(x, y) f(y) \mathrm{d}y, \quad f \in C[0, 1],$$

则 (2.7.1) 式可写成

$$(I - A)f = g. \tag{2.7.2}$$

根据定理 2.7.1 及例 2.7.1, 若

$$\| A \| = \sup_{0 \leqslant x \leqslant 1} \int_0^1 | K(x, y) | \, \mathrm{d}y < 1,$$

则方程 (2.7.2) 对任意 $g \in C[0, 1]$ 都恰有一个解

$$f = (I - A)^{-1} g = \sum_{n=0}^{\infty} A^n g.$$

一般称上式右端的 $\sum_{n=0}^{\infty} A^n g$ 为 Neumann **级数**.

完全如标量情形一样, 可以证明, Banach 空间中的级数 $\sum\limits_{n=0}^{\infty} x_n$ 收敛 (或者发散), 当 $\varlimsup\limits_{n\to\infty}(\parallel x_n \parallel)^{1/n} < 1$ (或者 > 1), 为此人们关心 $(\parallel A^n \parallel)^{1/n}$ 的极限.

定理 2.7.2　对任何 $A \in L(X)$,

$$\lim_{n\to\infty}(\parallel A^n \parallel)^{1/n} = \inf_n(\parallel A^n \parallel)^{1/n}.$$

证明　记 $r = \inf\limits_n(\parallel A^n \parallel)^{1/n}$. 显然 $\varliminf\limits_{n\to\infty}(\parallel A^n \parallel)^{1/n} \geqslant r$. 为此只需求证

$$\varlimsup_{n\to\infty}(\parallel A^n \parallel)^{1/n} \leqslant r.$$

根据下确界定义, 任给 $\varepsilon > 0$, 必有正整数 m, 使

$$\parallel A^m \parallel^{1/m} < r + \varepsilon.$$

对任何正整数 n, 必有非负整数 $k, j, 0 \leqslant j < m$, 使 $n = km + j$. 于是由命题 2.7.3 可得

$$\parallel A^n \parallel \leqslant \parallel A^{km} \parallel \parallel A^j \parallel \leqslant \parallel A^m \parallel^k \parallel A \parallel^j,$$

从而

$$\parallel A^n \parallel^{1/n} \leqslant \parallel A^m \parallel^{k/n} \parallel A \parallel^{j/n} \leqslant (r+\varepsilon)^{km/n} \parallel A \parallel^{j/n}.$$

注意 $\dfrac{km}{n} \to 1, \dfrac{j}{n} \to 0$, 当 $n \to \infty$. 故

$$\varlimsup_{n\to\infty}(\parallel A^n \parallel)^{1/n} \leqslant r + \varepsilon.$$

由 ε 的任意性, 即得所欲证不等式.　　　　　　　　　　　　　　　◇

例 2.7.3　设 $K(s,t)$ 在 $a \leqslant s, t \leqslant b$ 上连续, 对 $C[a,b]$ 上的 **Volterra** 积分算子

$$(Vx)(s) = \int_a^s K(s,t)x(t)\mathrm{d}t, \quad x = x(s) \in C[a,b],$$

令 $\mu = \max\limits_{a \leqslant s, t \leqslant b} \mid K(s,t) \mid$, 则

$$\mid (Vx)(s) \mid = \left| \int_a^s K(s,t)x(t)\mathrm{d}t \right|$$

$$\leqslant \int_a^s \mid K(s,t) \mid \mid x(t) \mid \mathrm{d}t$$

$$\leqslant \mu \parallel x \parallel (s-a),$$

$$| (V^2x)(s) | = \left| \int_a^s K(s,t)(Vx)(t)\mathrm{d}t \right|$$

$$\leqslant \int_a^s | K(s,t) || (Vx)(t) | \, \mathrm{d}t$$

$$\leqslant \int_a^s \mu \cdot \mu \parallel x \parallel (t-a)\mathrm{d}t$$

$$= \mu^2 \parallel x \parallel \frac{(s-a)^2}{2!},$$

一般地,

$$| (V^nx)(s) | \leqslant \mu^n \parallel x \parallel \frac{(s-a)^n}{n!}, \quad n = 1, 2, \cdots.$$

从而

$$\parallel V^nx \parallel = \max_{a \leqslant s \leqslant b} | (V^nx)(s) |$$

$$\leqslant \mu^n \parallel x \parallel \frac{(b-a)^n}{n!}, \quad n = 1, 2, \cdots.$$

故

$$\parallel V^n \parallel \leqslant \mu^n \parallel x \parallel \frac{(b-a)^n}{n!}, \quad n = 1, 2, \cdots.$$

因为 $(n!)^{1/n} \to \infty$, 当 $n \to \infty$, 故

$$\lim_{n \to \infty} \parallel V^n \parallel^{1/n} = 0.$$

命题 2.7.6 对有界可逆的 $A \in L(X)$, 其逆 A^{-1} 是 A 的连续函数, 而且 $L(X)$ 中全体有界可逆元形成一个开集.

证明 设 $A_0 \in L(X)$ 是有界可逆的, 从

$$A = A_0 - (A_0 - A) = A_0[I - A_0^{-1}(A_0 - A)],$$

当 $\parallel A_0 - A \parallel < \dfrac{1}{\parallel A_0^{-1} \parallel}$ 时, $\parallel A_0^{-1}(A_0 - A)\parallel < 1$, 根据定理 2.7.1, A 也是有界可逆的, 且

$$A^{-1} = [I - A_0^{-1}(A_0 - A)]^{-1} A_0^{-1}$$

$$= A_0^{-1} + \sum_{n=1}^{\infty} [A_0^{-1}(A_0 - A)]^n A_0^{-1}.$$

于是

$$\parallel A^{-1} - A_0^{-1} \parallel \leqslant \sum_{n=1}^{\infty} \parallel [A_0^{-1}(A_0 - A)]^n \parallel \parallel A_0^{-1} \parallel$$

$$\leqslant \frac{\parallel A_0^{-1}(A_0 - A) \parallel \parallel A_0^{-1} \parallel}{1 - \parallel A_0^{-1}(A_0 - A) \parallel}$$

$$\leqslant \frac{\parallel A_0^{-1} \parallel^2}{1 - \parallel A_0^{-1} \parallel \parallel A_0 - A \parallel} \parallel A_0 - A \parallel.$$

由此可见 $L(X)$ 中全体有界可逆元形成一个开集, 并且 A^{-1} 是 A 的连续函数.　◇

从上面的论述可见, 范数 $\|\cdot\|$ 起到绝对值的作用, 许多标量级数的结果大都可以推广到 Banach 空间 $L(X)$ 的情况. 但也不总是如此, 例如, 对标量级数有命题: 无条件收敛当且仅当绝对收敛. 但在无穷维空间, 这个命题是不成立的. 已有人证明, 这一命题的成立正是空间为有限维的特征.

2.7.2　Hahn-Banach 定理

1. 扩张定理

E.Schmidt 在 1908 年曾考察 Hilbert 空间 l^2 中无穷维线性方程组

$$(\alpha_n, x) = c_n, \quad n = 1, 2, \cdots, \tag{2.7.3}$$

这里 $\{\alpha_n\}_{n=1}^{\infty}$ 是 l^2 中任意的一串线性无关的向量, 而 $\{c_n\}_{n=1}^{\infty}$ 是一串复数.

例 2.7.4　若有常数 $M > 0$, 使对任意正整数 n 及数列 $\{\lambda_k\}_{k=1}^{\infty}$ 都有

$$\left| \sum_{k=1}^{n} \lambda_k c_k \right| \leqslant M \left\| \sum_{k=1}^{n} \lambda_k \alpha_k \right\|, \tag{2.7.4}$$

则无穷维线性方程组 (2.7.3) 有解.

设由 $\{\alpha_n\}_{n=1}^{\infty}$ 张成的子空间为 $\mathcal{M}$. 定义

$$f(\alpha_k) = c_k, \quad k = 1, 2, \cdots,$$

一般地

$$f\left(\sum_{k=1}^{n} \lambda_k \alpha_k \right) = \sum_{k=1}^{n} \lambda_k c_k.$$

由假设 (2.7.4),

$$\left| f\left(\sum_{k=1}^{n} \lambda_k \alpha_k \right) \right| = \left| \sum_{k=1}^{n} \lambda_k c_k \right| \leqslant M \left\| \sum_{k=1}^{n} \lambda_k \alpha_k \right\|,$$

故 f 可连续扩张成空间 $\mathcal{M}$ 上的有界线性泛函. 如果 f 可扩张成 Hilbert 空间 l^2 上的有界线性泛函 F, 根据 Frechet-Riesz 表示定理 (参见定理 3.3.3), 存在 $x_0 \in l^2$, 使

$$F(x) = (x, x_0), \quad x \in l^2.$$

于是

$$(\alpha_k, x_0) = F(\alpha_k) = f(\alpha_k) = c_k, \quad k = 1, 2, \cdots,$$

即 x_0 是方程组 (1.7.3) 的一个解.

后来, F.Riesz 研究 $L^p(I)(1 < p < \infty, I$ 是单位区间) 上的无穷维线性方程组

$$\int_I f(x)g_j(x)\mathrm{d}x = c_j, \quad j = 1, 2, \cdots,$$

这里 $g_j \in L^q(I) \left(\dfrac{1}{p} + \dfrac{1}{q} = 1, j = 1, 2, \cdots\right)$ 是线性无关的. 他试图寻求满足上述方程组的 $f \in L^p(I)$, 并在类似于 (2.7.4) 式的条件下证明方程组确有一解.

设 ε 是由 $\{g_j\}_{j=1}^\infty$ 张成的 $L^q(I)$ 的子空间, 又设线性泛函 l 使

$$l(g_j) = c_j, \quad j = 1, 2, \cdots.$$

正是 E.Helly 在 1912 年首先看出在类似 (2.7.4) 式的条件下, 可以扩张成整个 $L^q(I)$ 上的有界线性泛函. 从而存在 $f \in L^p(I)$ 使

$$c_j = l(g_j) = \int_I f(x)g_j(x)\mathrm{d}x, \quad j = 1, 2, \cdots.$$

当时,Helly 还是就一般赋范的序列空间, 而不只是对特殊的 l^p, L^p 或 $C[a,b]$ 来研究的. 其后,Hahn 在 1927 年又回到 Helly 的工作, 使用超穷归纳法解决了一般 Banach 空间上有界线性泛函的扩张问题.

定理 2.7.3 (Banach 扩张定理, 1929) 设 $f(x)$ 是实线性空间 X 中线性流形 G 上的实线性泛函. 如果有 X 上的实值泛函 $p(x)$, 使

(1) $p(x + y) \leqslant p(x) + p(y), p(tx) = tp(x), x, y \in X, t \geqslant 0$;

(2) $f(x) \leqslant p(x), x \in G$,

则存在 X 上的实线性泛函 $F(x)$, 使

$$F(x) = f(x), \quad x \in G,$$

且

$$F(x) \leqslant p(x), \quad x \in X.$$

证明 若 $G = X$, 定理是显然的, 下面假设 $G \neq X$. 设 $x_0 \in X \backslash G$, 考虑如下形式的点集:

$$\mathcal{M} = \lambda x_0 + x : \lambda \text{ 是实数}, x \in G.$$

它是包含 x_0 与 G 的最小线性流形. 先往证在 $\mathcal{M}$ 上存在实线性泛函 $F_1(x)$, 使

$$F_1(x) = f(x), \quad x \in G, \quad F_1(x) \leqslant p(x), \quad x \in \mathcal{M}. \tag{2.7.5}$$

设 $F_1(x_0) = r_0$ (待定). 根据对 F_1 的要求, 必须

$$F_1(\lambda x_0 + x) = \lambda F_1(x_0) + f(x) \leqslant p(\lambda x_0 + x), \quad \lambda \in \mathbf{R}, x \in G.$$

因此

$$\lambda r_0 \leqslant p(\lambda x_0 + x) - f(x) \tag{2.7.6}$$

对一切 $\lambda \neq 0, x \in G$ 都成立. 以下分两种情况讨论.

当 $\lambda > 0$ 时,

$$r_0 \leqslant \frac{1}{\lambda}[p(\lambda x_0 + x) - f(x)]$$

$$= p\left(x_0 + \frac{x}{\lambda}\right) - f\left(\frac{x}{\lambda}\right)$$

$$= p(x_0 + x') - f(x'), \quad x' \in G.$$

当 $\lambda < 0$ 时,

$$r_0 \geqslant \frac{1}{\lambda}[p(\lambda x_0 + x) - f(x)]$$

$$= \frac{|\lambda|}{\lambda}\left[p\left(\frac{\lambda x_0}{|\lambda|} + \frac{x}{|\lambda|}\right) - f\left(\frac{x}{|\lambda|}\right)\right]$$

$$= -[p(-x_0 + x'') - f(x'')], \quad x'' \in G.$$

总之, 条件 (2.7.6) 相当于

$$-p(-x_0 + x'') + f(x'') \leqslant r_0 \leqslant p(x_0 + x') - f(x'), \quad x', x'' \in G. \tag{2.7.7}$$

要想这样的 r_0 存在必须且只需 (2.7.7) 式右端恒不小于左端. 即

$$f(x') + f(x'') \leqslant p(x_0 + x') + p(-x_0 + x''), \quad \forall x', x'' \in G.$$

由假设 (1) 与 (2),

$$f(x') + f(x'') = f(x' + x'')$$

$$\leqslant p(x' + x'')$$

$$= p(x_0 + x' - x_0 + x'')$$

$$\leqslant p(x_0 + x') + p(-x_0 + x''), \quad \forall x', x'' \in G.$$

由此可见 (2.7.7) 式右端确实恒不小于左端. 兹令

$$\sup_{x'' \in G} [-p(x_0 + x'') + f(x'')] \leqslant r_0 \leqslant \inf_{x' \in G} [p(x_0 + x') - f(x')].$$

由此 r_0 所确定的线性泛函 $F_1(x)$ 显然满足 (2.7.5) 式.

考察实线性泛函 $g(x)$, 其定义域记作 $\mathcal{D}(g)$. 如果

$$G \subset \mathcal{D}(g)$$

且

$$g(x) = f(x), \quad x \in G; \quad g(x) \leqslant p(x), \quad x \in \mathcal{D}(g),$$

则称 g 为 f 的扩张. 设 f 的所有扩张的集合为 $\mathcal{R}$. 规定 $\mathcal{R}$ 中的部分序关系如下: 若 $g_1, g_2 \in \mathcal{R}$ 且 $\mathcal{D}(g_1) \subset \mathcal{D}(g_2), g_1(x) = g_2(x)$ 当 $x \in \mathcal{D}(g_1)$ 则 $g_1 \prec g_2$. 于是 $\mathcal{R}$ 是非空的部分有序集. 对 $\mathcal{R}$ 中任何完全有序子集 φ, 可以作出实线性泛函 $h(x)$, 使

$$\mathcal{D}(h) = \bigcup_{g \in \varphi} \mathcal{D}(g),$$

则 $h \in \mathcal{R}$, 且对一切 $g \in \varphi$, 都有 $g \prec h$. 即 h 是 φ 的上界. 根据 Zorn 引理, $\mathcal{R}$ 中有极大元 F. 当然 F 是 f 的扩张. 如果 $\mathcal{D}(F) \neq X$, 则如前面第一部分的证明, F 可以再扩张, 这与 F 的极大性矛盾. 于是 $\mathcal{D}(F) = X$, 即 F 是 X 上实线性泛函. 容易验证 F 即为所求者. $\diamond$

上述定理本质上是实的, 在它出现十来年后才有下面的复扩张定理.

定理 2.7.4(Bohnenblust-Sobczyk,1938) 设 $f(x)$ 复线性空间 X 之线性流形 G 上的线性泛函, 如果有 X 上实值泛函 $p(x)$ 使

(1) $p(x + y) \leqslant p(x) + p(y), p(\alpha x) = |\alpha| p(x), \forall x, y \in X, \alpha \in C$;

(2) $|f(x)| \leqslant p(x), x \in G$,

则存在 X 上线性泛函 $F(x)$, 使

$$F(x) = f(x), \quad x \in G$$

且

$$|F(x)| \leqslant p(x), \quad x \in X.$$

证明 设 $f(x)$ 的实部为 $f_1(x)$, 虚部为 $f_2(x)$, 即

$$f_1(x) = \frac{f(x) + \overline{f(x)}}{2}, \quad f_2(x) = \frac{f(x) - \overline{f(x)}}{2i},$$

则

$$f(x) = f_1(x) + i f_2(x),$$

而且 $f_1(x), f_2(x)$ 都是 G 上的实线性泛函. 注意 $f(x)$ 是复线性空间上线性泛函, 因此

$$i[f_1(x) + i f_2(x)] = i f(x) = f(ix) = f_1(ix) + i f_2(ix), \quad x \in G.$$

比较两端的实部便有

$$f_1(\mathrm{i}x) = -f_2(x), \quad x \in G.$$

从而

$$f(x) = f_1(x) - \mathrm{i}f_1(\mathrm{i}x), \quad x \in G.$$

这说明 f 可以由其实部唯一确定.

因为复线性空间也可以看作实线性空间, 故 f_1 可视为实线性流形 G 上的实线性泛函, 而且

$$f_1(x) \leqslant \mid f(x) \mid \leqslant p(x), \quad x \in G.$$

由定理 2.7.3 , f_1 可以扩张成线性空间 X 上的实线性泛函 F_1, 且

$$F_1(x) = f_1(x), \quad x \in G, \quad F_1(x) \leqslant p(x), \quad x \in X.$$

令

$$F(x) = F_1(x) - \mathrm{i}F_1(x), \quad x \in X.$$

显然, $\forall x, y \in X, F(x + y) = F(x) + F(y)$, 且当 t 是实数时,

$$F(tx) = tF(x).$$

又

$$\begin{aligned}
F(\mathrm{i}x) &= F_1(\mathrm{i}x) - \mathrm{i}F_1(-x) \\
&= \mathrm{i}F_1(x) + F_1(\mathrm{i}x) \\
&= \mathrm{i}(F_1(x) - \mathrm{i}F_1(\mathrm{i}x)) \\
&= \mathrm{i}F(x).
\end{aligned}$$

故 $F(x)$ 是复线性空间 X 上线性泛函.

当 $x \in G$, 也有 $\mathrm{i}x \in G$, 从而

$$F(x) = F_1(x) - \mathrm{i}F_1(\mathrm{i}x) = f_1(x) - \mathrm{i}f_1(\mathrm{i}x) = f(x).$$

当 $x \in X$, 如果 $F(x) \neq 0$, 令 $\theta = \arg F(x)$, 则

$$\begin{aligned}
\mid F(x) \mid &= F(x)\mathrm{e}^{-\mathrm{i}\theta} \\
&= F(\mathrm{e}^{-\mathrm{i}\theta}x) \\
&= \mathrm{Re}F(\mathrm{e}^{-\mathrm{i}\theta}x) \\
&= F_1(\mathrm{e}^{-\mathrm{i}\theta}x) \\
&\leqslant p(\mathrm{e}^{-\mathrm{i}\theta}x) \\
&= p(x).
\end{aligned}$$

如果 $F(x) = 0$, 不等式显然成立. $\diamond$

定理 2.7.5(Hahn-Banach,1927) 对于赋范线性空间 X 之线性流形 G 上的连续线性泛函 $f(x)$, 恒有 X 上的连续线性泛函 $F(x)$, 使

(1) $F(x) = f(x)$, 当 $x \in G$,

(2) $\| F \| = \| f \|_G$,

这里 $\| f \|_G$ 表示 f 作为 G 上连续线性泛函的范数, 下同.

证明 令

$$p(x) = \| f \|_G \| x \|, \quad x \in X.$$

不难验证 f, p 满足定理 2.7.4 的条件, 于是存在 X 上线性泛函 $F(x)$, 使

$$F(x) = f(x), \quad x \in G$$

且

$$| F(x) | \leqslant p(x) = \| f \|_G \| x \|, \quad x \in X.$$

因此 F 是 X 上有界线性泛函, 而且

$$\| F \| \leqslant \| f \|_G.$$

但 F 是 f 的扩张, 因而 F 的范数不会小于 f 的范数, 即 $\| F \| \geqslant \| f \|_G$. 总之

$$\| F \| = \| f \|_G. \qquad\qquad \diamond$$

Hahn-Banach 定理的重要性首先在于下面的几个重要推论.

命题 2.7.7 设 X 是赋范线性空间, 任给非零的 $x_0 \in X$, 总存在 X 上的连续线性泛函 f 满足

(1) $\| f \| = 1$,

(2) $f(x_0) = \| x_0 \|$.

证明 取 $G = \{\alpha x_0, \alpha \in \mathbf{C}\}$, 定义

$$f_1(\alpha x_0) = \alpha \| x_0 \|, \quad \alpha \in \mathbf{C}.$$

则 G 是 X 中线性流形, f_1 是 G 上连续线性泛函, $\| f_1 \|_G = 1$, $f_1(x_0) = \| x_0 \|$. 根据定理 2.7.5 可见命题为真. $\qquad\qquad \diamond$

这个命题说明在非零的赋范线性空间上, 总存在非零的连续线性泛函. 但是对一般的距离线性空间, 这可不一定成立.

例 2.7.5 $S[0,1]$ 上没有非零的连续线性泛函.

假设 $S[0,1]$ 上存在非零的连续线性泛函 x', 则存在非零元 $x_0 \in S[0,1]$ 使 $x'(x_0) \neq 0$, 取

$$
x_{11}(t) = \begin{cases} x_0(t), & \text{当 } t \in \left[0, \dfrac{1}{2}\right), \\[2mm] 0, & \text{当 } t \in \left[\dfrac{1}{2}, 1\right], \end{cases}
$$

$$
x_{12}(t) = \begin{cases} 0(t), & \text{当 } t \in \left[0, \dfrac{1}{2}\right), \\[2mm] x_0(t), & \text{当 } t \in \left[\dfrac{1}{2}, 1\right], \end{cases}
$$

则 $x_{11}, x_{12} \in S[0,1]$, 而且 $x_0 = x_{11} + x_{12}$, 于是

$$
x'(x_0) = x'(x_{11}) + x'(x_{12}).
$$

可见 $x'(x_{1j}), j = 1, 2$ 中必有一个非零, 记满足 $x'(x_{1j}) \neq 0$ 的某个 x_{1j} 为 x_1. 如此继续下去, 将有一串 $\{x_n\}_{n=1}^{\infty} \subset S[0,1]$ 使 $\alpha_n = x'(x_n) \neq 0$, 而且

$$
\overline{\{t \in [0,1] : x_n(t) \neq 0\}}
$$

包含在一个长度不大于 $\dfrac{1}{2^n}$ 的区间 I_n 中, 令

$$
y_n(t) = \frac{x_n(t)}{\alpha_n}, \quad n = 1, 2, \cdots,
$$

则 $y_n \in S[0,1]$, 且

$$
\begin{aligned}
d(y_n, 0) &= \int_0^1 \frac{|y_n(t)|}{1 + |y_n(t)|} \mathrm{d}t \\
&= \int_{I_n} \frac{|y_n(t)|}{1 + |y_n(t)|} \mathrm{d}t \\
&\leqslant m(I_n) \\
&\leqslant \frac{1}{2^n} \to 0 \quad (n \to \infty),
\end{aligned}
$$

但是

$$
x'(y_n) = \frac{x'(x_n)}{\alpha_n} = 1, \quad n = 1, 2, \cdots.
$$

这与 x' 的连续性矛盾.

命题 2.7.8　设 X 是赋范线性空间, E 是 X 的子空间, $x_0 \in X \backslash E$, 则存在 X 上有界线性泛函 f 满足

(1) $f(x) = 0$, 当 $x \in E$,

(2) $f(x_0) = 1$,

(3) $\| f \| = \dfrac{1}{d}$,

这里 $d = \mathrm{dist}(x_0, E) > 0$.

证明 取 $G = \{\alpha x_0 + x : \alpha \in C, x \in E\}$, 定义

$$f_1(\alpha x_0 + x) = \alpha, \quad \alpha x_0 + x \in G.$$

易见 G 是 X 中包含 E 与 x_0 的线性流形, f_1 是 G 上线性泛函. 往证 f_1 是有界的, 且 $\| f_1 \|_G = \dfrac{1}{d}$.

首先, 对任意的 $\alpha x_0 + x \in G$, 只要 $\alpha \neq 0$,

$$\| \alpha x_0 + x \| = | \alpha | \left\| x_0 + \frac{x}{\alpha} \right\| \geqslant | \alpha | d.$$

故

$$| f_1(\alpha x_0 + x) | = | \alpha | \leqslant \frac{\| \alpha x_0 + x \|}{d}.$$

当 $\alpha = 0$ 时, 上述不等式显然成立. 由此可知, f_1 是有界的, 且

$$\| f_1 \|_G \leqslant \frac{1}{d}.$$

另一方面, 任给 $\varepsilon > 0$, 存在 $x_1 \in E$, 使

$$\| x_0 - x_1 \| < d + \varepsilon,$$

于是, 对任意的 $\alpha \in C$,

$$\| \alpha x_0 - \alpha x_1 \| = | \alpha | \| x_0 - x_1 \| < | \alpha | (d + \varepsilon),$$

故

$$| f_1(\| \alpha x_0 - \alpha x_1 \|) | = | \alpha | \geqslant \frac{\| \alpha x_0 - \alpha x_1 \|}{d + \varepsilon},$$

从而

$$\| f_1 \|_G \geqslant \frac{1}{d + \varepsilon}.$$

$\varepsilon > 0$ 是任意的, 故 $\| f_1 \|_G \leqslant \dfrac{1}{d}$. 总之, $\| f_1 \|_G = \dfrac{1}{d}$.

最后, 对 G, f_1 应用定理 2.7.4 便知命题为真. $\qquad\qquad\qquad\diamond$

命题 2.7.9 设 M 是赋范线性空间 X 中线性流形, $x_0 \in X$, 则 $x_0 \in \overline{M} \Leftrightarrow$ 对 X 上任何连续线性泛函 f, $f(x) = 0, \forall x \in M$, 蕴涵 $f(x_0) = 0$.

证明 这是命题 2.7.8 的直接推论. $\qquad\qquad\qquad\qquad\qquad\diamond$

推论 2.7.1   设 S 是赋范线性空间 X 的子集, $x_0 \in X$, 则 x_0 可以用 S 中向量的线性组合来逼近 $\Leftrightarrow$ 对 X 上任何连续线性泛函 f, $f(x) = 0, \forall x \in S$, 蕴涵 $f(x_0) = 0$.

证明   只需取命题 2.7.9 中 M 为 S 中元张成的线性流形即可.   ◇

正是鉴于这个推论, 人们才说 Hahn-Banach 定理是处理某些逼近问题之经典方法的基础.

命题 2.7.10   设 $\mathcal{M}$ 是 Banach 空间 X 的有限维子空间, 则有 X 的子空间 $\mathcal{N}$, 使

$$X = \mathcal{M} + \mathcal{N}, \quad \mathcal{M} \bigcap \mathcal{N} = 0.$$

证明   设 $\mathcal{M}$ 维数为 n, $\{x_1, \cdots, x_n\}$ 为其一基. 去掉 x_j 后由 $x_1, \cdots, x_{j-1}$, $x_{j+1}, \cdots, x_n$ 张成的子空间记为 $\mathcal{M}_j, j = 1, \cdots, n$. 根据命题 2.7.8, 存在 X 上的有界线性泛函 x'_j 使

$$x'_j(x_k) = \delta_{jk} = \begin{cases} 1, & \text{当 } j = k, \\ 0, & \text{当 } j \neq k. \end{cases}$$

考察算子

$$P(x) = \sum_{j=1}^n x'_j(x) x_j, \quad x \in X.$$

易证 P 是 X 上连续线性算子, 且 P 的值域 $R(P) = \mathcal{M}$. 显然

$$x'_k(P(x)) = \sum_{j=1}^n x'_j(x) x'_k(x_j) = x'_k(x).$$

故对任何 $x \in X$,

$$P^2(x) = P(P(x)) = \sum_{k=1}^n x'_k(P(x)) x_k = \sum_{k=1}^n x'_k(x) x_k = P(x).$$

设

$$\mathcal{N} = N(P) = \{x \in X : P(x) = 0\},$$

易证 $\mathcal{N}$ 是 X 的子空间.

设 $x \in \mathcal{M} \bigcap \mathcal{N}$. 从 $x \in \mathcal{M}$, 应有某个 $y \in X$, 使 $x = P(y)$. 又从 $x \in \mathcal{N}$, 得

$$0 = P(x) = P(P(y)) = P(y) = x.$$

故 $\mathcal{M} \bigcap \mathcal{N} = \{0\}$.

现在, 对任给的 $x \in X$, 总有

$$x = P(x) + [x - P(x)].$$

令 $x_1 = P(x), x_2 = x - P(x)$, 则 $x_1 \in \mathcal{M}$, 而

$$P(x_2) = P(x) - P^2(x) = 0,$$

故 $x_2 \in \mathcal{N}$. 总之

$$X = \mathcal{M} + \mathcal{N}. \qquad \diamond$$

像命题 2.7.10 中的两个子空间 $\mathcal{M}$ 与 $\mathcal{N}$ 称为**拓扑互补子空间**. 把一个空间分解成拓扑互补的子空间, 这件事在算子的研究上是重要的. 可惜对于一般 (甚至可以说相当多的)Banach 空间, 不是关于它的任何子空间都存在与之拓扑互补的子空间. 事实上,F.J.Murray 在 1937 年就已证明, 甚至在 L^p(或 l^p)$(p \neq 2)$ 这样好的空间中都存在子空间, 没有与之拓扑互补的子空间. 但对于 Hilbert 空间 H, 因为有所谓的射影定理, 情形就好得多. 对于 H 的任何子空间 $\mathcal{M}, \mathcal{M}^{\perp}$ 正是与 $\mathcal{M}$ 拓扑互补的子空间. 很有意思, J.Lindenstrauss 和 I.Tzafriri 证明, 在任何不与 Hilbert 空间拓扑同构的 Banach 空间中都存在子空间, 没有与之拓扑互补的子空间.

下面我们来谈谈 Hahn-Banach 定理的几何解释.

对三维空间上的线性泛函

$$f(x, y, z) = ax + by + cz.$$

点集 $\{(x, y, z) : f(x, y, z) = d \text{ (常数)}\}$ 正是三维空间中的一个平面. 所以对一般无穷维的 Banach 空间 X 上的连续线性泛函 $f(x)$, 人们也就称点集

$$\{x \in X : f(x) = c\}$$

为 X 中的**超平面**, 这里 c 是常数. 设 M 是 X 中线性流形, $x_0 \in X \backslash M$, 我们称点集 $g = x_0 + M = \{x_0 + x : x \in M\}$ 为 X 中的**线性簇**. 下面的命题对于三维空间看上去是明显的.

定理 2.7.6(Hahn-Banach 定理的几何形式) 设 X 是赋范线性空间, 若 X 中的线性簇 g 与开球 K 不相交, 则有超平面 H 包含 g 而且与 K 不相交.

证明 不妨设 $K = \{x : \|x\| < 1\}$. $g = x_0 + M$, M 是线性流形, $x_0 \notin M$, 则 $\overline{M}$ 是 X 的子空间. 由假设 g 与 K 不相交, 故对任意 $x \in M$, $\|x_0 + x\| \geqslant 1$, 于是 $\delta = \text{dist}(x_0, \overline{M}) \geqslant 1$. 根据命题 2.7.8, 存在 X 上线性泛函 f 使

(1) $f(x) = 0$, 当 $x \in M$,

(2) $f(x_0) = 1$,

(3) $\| f \| = \dfrac{1}{\delta} \leqslant 1$.

定义超平面 H 为

$$H = \{x \in X : f(x) = 1\},$$

则对任意 $x \in g$, 有 $x = x_0 + x_1, x_1 \in M$. 于是

$$f(x) = f(x_0) + f(x_1) = 1,$$

所以, $g \subset H$. 又当 $x \in K$ 时, $\| x \| < 1$, 故

$$| f(x) | \leqslant \| f \| x \| < 1.$$

可见, $x \notin H$.   ◇

　　反之, 从上述 Hahn-Banach 定理的几何形式也能推出 Hahn-Banach 定理的解析形式. 即定理 2.7.5.

　　假设定理 2.7.6 成立. 对任给的线性流形 G 及其上的非零连续线性泛函 $f(x)$, 令

$$g = \{x \in G : f(x) = 1\}, \quad K = \{x \in X : \| x \| < \mu\},$$

这里 $\mu = \dfrac{1}{\| f \|_G}$.

　　取定 $x_0 \in g$, 则 $f(x_0) = 1$. 令 $M = \mathrm{Ker} f = \{x \in G : f(x) = 0\}$, 则 $g = x_0 + M$, 即 g 是线性簇. K 是开球, 如果 $x \in g$, 则

$$1 = | f(x) | \leqslant \| f \|_G \| x \|,$$

故 $\| x \| \geqslant \mu$, 即 $x \notin K$. 所以 $g \bigcap K = \varnothing$.

　　根据定理 2.7.6, 应有超平面

$$H = \{x \in X : F(x) = c\},$$

使

$$H \supset g, \quad H \bigcap K = \varnothing.$$

因 $H \bigcap K = \varnothing$, 可知 $c \neq 0$. 不失一般性, 可设 $c = 1$. 否则以 F/c 代替 F 即可. 因为 $g \subset H$, 从 $f(x) = 1$ 恒有 $F(x) = 1$, 可知 $F(x)$ 是 $f(x)$ 的扩张. 事实上, 如果

$x \in g, f(x) = a \neq 0$, 则 $f\left(\dfrac{x}{a}\right) = 1$, 从而 $F\left(\dfrac{x}{a}\right) = 1$, 故 $F(x) = a$. 若 $f(x) = 0$, 因取定 $x_0 \in g$, 故

$$f(x + x_0) = f(x) + f(x_0) = 1,$$

于是

$$F(x + x_0) = F(x_0) = 1.$$

故 $F(x) = 0$.

从 $H \bigcap K = \varnothing$, 可知 $K \subset \{x : |F(x)| < 1\}$. 否则, 有 $x_1 \in K$ 使 $|F(x_1)| \geqslant 1$. 令 $x_2 = \dfrac{x_1}{F(x_1)}$, 则 $x_2 \in K$, 且 $F(x_2) = 1$, 即 $x_2 \in H \bigcap K$, 矛盾. 总之

$$\{x : \|x\| < \mu\} \subset \{x : |F(x)| < 1\}.$$

据此

$$\sup_{\|x\| \leqslant \mu} |F(x)| \leqslant 1,$$

即

$$\sup_{\|x/\mu\| \leqslant 1} \left| F\left(\frac{x}{\mu}\right) \right| \mu \leqslant 1.$$

从而

$$\|F\| = \sup_{\|z\| \leqslant 1} |F(z)| \leqslant \frac{1}{\mu} = \|f\|_G.$$

另一方面, 已证 F 是 f 的扩张, 故 $\|F\| \geqslant \|f\|_G$. 总之, $\|F\| = \|f\|_G$. 这就证明了 Hahn-Banach 定理.

2. 分离定理

定义 2.7.2 对线性空间 X 中的集合 M,

(1) 若对 $x, y \in M, 0 \leqslant \alpha \leqslant 1$, 总有 $\alpha x + (1 - \alpha) y \in M$, 则称 M 是**凸的**.

(2) 若 $x \in M, |\lambda| \leqslant 1$, 总有 $\lambda x \in M$, 则称 M 是**平衡的**.

(3) 若对任意 $x \in X$, 总有 $\varepsilon > 0$, 使当 $0 < |\alpha| \leqslant \varepsilon$ 时, $\alpha x \in M$, 则称 M 是**吸收的**.

在范数的定义 (定义 2.5.1) 中, 如果去掉条件 (1) 中 "$\|x\| = 0$ 当且仅当 $x = 0$", 则函数 $\|x\|$ 称为半范数; 半范数一般记为 $\rho(x)$ 或 $p(x)$, 而不写成 $\|x\|$. 如果 $p(x)$ 是一个半范数, 则点集 $\{x : p(x) < r\}(r > 0)$ 便是凸集. 这正是凸集与泛函分析密切联系的一个原因. 事实上, 许多分析问题可划归为凸集之几何学的研究. 下面我们还将从一个凸集导出一种重要的半范数.

定义 2.7.3   设 K 是线性空间 X 中凸的, 吸收的集合, 则

$$p_K(x) = \inf\{\alpha : \alpha > 0, \alpha^{-1}x \in K\},$$

称为 K 的 **Minkowski 泛函**, 它与半范数概念密切相关.

命题 2.7.11   线性空间 X 中凸的、平衡的、吸收的点集 K 的 Minkowski 泛函 $P_K(x)$ 是 X 上的半范数.

证明   由 Minkowski 泛函定义, 对任给的 $\varepsilon > 0$, 有

$$0 < \alpha_x < P_K(x) + \varepsilon, \quad \text{s.t. } \alpha_x^{-1}x \in K,$$

$$0 < \alpha_y < P_K(y) + \varepsilon, \quad \text{s.t. } \alpha_y^{-1}y \in K.$$

由 K 是凸的,

$$\frac{\alpha_x}{\alpha_x + \alpha_y}\alpha_x^{-1}x + \frac{\alpha_y}{\alpha_x + \alpha_y}\alpha_y^{-1}y \in K,$$

即 $(\alpha_x + \alpha_y)^{-1}(x+y) \in K$. 由 $p_K(\cdot)$ 的定义,

$$p_K(x+y) \leqslant p_K(x) + p_K(y).$$

设 $\lambda \neq 0, x \in X$. 若 $\alpha > 0, \alpha^{-1}x \in K$, 由 K 是平衡的,

$$(|\lambda|\alpha)^{-1}\lambda x = \frac{\lambda}{|\lambda|}\alpha^{-1}x \in K,$$

从而

$$p_K(\lambda x) \leqslant |\lambda|\alpha.$$

关于这样的 α 取下确界, 根据 Minkowski 泛函定义便有

$$p_K(\lambda x) \leqslant |\lambda|p_K(x).$$

取 $y = \lambda x$ 代入上式后, 再取 $\lambda = \dfrac{1}{\mu}$, 则

$$p_K(y) \leqslant \frac{1}{|\mu|}p_K(\mu y),$$

即

$$p_K(\mu y) \geqslant |\mu|p_K(y).$$

总之

$$p_K(\lambda x) = |\lambda|p_K(x).$$

易证 $p_K(0) = 0$. 故当 $\lambda = 0$ 时, 等式亦成立.   ◇

命题 2.7.12 若只假设命题 2.7.11 中 K 是凸的、吸收的, 则 $p_K(x)$ 是次可加的, 且

$$p_K(\lambda x) = \lambda p_K(x), \quad \lambda \geqslant 0.$$

证明 次可加性证明与命题 2.7.11 一样. 若 $\alpha > 0, \alpha^{-1} x \in K$, 则对 $\lambda > 0$,

$$(\lambda \alpha)^{-1} \lambda x = \alpha^{-1} x \in K.$$

可知

$$p_K(\lambda x) \leqslant \lambda \alpha.$$

从而由 Minkowski 泛函定义有

$$p_K(\lambda x) \leqslant \lambda p_K(x).$$

像命题 2.7.11 一样, 我们也可从此式得

$$p_K(x) \leqslant \frac{1}{\lambda} p_K(\lambda x).$$

总之

$$p_K(\lambda x) = \lambda p_K(x).$$

易证 $p_K(0) = 0$. 故当 $\lambda = 0$ 时, 等式亦真. $\diamond$

定义 2.7.4 设 $f(x)$ 是实距离线性空间 X 上连续线性泛函. E, F 是 X 中子集, 若有实数 r 使

$$f(x) \geqslant r, \quad x \in E, \quad f(x) \leqslant r, \quad x \in F,$$

则称超平面 $H = \{x \in X : f(x) = r\}$ **分离** E 与 F.

这样, 前述的 Hahn-Banach 定理的几何形式实际上就是说那里的 H 分离 g 与 K, 所以也是一种分离定理. 历史上, Minkowski 早在 1911 年就对 n 维空间证明其中的有界凸闭集的每个边界点处都有一个承托平面 (即凸集在这平面的一侧). S.Mazur 在 1933 年首先想到把 Minkowski 这个关于有限维空间中凸闭集的分离定理推广到无穷维的赋范线性空间. 此外, 他还从几何的观点来陈述 Hahn-Banach 定理, 并且得到下列重要结果.

定理 2.7.7 (Mazur,1933) 设 M 是实赋范线性空间中的凸闭集. 若 $0 \in M$, 而 $x_0 \notin M$. 则存在 X 上连续实线性泛函 f, 使

$$f(x_0) > 1, \quad f(x) \leqslant 1, \quad x \in M. \tag{2.7.8}$$

证明 设 $\delta = \mathrm{dist}(x_0, M)$, 因 M 是闭的, $x_0 \notin M$. 所以 $\delta > 0$. 令

$$U = \left\{ x \in X : \| x \| < \frac{\delta}{3} \right\},$$

则 U 是 0 的平衡的吸收的凸邻域, 且

$$(M + U) \bigcap (x_0 + U) = \varnothing.$$

这里, $M + U = \{ x + y : x \in M, y \in U \}$. 易见 $M + U$ 是凸的, 吸收的, 其闭包 K 仍是凸的、吸收的闭集, 且 $x_0 \notin K$. 令

$$p(x) = p_K(x), \quad x \in X.$$

往证 $p(x)$ 在 $x = 0$ 处连续. 显然 $p(0) = 0$, 又任给 $\varepsilon > 0$, 取 $\rho = \varepsilon \dfrac{\delta}{3}$. 当 $x \in X$, $\| x \| < \rho$,

$$\| \varepsilon^{-1} x \| < \varepsilon^{-1} \rho = \frac{\delta}{3}.$$

可见 $\varepsilon^{-1} x \in U \subset K$. 故

$$0 \leqslant p(x) = p_K(x) \leqslant \varepsilon.$$

这表明 p 在 $x = 0$ 处连续.

根据 Minkowski 泛函定义有

$$p(x) \leqslant 1, \quad x \in K, \quad p(x_0) > 1.$$

第一个不等式是显然的, 往证第二个不等式. 若 $p(x_0) < 1$, 则有 $0 < \alpha < 1$, 使 $\alpha^{-1} x_0 \in K$. 因 $0 \in K$, 于是由 K 是凸集可知,

$$x_0 = \alpha(\alpha^{-1} x_0) + (1 - \alpha) 0 \in K,$$

与 $x_0 \notin K$ 矛盾. 若 $p(x_0) = 1$, 则对任意正整数 n, 存在正数 α_n 使

$$1 \leqslant \alpha_n < 1 + \frac{1}{n},$$

且 $\alpha_n^{-1} x_0 \in K$. 因 K 是闭的, 故 $x_0 = \lim\limits_{n \to \infty} \alpha_n^{-1} x_0 \in K$. 又产生矛盾. 所以只可能 $p(x_0) > 1$. 取 $G = \{ \lambda x_0 : \lambda \in \mathbf{R} \}$, 令 $f_1(\lambda x_0) = \lambda p(x_0)$, 则 f_1 是 G 上实线性泛函. 当 $\lambda \geqslant 0$ 时, 由命题,

$$f_1(\lambda x_0) = \lambda p(x_0) = p(\lambda x_0).$$

当 $\lambda < 0$ 时,

$$f_1(\lambda x_0) = \lambda p(x_0) < 0 \leqslant p(\lambda x_0).$$

总之,

$$f_1(x) \leqslant p(x), \quad x \in G.$$

再根据命题和定理存在 X 上实线性泛函 f 使

$$f(x) = f_1(x), \quad x \in G.$$

$$f(x) \leqslant p(x), \quad x \in X.$$

于是

$$f(x_0) = f_1(x_0) = p(x_0) > 1.$$

注意 $M \subset K$, 故

$$f(x) \leqslant p(x) \leqslant 1, \quad x \in M.$$

最后, 证明 f 是连续的线性泛函. 因 $f(x) \leqslant p(x), \forall x \in X$. 故

$$-f(x) = f(-x) \leqslant p(-x),$$

从而

$$-p(-x) \leqslant f(x) \leqslant p(x).$$

由 $p(x)$ 在 $x = 0$ 处连续, 可知 $f(x)$ 在 $x = 0$ 处连续. 根据 2.5 节中定理 2.5.1, f 是连续的线性泛函.   ◇

注意, 定理中式 $f(x_0) > 1$, 一般把它说成超平面 $H = \{x \in X : f(x) = 1\}$ 将 x_0 与 M **严格分离**. 定理 2.7.7 是关于严格分离性较早的研究. 此外, 它的证明也是典型的. 在 Mazur 之后又有下列更详尽的分离定理 (我们只叙述, 但不予证明, 详情可参见 (Reed et al., 1972, §5.1)).

定理 2.7.8 (M.Eidelheit,1936) 设 A 和 B 是局部凸拓扑线性空间 X 中不相交凸集.

(1) 如果 A 是开的, 则它们可被一超平面分离;

(2) 如果 A, B 都是开的, 它们可被一超平面严格分离;

(3) 如果 A 是紧的, B 是闭的, 它们可被一超平面严格分离.

这些分离定理在理论上不只是对偶理论的基础, 一些重要结果, 诸如 Krein-Milman 定理, 重极定理等的证明都依赖于它们. 此外, 它们在凸分析及数量经济学中也有许多应用.

定义 2.7.5 设 M 是 Banach 空间 X 中的点集. 如果存在 M 中序列 $\{x_n\}_{n=1}^{\infty}$, 对 X 上任何连续线性泛函 f, 都有

$$\lim_{n \to \infty} f(x_n) = f(x_0),$$

则必有 $x_0 \in M$. 我们称 M 为**弱序列闭的**.

定理 2.7.9　Banach 空间中每个凸闭集都是弱序列闭的.

证明　假若不然, 存在 Banach 空间 X 中凸闭集 M, 及 $x_0 \in X$ 和 M 中序列 $\{x_n\}_{n=1}^{\infty}$, 对 X 上任何连续线性泛函 f, 都有

$$\lim_{n\to\infty} f(x_n) = f(x_0),$$

但是 $x_0 \notin M$.

不失一般性, 可设 $0 \in M$. 根据定理存在 X 上连续实线性泛函 f, 使

$$f(x_0) > 1, \quad f(x) \leqslant 1, \quad x \in M.$$

令

$$F(x) = f(x) - \mathrm{i}f(\mathrm{i}x), \quad \forall x \in X.$$

如定理一样可以证明. F 是 X 上连续线性泛函. 于是

$$\lim_{n\to\infty} F(x_n) = F(x_0),$$

进而 $\lim_{n\to\infty} \mathrm{Re}F(x_n) = \mathrm{Re}F(x_0)$. 但是

$$\mathrm{Re}F(x_n) = f(x_n) \leqslant 1, \quad \mathrm{Re}F(x_0) = f(x_0) > 1.$$

矛盾.　　　　　　　　　　　　　　　　　　　　　　　　　　　　　　　◇

以后我们将引进一般的弱拓扑, 同样的方法可以证明 **Banach 空间中每个凸闭集都是弱闭的**. 这是 Mazur 定理的一个很重要的推论.

习　题　2

1. 试证明: 记 θ 为零向量. 在线性空间中, 对任意向量 x 及数 α 都有

$$0x = \theta, \quad (-1)x = -x, \quad \alpha\theta = \theta.$$

2. 试证明下述消去律在线性空间中成立:

$$x + y = x + z \Rightarrow y = z,$$

$$\alpha x = \alpha y, \quad \alpha \neq 0 \Rightarrow x = y,$$

$$\alpha x = \beta x, \quad x \neq \theta \Rightarrow \alpha = \beta.$$

3. 试证明: 在空间 (s) 中, 如果 $\{x_n\}_{n=1}^{\infty}$ 按坐标收敛于 x_0, 则 $\{x_n\}_{n=1}^{\infty}$ 按距离收敛于 x_0.

4. 证明: 空间 (c) 是可分的.

5. 设 $\{x_n\}_{n=1}^{\infty}, \{y_n\}_{n=1}^{\infty}$ 是距离空间 $\langle X, d \rangle$ 中两个 Cauchy 序列, 试证明 $\{d(x_n, y_n)\}_{n=1}^{\infty}$ 是 Cauchy 数列.

6. 距离空间 X 中的点集 S 称为**有界**的, 如果存在 X 中某个球 $B(x_0, r)$, 使 $B(x_0, r) \supset S$. 试证明: 距离空间中任何 Cauchy 序列都是有界的.

7. 设 $\langle X, d \rangle$ 是距离空间, A 是 X 中的一个给定的子集. 定义

$$\text{dist}(x, A) = \inf\{d(x, y) : y \in A\}, \quad x \in X.$$

称之为 x 与 A 的距离. 证明: $\text{dist}(x, A)$ 是 x 的连续函数.

8. 设 S 是 $\mathbf{R}^n$ 的子集, $C(S)$ 表示 S 上有界连续函数全体按逐点定义的加法和数乘形成的线性空间. 对 $f, g \in C(S)$, 定义距离为

$$d(f, g) = \sup_{x \in S} |f(x) - g(x)|.$$

试证明:$C(S)$ 是完备的距离线性空间.

9. 证明:$l^p (1 \leqslant p \leqslant \infty)$ 是完备的距离线性空间.

10. 设 X 是赋范线性空间, A 是 X 中有界的集合. 试证明: A 是完全有界集当且仅当对任何 $\varepsilon > 0$, 存在 X 的有限维子空间 M, 使 A 中每个点与 M 的距离都小于 ε.

11. 设 $\langle X, \|\cdot\| \rangle$ 是赋范线性空间, $r > 0$. 如果球 $B = \{x \in X : \|x\| < r\}$ 是列紧的, 则 X 必是有限维的. 试利用 Riesz 引理证明之.

提示 假如 X 不是有限维的, 不妨设 $r > 1$. 如果我们已经找到 n 个向量 $\{x_j\}_{j=1}^n \subset B$, 使 $\|x_j - x_k\| > \frac{1}{2}$, 当 $j \neq k$. 令 $M = S_p\{x_1, \cdots, x_n\}$, 则 M 是 X 的有限维子空间, 故 $M \neq X$. 由 Riesz 引理, 存在 $x_{n+1} \in X, \|x_{n+1}\| = 1$, 使 $\|x_{n+1} - x_j\| > \frac{1}{2}, j = 1, \cdots, n$. 根据数学归纳法, 存在 $\{x_j\}_{j=1}^{\infty} \subset B$, 使 $\|x_j - x_k\| > \frac{1}{2}$, 当 $j \neq k$, 这与 B 是列紧的矛盾.

12. 证明: n 维欧式空间 $\mathbf{R}^n$ 是 Banach 空间. 这里 $\mathbf{R}^n$ 表示 n 个实数组成的有序数组 $(\xi_1, \cdots, \xi_n)$ 的全体按如下定义的加法、数乘和范数形成的赋范线性空间:

$$x + y = (\xi_1 + \eta_1, \cdots, \xi_n + \eta_n),$$

$$\alpha x = (\alpha \xi_1, \cdots, \alpha \xi_n),$$

$$\|x\| = \left(\sum_{j=1}^n |\xi_j|^2\right)^{1/2},$$

对 $x = (\xi_1, \cdots, \xi_n), y = (\eta_1, \cdots, \eta_n) \in \mathbf{R}^n, \alpha \in \mathbf{R}$.

13. 如果在 $\mathbf{R}^n$ 中定义

$$\rho(x, y) = \max_{1 \leqslant j \leqslant n} |\xi_j - \eta_j|,$$

当 $x = (\xi_1, \cdots, \xi_n), y = (\eta_1, \cdots, \eta_n) \in \mathbf{R}^n$. 试证明: $\mathbf{R}^n$ 按距离 $\rho(\cdot, \cdot)$ 也是完备的距离线性空间.

14. 设 $\langle X, d \rangle$ 是完备的距离空间, E 是 X 的闭子集, 试证明 $\langle E, d \rangle$ 也是完备的距离空间.

15. 证明: $l^p(1 \leqslant p < \infty)$ 中子集 S 是列紧的充要条件是

(1) 存在常数 $M > 0$, 使对一切 $x = \{\xi_n\}_{n=1}^{\infty} \in S$, 都有 $\sum\limits_{n=1}^{\infty} |\xi_n|^p \leqslant M$.

(2) 任给 $\varepsilon > 0$, 存在正整数 N, 使当 $k \geqslant N$, 对一切 $x = \{\xi_n\}_{n=1}^{\infty} \in S$ 有 $\sum\limits_{n=k}^{\infty} |\xi_n|^p \leqslant \varepsilon$.

16. 试证明: 空间 (s) 中子集 S 是列紧的充要条件是对每个正整数 n, 存在常数 $M_n > 0$, 使当 $x = \{\xi_n\}_{n=1}^{\infty} \in S$, 便有 $|\xi_n| \leqslant M_n, n = 1, 2, \cdots$.

17. 设 $M[a, b]$ 是区间 $[a, b]$ 上有界函数全体按逐点定义的加法和数乘形成的线性空间. 当 $x = x(t) \in M[a, b]$, 定义范数

$$\| x \| = \sup_{a \leqslant t \leqslant b} |x(t)|.$$

证明: 按这个范数 $M[a, b]$ 是 Banach 空间.

18. 设 $V[a, b]$ 表示在区间 $[a, b]$ 上右连续的有界变差函数全体, 按逐点定义的加法和数乘形成的线性空间, 定义范数为

$$\| x \| = |x(a)| + V_a^b(x), \quad x = x(t) \in V[a, b],$$

这里 $V_a^b(x)$ 表示函数 $x(t)$ 在 $[a, b]$ 上的全变差. 试证明: $V[a, b]$ 按此范数是 Banach 空间.

19. 举例说明, 在一般的距离空间中, 完全有界集不一定是列紧的.

20. 设 $\{x_n\}_{n=1}^{\infty}$ 是距离空间 X 中的 Cauchy 序列, 如果 $\{x_n\}_{n=1}^{\infty}$ 有子序列 $\{x_{n_k}\}_{k=1}^{\infty}$ 收敛于 x, 则 $\{x_n\}_{n=1}^{\infty}$ 也收敛于 x.

21. 设 f 是从距离空间 X 到距离空间 Y 的函数, 则 f 是连续的当且仅当对 Y 中任意闭集 F, $f^{-1}(F)$ 是 X 中闭集.

22. 设 X 是 n 维复线性空间, $\{e_1, \cdots, e_n\}$ 是 X 的一个基. 试问, 当 X 看作实线性空间时, 其维数是多少? 请指出它的一个基.

23. 设 X 是赋范线性空间, $x_n \in X, n = 1, 2, \cdots$, 如果 $\left\{ \sum\limits_{n=1}^{k} x_n \right\}_{k=1}^{\infty}$ 是 X 中收敛序列, 称级数 $\sum\limits_{n=1}^{\infty} x_n$ 收敛. 如果数值级数 $\sum\limits_{n=1}^{\infty} \| x_n \|$ 收敛, 称级数 $\sum\limits_{n=1}^{\infty} x_n$ 绝对收敛. 试证明: X 中任何绝对收敛的级数都收敛当且仅当 X 是 Banach 空间.

24. 设 X, Y 是赋范线性空间, T 是从 X 到 Y 的线性算子. 试证明: 如果 X 是有限维的, 则 T 是有界的, 且 T 的值域 $R(T)$ 也是有限维的.

25. 设 X, Y 是赋范线性空间, T 是从 X 到 Y 的线性算子. 如果 T 是单射的, 则 $\{x_1, \cdots, x_n\}$ 是 X 中线性无关的当且仅当 $\{Tx_1, \cdots, Tx_n\}$ 是 Y 中线性无关的.

26. 设 T 是从赋范线性空间 $\langle X, \| \cdot \|_1 \rangle$ 到赋范线性空间 $\langle Y, \| \cdot \|_2 \rangle$ 的有界线性算子, 证明

$$\| T \| = \sup_{\|x\|_1 = 1} \| Tx \|_2 = \sup_{\|x\|_1 \leqslant 1} \| Tx \|_2 .$$

27. 设 T 是 Banach 空间 X 上有界线性算子, 如果存在 X 上有界线性算子 S, 使

$$TS = ST = I,$$

则 T 是有界可逆的, 而且 $T^{-1} = S$. 反之, 如果 T 是有界可逆的, 则

$$TT^{-1} = T^{-1}T = I.$$

这里 I 是 X 上恒等算子, 即 $Ix = x, \forall x \in X$.

28. 设 X 是距离空间, $T : X \to X$ 是映射, 如果 T 是压缩的, 求证: 对任意自然数 n, T^n 也是压缩的. 如果对某个自然数 $n > 1$, T^n 是压缩映射, T 也一定是压缩映射吗?

29. 设 F 是 n 维欧式空间 $\mathbf{R}^n$ 中非空有界闭集, 映射 $T : F \to F$ 满足

$$d(Tx, Ty) < d(x, y), \quad \forall x, y \in F, x \neq y.$$

试证明: T 在 F 中有唯一不动点.

30. 设 $K(t, s)$ 是矩形 $\{(t, s) : 0 \leqslant t, s \leqslant 1\}$ 上可测函数, 且

$$\int_0^1 \int_0^1 | K(t, s) |^2 \, \mathrm{d}t \mathrm{d}s < \infty.$$

考虑积分方程

$$x(t) = f(t) + \lambda \int_0^1 K(t, s) x(s) \mathrm{d}s,$$

其中 $f \in L^2[0, 1]$ 是一给定函数, λ 为参数. 试利用压缩映像原理证明: 当 $| \lambda |$ 适当小时, 上述积分方程在 $L^2[0, 1]$ 中的解存在且唯一.

31. 设无穷矩阵 $(a_{ij})_{i,j=1}^\infty$ 满足

$$\sup_i \left(\sum_{j=1}^\infty | a_{ij} | \right) < \infty.$$

由它定义的线性算子 $T : y = Tx$ 为

$$\eta_i = \sum_{j=1}^\infty a_{ij} \xi_j, \quad i = 1, 2, \cdots,$$

其中 $x = \{\xi_1, \xi_2, \cdots, \xi_n, \cdots\} = \{\xi_n\}, y = \{\eta_1, \eta_2, \cdots, \eta_n, \cdots\} = \{\eta_n\}$.
试证明 T 是从 (m) 到自身的有界线性算子, 且

$$\| T \| = \sup_i \left(\sum_{j=1}^\infty | a_{ij} | \right).$$

32. 设数列 $\{\alpha_n\}_{n=1}^\infty$ 有界. 在 l^1 中定义线性算子

$$y = Tx : \eta_n = \alpha_n \xi_n, \quad n = 1, 2, \cdots,$$

其中 $x = \{\xi_n\}, y = \{\eta_n\}$. 试证明 T 是从 l^1 到自身的有界线性算子, 且

$$\| T \| = \sup_n | \alpha_n |.$$

33. 证明上题中算子 T 是有界可逆的当且仅当

$$\inf_n \mid \alpha_n \mid > 0.$$

34. 设无穷矩阵 $(a_{ij})_{i,j=1}^{\infty}$ 满足

$$\sum_{i=1}^{\infty} \left(\sum_{j=1}^{\infty} \mid a_{ij} \mid^q \right) < \infty.$$

由它定义的算子 T 为

$$y = Tx : \eta_n = \sum_{j=1}^{\infty} a_{ij} \xi_j, \quad i = 1, 2, \cdots,$$

其中 $x = \{\xi_n\}, y = \{\eta_n\}$. 证明 T 是从 l^p 到 l^q 的有界线性算子, 这里 $1 < p, q < \infty$, 且 $\dfrac{1}{p} + \dfrac{1}{q} = 1$.

35. 设 X 是 Banach 空间, $A, B \in L(X)$. 如果 A, B 都是有界可逆的, 则 AB 也是有界可逆的, 且

$$(AB)^{-1} = B^{-1} A^{-1}.$$

36. 设 X, Y 都是赋范线性空间, T 是从 X 到 Y 之线性算子. 证明, 如果 T 是有界的, 则 T 之零空间 $N(T)$ 是闭的. 反之, 当 $N(T)$ 是闭的时, T 一定有界吗?

37. 设 X 是赋范线性空间, $x, y \in X$. 如果对 X 上任何连续线性泛函 f, 都有 $f(x) = f(y)$, 则 $x = y$.

38. 设 X 是 Banach 空间, 试证明对任给的 $x \in X$,

$$\| x \| = \sup\{\mid f(x) \mid : f \in X', \| f \| \leqslant 1\}.$$

39. 设 $p(x)$ 是赋范线性空间 X 上的次可加、正齐次实值泛函, 即对任意的 $x, y \in X, \alpha \in C$,

$$p(x + y) \leqslant p(x) + p(y), \quad p(\alpha x) = \mid \alpha \mid p(x).$$

如果 $p(x)$ 在 $x = 0$ 处连续, 则 $p(x)$ 在 X 中每点都连续. 证明之.

40. 设 $p(x)$ 是线性空间 X 上的半范数, 则 $\{x : p(x) < r\}(r > 0)$ 是个凸集, 而且是平衡的、吸收的.

41. 试证明凸集的闭包是凸的, 平衡集的闭包是平衡的, 吸收集的闭包是吸收的.

42. 试求出 $L^1[a, b]$ 上有界线性泛函的一般形式.

43. 试利用一致有界原理证明 Hellinger-Toeplitz 定理.

44. 设 A, B 都是 Hilbert 空间 H 上处处有定义的线性算子, 且

$$(Ax, y) = (x, By), \quad \forall x, y \in H.$$

证明: A, B 都是有界的, 且 $B = A^*$.

45. 设 X, Y 都是 Banach 空间, $T \in L(X, Y)$. 如果 T 是单射的, 则 T^{-1} 是闭算子.

46. 试证明: 如果 T 是闭算子, 则 T 的图形 $G(T)$ 是闭的.

47. 设 $\{x_n\}_{n=1}^{\infty}$ 是 Banach 空间 X 中的点列, 如果对任何 $f \in X'$,

$$\sum_{n=1}^{\infty} | f(x_n) | < \infty,$$

则存在正数 μ, 对一切 $f \in X'$ 都有

$$\sum_{n=1}^{\infty} | f(x_n) | \leqslant \mu \| f \| .$$

48. 试证明: 无穷维赋范线性空间的对偶空间是无穷维的, 有限维赋范线性空间 X 的对偶空间 X' 也是有限维的, 且 $\dim X = \dim X'$.

49. 试证明: Banach 空间 X 是自反的当且仅当 X' 是自反的.

50. 设 X, Y 都是 Banach 空间, $T : X \to Y$ 是保范同构映射, 证明 T 的 Banach 共轭算子 T' 是从 Y' 到 X' 的保范同构映射. 因此, 如果 $X \cong Y$, 则 $X' \cong Y'$. 这里 $\cong$ 表示两个 Banach 空间是保范同构的.

51. 设 X, Y 都是 Banach 空间, $T \in L(X, Y)$, 试证明: 如果 T 是有限秩的, 则 $R(T)$ 是有限维的, 则 T' 也是有限秩的, 且

$$\dim R(T) = \dim R(T').$$

52. 试证明引理 2.6.3 和引理 2.6.4.

53. 证明: l^1 中点列的弱收敛与强收敛 (即按范数收敛) 等价.

54. 在 $L^p[a, b](1 < p < \infty)$ 中作一个弱收敛, 但非强收敛的点列.

55. 设 $\{x_n\}_{n=1}^{\infty} \subset C[a, b]$. 证明: 如果 $x_n \overset{\omega}{\to} x$, 则 $\{x_n\}_{n=1}^{\infty}$ 逐点收敛于 x, 即任给 $t \in [a, b]$, 都有 $\lim\limits_{n \to \infty} x_n(t) = x(t)$.

56. 设 X, Y 都是 Banach 空间, $T \in L(X, Y)$, 试证明: 如果 $x_n \overset{\omega}{\to} x$, 则 $T x_n \overset{\omega}{\to} T x$.

57. 设 M 是赋范线性空间 X 的子空间, $\{x_n\}_{n=1}^{\infty} \subset M, x_n \overset{\omega}{\to} x_0$, 则 $x_0 \in M$.

58. 设 X, Y 都是赋范线性空间, $X \neq \{0\}$. 试证明: 如果 $L(X, Y)$ 是 Banach 空间, 则 Y 必是 Banach 空间.

59. 设 X 是线性空间, $\| \cdot \|_1$ 与 $\| \cdot \|_2$ 分别是 X 上范数, 如果凡按 $\| \cdot \|_1$ 连续的线性泛函也按 $\| \cdot \|_2$ 连续, 则必存在常数 $\alpha > 0$, 使

$$\| x \|_1 \leqslant \alpha \| x \|_2, \quad \forall x \in X.$$

60. 设 X, Y 都是 Banach 空间, $T \in L(X, Y)$. 如果 $R(T) = Y$, 则存在常数 $M > 0$, 对任何 $y \in Y$, 都有 $x \in X$, 使

$$y = Tx, \quad \| x \| \leqslant M \| y \| .$$

61. 令 $\alpha \in \mathbf{R}$ 且 $| \alpha | (b - a) < 1$. 证明: 对任给的 $u_0 \in X$, 迭代法

$$u_{n+1}(x) = \alpha \int_a^b \sin u_n(x) \mathrm{d}x + 1, \quad n = 0, 1, \cdots, x \in [a, b],$$

在 $[a, b]$ 上一致收敛到 $x \in X$, 其中 x 是积分方程

$$u(x) = \alpha \int_a^b \sin u(x) \mathrm{d}x + 1, \quad x \in [a, b]$$

的唯一解.

62. 令 $\alpha \in \mathbf{R}$ 且 $|\alpha| < 1$. 证明: 对任给的 $u_0 \in \mathbf{R}$, 迭代法

$$u_{n+1} = \alpha \sin u_n + 1, \quad n = 0, 1, \cdots,$$

收敛到方程 $u = \alpha \sin u + 1$ 的唯一解 $u \in \mathbf{R}$.

63. 令 $K(x, y) : [a, b] \times [a, b] \to \mathbf{R}$ 是连续的且对所有 $x, y \in [a, b]$ 有 $0 \leqslant K(x, y) \leqslant d$. 令 $2(b - a)d \leqslant 1$ 且 $u(x) \equiv 0, v_0(x) \equiv 2$. 试证明: 下列两个迭代法

$$u_{n+1}(x) = \int_a^b K(x, y) u_n(y) \mathrm{d}y + 1, \quad n = 0, 1, \cdots, x \in [a, b],$$

$$v_{n+1}(x) = \int_a^b K(x, y) v_n(y) \mathrm{d}y + 1$$

在 $[a, b]$ 上一致收敛到 $u \in X$, 且 u 是积分方程 $u(x) = \int_a^b K(x, y) u(y) \mathrm{d}y + 1, x \in [a, b]$ 的唯一的解, 此处对任意的 $x \in [a, b]$ 有 $u_0(x) \leqslant u_1(x) \leqslant \cdots \leqslant v_1(x) \leqslant v_0(x)$.

第3章 Hilbert 空间

Hilbert 空间是一类重要的 Banach 空间, 它具有内积结构, 因此有着比一般 Banach 空间更为特殊的性质. 本章将叙述这些特殊性质, 主要包括内积空间; Hilbert 空间; 正交、投影的概念和正交分解定理及其应用; Hilbert 空间的 Fourier 级数等内容. Hilbert 空间理论已应用于许多学科领域中, 如量子力学、概率统计、Fourier 分析、最优化理论、控制论和信号处理等.

3.1 内 积 空 间

3.1.1 内积空间的概念和性质

定义 3.1.1 设 X 是数域 F 上的线性空间, 若存在映射 $\langle \cdot, \cdot \rangle : X \times X \to F$, 使得对 $\forall x, y, z \in X, \alpha, \beta \in F$ 满足

(1) **正定性** $\langle x, x \rangle \geqslant 0$, 且 $\langle x, x \rangle = 0 \Leftrightarrow x = \theta$;

(2) **共轭对称性** $\langle x, y \rangle = \overline{\langle y, x \rangle}$;

(3) **对第一变元的线性**

$$\langle \alpha x + \beta y, z \rangle = \alpha \langle x, z \rangle + \beta \langle y, z \rangle,$$

则称 $\langle \cdot, \cdot \rangle$ 为 X 上的内积, 称 $(X, \langle \cdot, \cdot \rangle)$ 为**内积空间**, 简记为 X. 当 F 为实 (或复) 数域时, 称 X 为**实 (或复) 内积空间**.

内积有如下的性质.

性质 1 当 F 为实数域 $\mathbf{R}$ 时, 对 $\forall x, y, z \in X, \alpha, \beta \in \mathbf{R}$, 有 $\langle x, y \rangle = \langle y, x \rangle$ 及

$$\langle z, \alpha x + \beta y \rangle = \alpha \langle z, x \rangle + \beta \langle z, y \rangle;$$

当 F 为复数域时, 对 $\forall x, y, z \in X, \alpha, \beta \in F$, 有

$$\langle z, \alpha x + \beta y \rangle = \overline{\alpha} \langle z, x \rangle + \overline{\beta} \langle z, y \rangle.$$

性质 2 当 x, y 中有一个为零元时, $\langle x, y \rangle = 0$; 反之, 若对 $\forall x \in X$, 都有 $\langle x, y \rangle = 0$, 则 $y = \theta$.

性质 3 (Schwarz 不等式) 设 X 是内积空间, 对 $\forall x, y \in X$, 恒有

$$|\langle x, y \rangle|^2 \leqslant \langle x, x \rangle \langle y, y \rangle. \tag{3.1.1}$$

证明   当 $y = \theta$ 时, 由内积的定义知 $\langle y, y \rangle = 0$, 由性质 2 知 $\langle x, y \rangle = 0$, 故 (3.1.1) 式显然成立.

当 $y \neq \theta$ 时, 对 $\forall \lambda \in F$, 都有

$$0 \leqslant \langle x + \lambda y, x + \lambda y \rangle = \langle x, x \rangle + \overline{\lambda} \langle x, y \rangle + \lambda \langle y, x \rangle + |\lambda|^2 \langle y, y \rangle,$$

取 $\lambda = -\langle x, y \rangle / \langle y, y \rangle$, 代入上式可得

$$\langle x, x \rangle - \frac{|\langle x, y \rangle|^2}{\langle y, y \rangle} \geqslant 0,$$

即

$$|\langle x, y \rangle|^2 \leqslant \langle x, x \rangle \langle y, y \rangle.$$

性质 4 (内积导出范数)   设 X 是内积空间, 对 $\forall x \in X$, 定义

$$\|x\| = \sqrt{\langle x, x \rangle},$$

则 $\|\cdot\|$ 是 X 上的范数.

证明   显然, $\|\cdot\|$ 满足正定性和正齐次性. 现验证三角不等式. 对 $\forall x, y \in X$, 由

$$\begin{aligned}
\|x + y\|^2 &= \langle x + y, x + y \rangle \\
&= \|x\|^2 + \langle x, y \rangle + \langle y, x \rangle + \|y\|^2 \\
&= \|x\|^2 + \langle x, y \rangle + \overline{\langle x, y \rangle} + \|y\|^2 \\
&= \|x\|^2 + 2\mathrm{Re}\langle x, y \rangle + \|y\|^2 \\
&\leqslant \|x\|^2 + 2|\langle x, y \rangle| + \|y\|^2 \\
&\leqslant \|x\|^2 + 2\sqrt{\langle x, x \rangle}\sqrt{\langle y, y \rangle} + \|y\|^2 \\
&\leqslant \|x\|^2 + 2\|x\| \cdot \|y\| + \|y\|^2 = (\|x\| + \|y\|)^2,
\end{aligned}$$

得

$$\|x + y\| \leqslant \|x\| + \|y\|.$$

故 $\|\cdot\|$ 是 X 上的范数.

称 $\|x\| = \sqrt{\langle x, x \rangle}$ 为**内积导出的范数**. 因此, 若 X 是内积空间, 则 X 一定是赋范线性空间. 对 $\forall x, y \in X$, Schwarz 不等式还可表示为

$$|\langle x, y \rangle| \leqslant \|x\| \cdot \|y\|.$$

性质 5 (内积的连续性)　　设 X 是内积空间, $x_n, y_n, x, y \in X, n = 1, 2, \cdots$, 若 $\lim\limits_{n \to \infty} x_n = x, \lim\limits_{n \to \infty} y_n = y$, 则

$$\lim_{n \to \infty} \langle x_n, y_n \rangle = \langle x, y \rangle.$$

证明　因为 $\lim\limits_{n \to \infty} x_n = x, \lim\limits_{n \to \infty} y_n = y$, 所以当 $n \to \infty$ 时, 有

$$\|x_n - x\| \to 0, \quad \|y_n - y\| \to 0.$$

由 Schwarz 不等式知, 当 $n \to \infty$ 时, 有

$$
\begin{aligned}
|\langle x_n, y_n \rangle - \langle x, y \rangle| &= |\langle x_n, y_n \rangle - \langle x_n, y \rangle + \langle x_n, y \rangle - \langle x, y \rangle| \\
&= |\langle x_n, y_n - y \rangle + \langle x_n - x, y \rangle| \\
&\leqslant |\langle x_n, y_n - y \rangle| + |\langle x_n - x, y \rangle| \\
&\leqslant \|x_n\| \cdot \|y_n - y\| + \|y\| \cdot \|x_n - x\| \to 0.
\end{aligned}
$$

故

$$\lim_{n \to \infty} \langle x_n, y_n \rangle = \langle x, y \rangle. \qquad \qquad \diamond$$

内积与其导出的范数满足下列关系.

定理 3.1.1 (极化恒等式)　　对 $\forall x, y \in X$,

(1) 若 X 为实内积空间, 则有

$$\langle x, y \rangle = \frac{1}{4}(\|x + y\|^2 - \|x - y\|^2); \tag{3.1.2}$$

(2) 若 X 为复内积空间, 则有

$$\langle x, y \rangle = \frac{1}{4}(\|x + y\|^2 - \|x - y\|^2 + \mathrm{i}\|x + \mathrm{i}y\|^2 - \mathrm{i}\|x - \mathrm{i}y\|^2). \tag{3.1.3}$$

证明　　(1) 当 X 为实内积空间时, 有

$$
\begin{aligned}
&\|x + y\|^2 - \|x - y\|^2 \\
={}& \langle x + y, x + y \rangle - \langle x - y, x - y \rangle \\
={}& \langle x, x \rangle + \langle x, y \rangle + \langle y, x \rangle + \langle y, y \rangle - \langle x, x \rangle + \langle x, y \rangle + \langle y, x \rangle - \langle y, y \rangle \\
={}& 2\langle x, y \rangle + 2\langle y, x \rangle = 4\langle x, y \rangle,
\end{aligned}
$$

故 (3.1.2) 式成立.

(2) 当 X 为复内积空间时, 由 (1) 得

$$\|x + y\|^2 - \|x - y\|^2 = 2\langle x, y \rangle + 2\langle y, x \rangle, \tag{3.1.4}$$

将 y 换成 $\mathrm{i}y$ 得

$$\|x + \mathrm{i}y\|^2 - \|x - \mathrm{i}y\|^2 = 2\langle x, \mathrm{i}y \rangle + 2\langle \mathrm{i}y, x \rangle,$$
$$= -2\mathrm{i}\langle x, y \rangle + 2\mathrm{i}\langle y, x \rangle,$$

从而有

$$\mathrm{i}\|x + \mathrm{i}y\|^2 - \mathrm{i}\|x - \mathrm{i}y\|^2 = 2\langle x, y \rangle - 2\langle y, x \rangle, \tag{3.1.5}$$

(3.1.4) 式和 (3.1.5) 式相加即得 (3.1.3) 式. ◇

定理 3.1.2 (平行四边形法则)　赋范线性空间 X 是内积空间的充分必要条件是对 $\forall x, y \in X$, 有

$$\|x + y\|^2 + \|x - y\|^2 = 2(\|x\|^2 + \|y\|^2). \tag{3.1.6}$$

证明　必要性. 若 X 为内积空间, 则对 $\forall x, y \in X$, 有

$$\|x + y\|^2 + \|x - y\|^2$$
$$= \langle x, x \rangle + \langle x, y \rangle + \langle y, x \rangle + \langle y, y \rangle + \langle x, x \rangle - \langle x, y \rangle - \langle y, x \rangle + \langle y, y \rangle$$
$$= 2(\|x^2\| + \|y^2\|).$$

充分性. 若对 $\forall x, y \in X$, (3.1.6) 式成立, 则当 X 为实或复内积空间时, 分别用极化恒等式 (3.1.2) 式和 (3.1.3) 式定义内积, 可以验证它们满足内积定义中的正定性、共轭对称性和对第一变元的线性性, 从而 X 为内积空间, 且 $\|x\| = \sqrt{\langle x, x \rangle}$. ◇

3.1.2　常见的内积空间

例 3.1.1　设 $X = \mathbf{R}^n$, 对 $\forall x = (x_1, x_2, \cdots, x_n), y = (y_1, y_2, \cdots, y_n) \in \mathbf{R}^n$, 定义

$$\langle x, y \rangle = \sum_{i=1}^{n} x_i y_i,$$

易证 $(\mathbf{R}^n, \langle \cdot, \cdot \rangle)$ 为实内积空间.

例 3.1.2　设 $X = \mathbf{C}^n$, 对 $\forall x = (x_1, x_2, \cdots, x_n), y = (y_1, y_2, \cdots, y_n) \in \mathbf{C}^n$, 定义

$$\langle x, y \rangle = \sum_{i=1}^{n} x_i \overline{y_i},$$

易证 $(\mathbf{C}^n, \langle \cdot, \cdot \rangle)$ 为复内积空间.

例 3.1.3　设 $l^2 = \{x | x = (x_1, x_2, \cdots, x_n, \cdots), \sum_{n=1}^{\infty} |x_n|^2 < +\infty\}$, 对 $\forall x = (x_1, x_2, \cdots, x_n, \cdots), y = (y_1, y_2, \cdots, y_n, \cdots)$, 定义

$$\langle x, y \rangle = \sum_{n=1}^{\infty} x_n \overline{y_n},$$

应用 Hölder 不等式得

$$\sum_{n=1}^{\infty} |x_n \overline{y_n}| \leqslant \left(\sum_{n=1}^{\infty} |x_n|^2\right)^{\frac{1}{2}} \left(\sum_{n=1}^{\infty} |y_n|^2\right)^{\frac{1}{2}},$$

可得 $\sum_{n=1}^{\infty} x_n \overline{y_n}$ 绝对收敛, 这说明 $\langle x, y \rangle$ 是一个数, 易证 $(l^2, \langle \cdot, \cdot \rangle)$ 为内积空间.

例 3.1.4 对于 $\forall f, g \in L^2[a, b]$, 定义

$$\langle f, g \rangle = \int_a^b f(x) \overline{g(x)} \mathrm{d}x,$$

由 Hölder 不等式知 $f(x)g(x)$ 是可积的, 易证 $(L^2[a, b], \langle \cdot, \cdot \rangle)$ 为内积空间.

例 3.1.5 对于 $l^p = \left\{ x = (x_1, x_2, \cdots, x_n, \cdots) \middle| \left(\sum_{n=1}^{\infty} |x_n|^p\right)^{\frac{1}{p}} < +\infty \right\}$, 当 $p \geqslant 1, p \neq 2$ 时, $(l^p, \|\cdot\|_p)$ 不是内积空间.

证明 取 $x = (1, 1, 0, \cdots), y = (1, -1, 0, \cdots)$, 则 $x, y \in l^p$, 且有 $\|x\|_p = 2\|y\|_p = 2^{\frac{1}{p}}, \|x + y\|_p = \|x - y\|_p = 2$, 从而

$$\|x + y\|_p^2 + \|x - y\|_p^2 = 8,$$

$$2(\|x\|_p^2 + \|y\|_p^2) = 4 \times 2^{\frac{2}{p}}.$$

因为当 $p \geqslant 1, p \neq 2$ 时, $8 \neq 4 \times 2^{\frac{2}{p}}$, 所以平行四边形法则不成立, 由定理 3.1.2 知 $(l^p, \|\cdot\|_p)$ 不是内积空间. ◇

例 3.1.6 $(C[a, b], \|\cdot\|_\infty)$ 不是内积空间.

证明 取 $f(x) = 1, g(x) = (x - a)/(b - a)$, 则 $f(x), g(x) \in C[a, b]$, 且

$$\|f + g\|_\infty^2 + \|f - g\|_\infty^2 = \left(\max_{x \in [a,b]} \left|1 + \frac{x - a}{b - a}\right|\right)^2 + \left(\max_{x \in [a,b]} \left|1 - \frac{x - a}{b - a}\right|\right)^2$$

$$= 2^2 + 1^2 = 5,$$

$$2(\|x\|^2 + \|y\|^2) = 2\left(\max_{x \in [a,b]} |1|\right)^2 + 2\left(\max_{x \in [a,b]} \left|\frac{x - a}{b - a}\right|\right)^2$$

$$= 2(1^2 + 1^2) = 4,$$

上述两式不等, 故平行四边形法则不成立, 由定理 3.1.2 知 $(C[a, b], \|\cdot\|_\infty)$ 不是内积空间. ◇

例 3.1.7 当 $p \geqslant 1, p \neq 2$ 时, $(L^p[a, b], \|\cdot\|_p)$ 不是内积空间.

证明 取 $f(x) = 1$,

$$g(x) = \begin{cases} -1, & x \in [a, (a+b)/2], \\ 1, & x \in [(a+b)/2, b], \end{cases}$$

则 $f(x), g(x) \in L^2[a,b]$, 且

$$\|f+g\|_p^2 + \|f-g\|_p^2 = \left(\int_a^{\frac{a+b}{2}} 2^p \mathrm{d}x\right)^{\frac{2}{p}} + \left(\int_{\frac{a+b}{2}}^b 2^p \mathrm{d}x\right)^{\frac{2}{p}}$$
$$= 2^{3-\frac{2}{p}}(b-a)^{\frac{2}{p}},$$

$$2(\|f\|_p^2 + \|g\|_p^2) = 4(b-a)^{\frac{2}{p}},$$

因为 $p \geqslant 1, p \neq 2$, 所以上述两式不等, 从而平行四边形法则不成立, 由定理 3.1.2 知 $(L^2[a,b], \|\cdot\|_p)$ 不是内积空间. $\diamond$

3.2 几个常用的 Hilbert 空间

定义 3.2.1 完备的内积空间称为 **Hilbert 空间**.

例 3.2.1 $\mathbf{R}^n$ 是 Hilbert 空间.

证明 设 $x_k = (x_1^{(k)}, x_2^{(k)}, \cdots, x_n^{(k)}), k = 1, 2, \cdots$ 是 $\mathbf{R}^n$ 中的基本列, 即对于 $\forall \varepsilon > 0$, 总存在自然数 N, 当 $k, l > N$ 时, 就有

$$\|x_k - x_l\| = \sqrt{\sum_{i=1}^n (x_i^{(k)} - x_i^{(l)})^2} < \varepsilon, \tag{3.2.1}$$

从而有

$$|x_i^{(k)} - x_i^{(l)}| \leqslant \|x_k - x_l\| < \varepsilon, \quad i = 1, 2, \cdots, n,$$

由实数的完备性知, 存在 $x_i \in \mathbf{R}$, 使得

$$\lim_{k\to\infty} x_i^{(k)} = x_i, \quad i = 1, 2, \cdots, n.$$

令 $x = (x_1, x_2, \cdots, x_n)$, 则 $x \in \mathbf{R}^n$, 在 (3.2.1) 式中令 $l \to \infty$, 则当 $k > N$ 时, 有

$$\|x_k - x\| = \sqrt{\sum_{i=1}^n (x_i^{(k)} - x_i)^2} \leqslant \varepsilon,$$

故 $\lim_{k\to\infty} x_k = x$, 因此 $\mathbf{R}^n$ 是 Hilbert 空间. $\diamond$

同理可证 $\mathbf{C}^n$ 是 Hilbert 空间.

例 3.2.2　l^2 是 Hilbert 空间.

证明　设 $x_k = (x_1^{(k)}, x_2^{(k)}, \cdots, x_n^{(k)}, \cdots), k = 1, 2, \cdots$ 是 l^2 中的基本列, 即对于 $\forall \varepsilon > 0$, 总存在自然数 N, 当 $k, l > N$ 时, 就有

$$\|x_k - x_l\| = \sqrt{\sum_{i=1}^{\infty}(x_i^{(k)} - x_i^{(l)})^2} < \varepsilon,$$

从而有

$$|x_i^{(k)} - x_i^{(l)}| \leqslant \|x_k - x_l\| < \varepsilon, \quad i = 1, 2, \cdots.$$

因 $x_i^{(k)} \in \mathbf{C}$, 由复数的完备性知, 存在 $x_i \in \mathbf{C}$, 使得

$$\lim_{k \to \infty} x_i^{(k)} = x_i, \quad i = 1, 2, \cdots.$$

令 $x = (x_1, x_2, \cdots, x_n, \cdots)$. 对于任意的自然数 m, 当 $k, l > N$ 时, 有

$$\sum_{i=1}^{m} |x_i^{(k)} - x_i^{(l)}|^2 \leqslant \sum_{i=1}^{\infty} |x_i^{(k)} - x_i^{(l)}|^2 < \varepsilon^2.$$

令 $l \to \infty$, 则当 $k > N$ 时, 有

$$\lim_{l \to \infty} \sum_{i=1}^{m} |x_i^{(k)} - x_i^{(l)}|^2 = \sum_{i=1}^{m} |x_i^{(k)} - x_i|^2 \leqslant \varepsilon^2.$$

因为上式对任意的自然数 m 都成立, 所以当 $k > N$ 时, 有

$$\sum_{i=1}^{\infty} |x_i^{(k)} - x_i|^2 \leqslant \varepsilon^2.$$

因此 $x_k - x \in l^2$, 故 $x = (x - x_k) + x_k \in l^2$, 且当 $k > N$ 时, $\|x_k - x\| \leqslant \varepsilon$, 从而 $\lim_{k \to \infty} x_k = x$, 因此 l^2 是 Hilbert 空间.　　　◇

例 3.2.3　若 E 是有限或无穷区间, 则 $L^2(E)$ 是 Hilbert 空间, 其中内积定义为

$$\langle f, g \rangle = \int_E f(x)\overline{g(x)}\mathrm{d}x, \quad \forall f(x), g(x) \in L^2(E).$$

证明　设 $\{f_n(x)\}$ 为 $L^2(E)$ 中的任意基本列, 则对每个 $k = 1, 2, \cdots$, 存在自然数 n_k, 使得

$$\|f_{n_k}(x) - f_{n_{k+1}}(x)\| < \frac{1}{2^k},$$

对任意有限区间 $E_1 \subset E, mE_1 < \infty$, 由 Hölder 不等式得

$$\int_{E_1} |f_{n_k}(x) - f_{n_{k+1}}(x)|\mathrm{d}x \leqslant \left(\int_{E_1} |f_{n_k}(x) - f_{n_{k+1}}(x)|^2\mathrm{d}x\right)^{\frac{1}{2}} \cdot \left(\int_{E_1} 1^2\mathrm{d}x\right)^{\frac{1}{2}}$$

$$= \|f_{n_k}(x) - f_{n_{k+1}}(x)\| \sqrt{mE_1} \leqslant \frac{1}{2^k}\sqrt{mE_1} \quad (k=1,2,\cdots).$$

因为

$$\sum_{k=1}^{\infty}\int_{E_1}|f_{n_k}(x)-f_{n_{k+1}}(x)|\mathrm{d}x \leqslant \left(\sum_{k=1}^{\infty}\frac{1}{2^k}\right)\sqrt{mE_1}=\sqrt{mE_1},$$

所以级数 $\displaystyle\sum_{k=1}^{\infty}\int_{E_1}|f_{n_k}(x)-f_{n_{k+1}}(x)|\mathrm{d}x$ 是收敛的. 由 Levi 单调收敛定理有

$$\sum_{k=1}^{\infty}\int_{E_1}|f_{n_k}(x)-f_{n_{k+1}}(x)|\mathrm{d}x = \lim_{n\to\infty}\sum_{k=1}^{n}\int_{E_1}|f_{n_k}(x)-f_{n_{k+1}}(x)|\mathrm{d}x$$

$$= \lim_{n\to\infty}\int_{E_1}\sum_{k=1}^{n}|f_{n_k}(x)-f_{n_{k+1}}(x)|\mathrm{d}x$$

$$= \int_{E_1}\lim_{n\to\infty}\sum_{k=1}^{n}|f_{n_k}(x)-f_{n_{k+1}}(x)|\mathrm{d}x$$

$$= \int_{E_1}\sum_{k=1}^{\infty}|f_{n_k}(x)-f_{n_{k+1}}(x)|\mathrm{d}x.$$

因此级数 $\displaystyle\sum_{k=1}^{\infty}|f_{n_k}(x)-f_{n_{k+1}}(x)|$ 是集合 E_1 上的可积函数, 从而必在 E_1 上几乎处处有限, 即此级数在 E_1 上几乎处处收敛. 又因 E_1 是 E 中的任意有限区间, 所以此级数在 E 上几乎处处收敛, 故级数 $f_{n_1}(x)+\displaystyle\sum_{k=1}^{\infty}(f_{n_{k+1}}(x)-f_{n_k}(x))$ 在 E 上也几乎处处收敛, 即函数列 $\{f_{n_k}(x)\}$ 在 E 上几乎处处收敛. 记 $f(x)=\displaystyle\lim_{n\to\infty}f_{n_k}(x)$ a.e. 于 E.

下面证明 $f(x)\in L^2(E)$, 且 $\displaystyle\lim_{n\to\infty}\|f_n(x)-f(x)\|=0$.

对 $\forall \varepsilon>0$, 由于 $\{f_n(x)\}$ 为 $L^2(E)$ 中的基本列, 则存在自然数 N, 当 $n, n_k>N$ 时, 有 $\|f_n(x)-f_{n_k}(x)\|<\varepsilon$, 即

$$\int_{E_1}|f_n(x)-f_{n_k}(x)|^2\mathrm{d}x < \varepsilon^2.$$

令 $k\to\infty$, 利用 Lebesgue 控制收敛定理得

$$\int_{E_1}|f_n(x)-f(x)|^2\mathrm{d}x \leqslant \varepsilon^2,$$

即当 $n>N$ 时, 有 $\|f_n(x)-f(x)\|\leqslant\varepsilon^2$, 也就是 $\displaystyle\lim_{n\to\infty}\|f_n(x)-f(x)\|=0$, 且 $f_n(x)-f(x)\in L^2(E)$. 因此 $f(x)=f_n(x)-[f_n(x)-f(x)]\in L^2(E)$. 从而 $L^2(E)$ 的任意基本列 $\{f_n(x)\}$ 在其中收敛, 故 $L^2(E)$ 是 Hilbert 空间.   ◇

例 3.2.4 $C[a,b]$ 在内积

$$\langle f, g \rangle = \int_a^b f(x)\overline{g(x)}\mathrm{d}x, \quad \forall f(x), g(x) \in C[a,b]$$

的定义下不是 Hilbert 空间.

证明 易证 $C[a,b]$ 在上述内积定义下是内积空间. $C[a,b]$ 是 $L^2[a,b]$ 的子空间. 取 $f_n(x) = \arctan n\left(x - \dfrac{a+b}{2}\right)$, $x \in [a,b], n = 1, 2, \cdots$, 则 $\{f_n(x)\} \subset C[a,b]$, 令

$$f_0(x) = \lim_{n \to \infty} f_n(x) = \begin{cases} -\dfrac{\pi}{2}, & a \leqslant x < \dfrac{a+b}{2}, \\ 0, & x = \dfrac{a+b}{2}, \\ \dfrac{\pi}{2}, & \dfrac{a+b}{2} < x \leqslant b. \end{cases}$$

因对 $\forall x \in [a,b], |f_n(x)| \leqslant \dfrac{\pi}{2}$, 从而

$$|f_n(x) - f_0(x)| \leqslant |f_n(x)| + |f_0(x)| \leqslant \pi.$$

由 Lebesgue 控制收敛定理可得

$$\lim_{n \to \infty} \|f_n(x) - f_0(x)\|^2 = \lim_{n \to \infty} \int_a^b |f_n(x) - f_0(x)|^2 \mathrm{d}x$$
$$= \int_a^b [\lim_{n \to \infty} |f_n(x) - f_0(x)|^2]\mathrm{d}x = 0.$$

故 $\{f_n(x)\}$ 按题给内积导出的范数收敛于 $f_0(x)$, 从而它为内积空间 $C[a,b]$ 中的基本列, 但因 $f_0(x) \notin C[a,b]$, 所以 $C[a,b]$ 在题给内积定义下不是完备的, 因而不是 Hilbert 空间. $\diamond$

上例说明内积空间未必是 Hilbert 空间.

定理 3.2.1 Hilbert 空间中的闭集是完备的. Hilbert 空间中的闭子空间是 Hilbert 空间.

定理 3.2.2 设 X 是 Hilbert 空间, Y 是 X 的子空间,

(1) 当且仅当 Y 在 X 中是闭的时, Y 是 Hilbert 空间;

(2) 若 Y 是有限维子空间, 则 Y 是 Hilbert 空间;

(3) 若 X 可分, 则 Y 也是可分的.

3.3 正交分解

3.3.1 正交与正交补

定义 3.3.1 设 X 是内积空间,

(1) 对于 $x, y \in X$, 若 $\langle x, y \rangle = 0$, 则称 x 与 y 正交, 记为 $x \perp y$;

(2) 对于 $x \in X, M \subset X$, 若 x 与 M 中的每个元素都正交, 则称 x 与 M 正交, 记为 $x \perp M$;

(3) 设 $M, N \subset X$, 若对于 $\forall x \in M, \forall y \in N$, 都有 $x \perp y$, 则称 M 与 N 正交, 记为 $M \perp N$;

(4) 设 $M \subset X$, X 中与 M 正交的所有元素构成的集合称为 M 的正交补, 记为 $M^\perp$, 即 $M^\perp = \{x | x \in X, x \perp M\}$.

正交具有下列性质:

(1) $x \perp X \Leftrightarrow x = \theta$;

(2) 若 $x \perp y$, 则 $y \perp x$;

(3) 若 $M \subset N \subset X$, 则 $N^\perp \subset M^\perp$;

(4) 若 $x_n \to x \ (n \to \infty)$, 且 $x_n \perp y, n = 1, 2, \cdots$, 则 $x \perp y$;

(5) (勾股定理) 设 X 是内积空间, $x, y \in X$, 且 $x \perp y$, 则

$$\|x + y\|^2 = \|x\|^2 + \|y\|^2.$$

证明 因为 $x \perp y$, 所以 $\langle x, y \rangle = 0$, $\langle y, x \rangle = 0$, 从而有

$$\|x + y\|^2 = \langle x + y, x + y \rangle$$
$$= \langle x, x \rangle + \langle x, y \rangle + \langle y, x \rangle + \langle y, y \rangle$$
$$= \langle x, x \rangle + \langle x, y \rangle = \|x\|^2 + \|y\|^2.$$

上述勾股定理可推广到 n 个两两正交元素的情形, 即若 $x_1, x_2, \cdots, x_n \in X$, 且 $x_i \perp x_j, i \neq j, i, j = 1, 2, \cdots, n$, 则有

$$\|x_1 + x_2 + \cdots + x_n\|^2 = \|x_1\|^2 + \|x_2\|^2 + \cdots + \|x_n\|^2. \qquad \diamond$$

(6) 设 X 是内积空间, 对 $\forall M \subset X$, $M^\perp$ 是 X 的闭线性子空间.

证明 先证 $M^\perp$ 是 X 的线性子空间. 对 $\forall x, y \in M^\perp, \forall \alpha, \beta \in F$ 及 $\forall z \in M$, 有 $\langle x, z \rangle = 0, \langle y, z \rangle = 0$, 故

$$\langle \alpha x + \beta y, z \rangle = \alpha \langle x, z \rangle + \beta \langle y, z \rangle = 0,$$

从而 $(\alpha x + \beta y) \perp z$, 由 $z \in M$ 的任意性知, $(\alpha x + \beta y) \perp M$. 因此 $(\alpha x + \beta y) \in M^\perp$, 即 $M^\perp$ 是 X 的线性子空间.

再证 $M^\perp$ 是闭的. 对于 $\forall \{x_n\} \subset M^\perp$, 且 $x_n \to x(n \to \infty)$, 任取 $z \in M$, 则有 $\langle x_n, z \rangle = 0$. 由内积的连续性得

$$\langle x, z \rangle = \langle \lim_{n \to \infty} x_n, z \rangle = \lim_{n \to \infty} \langle x_n, z \rangle = 0.$$

由 $z \in M$ 的任意性知 $x \in M^\perp$. 因此 $M^\perp$ 是 X 的闭的线性子空间.

(7) 设 X 是内积空间, 若 $\overline{M} = X$, 则 $M^\perp = \{\theta\}$.

证明　任取 $x \in M^\perp$, 则 $x \in X = \overline{M}$, 从而存在 $\{x_n\} \subset M$, 使得 $\lim\limits_{n \to \infty} x_n = x$. 由内积的连续性及 $x \in M^\perp$ 知,

$$\langle x, x \rangle = \langle \lim_{n \to \infty} x_n, x \rangle = \lim_{n \to \infty} \langle x_n, x \rangle = 0,$$

因此 $x = \theta$, 由 $x \in M^\perp$ 的任意性知, $M^\perp = \{\theta\}$.

(8) 对 $\forall M \subset X$, 若 $\theta \notin M$, 则 $M \cap M^\perp = \varnothing$; 若 $\theta \in M$, 则 $M \cap M^\perp = \{\theta\}$;

证明　任取 $x \in M \cap M^\perp$, 则 $x \in M$ 且 $x \in M^\perp$, 从而 $\langle x, x \rangle = 0$, 即 $x = \theta$. 由 x 的任意性知, $M \cap M^\perp \subset \{\theta\}$. 因此, 若 $\theta \notin M$, 则 $M \cap M^\perp = \varnothing$; 若 $\theta \in M$, 则 $M \cap M^\perp = \{\theta\}$.

3.3.2　变分原理与正交分解定理

定义 3.3.2　设 M 为内积空间 X 的子集, 若对于 $x \in X$, 存在 $x_0 \in M$, 使得 $\|x - x_0\|$ 等于 x 到 M 的距离 $d(x, M)$, 即

$$\|x - x_0\| = d(x, M) = \inf_{y \in M} \|x - y\|,$$

则称 x_0 为 x 在 M 中的**最佳逼近元**.

最佳逼近元何时存在? 若存在是否唯一? 下面的变分原理给出了回答.

定理 3.3.1 (变分原理)　设 M 是内积空间 X 的完备凸集, 则对 $\forall x \in X$, 必在 M 中存在唯一的最佳逼近元.

证明　先证存在性. 令 $d = d(x, M) = \inf\limits_{y \in M} \|x - y\|$, 则由下确界的定义知, $\exists \{y_n\} \subset M$, 使得 $\lim\limits_{n \to \infty} \|x - y_n\| = d$.

因 M 是凸集, 故对任意的自然数 m, n, 有 $(y_m + y_n)/2 \in M$. 由平行四边形法则得

$$\begin{aligned}
\|y_m - y_n\|^2 &= \|(x - y_n) - (x - y_m)\|^2 \\
&= 2(\|x - y_n\|^2 + \|x - y_m\|^2) - \|(x - y_n) + (x - y_m)\|^2 \\
&= 2(\|x - y_n\|^2 + \|x - y_m\|^2) - 4 \left\| x - \frac{y_n + y_m}{2} \right\|^2 \\
&\leqslant 2(\|x - y_n\|^2 + \|x - y_m\|^2) - 4d^2 \to 0 \quad (m, n \to \infty),
\end{aligned}$$

故 $\{y_n\}$ 是 M 中的基本列. 由 M 的完备性知, $\exists x_0 \in M$, 使得 $\lim\limits_{n \to \infty} y_n = x_0$. 从而有

$$\|x - x_0\| = \lim_{n \to \infty} \|x - y_n\| = d.$$

再证唯一性. 设还有 $\overline{x} \in M$, 使得 $\|x - \overline{x}\| = d$. 由平行四边形法则得

$$
\begin{aligned}
\|x_0 - \overline{x}\|^2 &= \|(x - \overline{x}) - (x - x_0)\|^2 \\
&= 2(\|x - \overline{x}\|^2 + \|x - x_0\|^2) - 4\left\|x - \frac{x_0 + \overline{x}}{2}\right\|^2 \\
&\leqslant 2(d^2 + d^2) - 4d^2 = 0.
\end{aligned}
$$

故有 $\overline{x} = x_0$, 从而唯一性得证.　　　　　　　　　　　　　　　　　　　　　　$\diamond$

若定理 3.3.1 的条件变为下列条件之一, 结论仍成立.

(1) M 是内积空间 X 的完备线性子空间;

(2) M 是 Hilbert 空间的闭凸集;

(3) M 是 Hilbert 空间的闭线性子空间.

定义 3.3.3　设 M 是内积空间 X 的线性子空间, $x \in X$, 如果存在 $x_0 \in M, z \in M^\perp$, 使得 $x = x_0 + z$, 则称 x_0 为 x 在 M 上的**投影**, 记为 $x_0 = P_M x$, 称 $x_0 + z$ 为 x 的**正交分解**.

一般情况下, X 中的某一元素在 X 的某线性子空间 M 上的投影未必存在. 但若投影存在, 投影必是唯一的. 事实上, 若 x_0, x_1 都是 x 在 M 上的投影, 则由定义有 $z = x - x_0, z_1 = x - x_1 \in M^\perp$, 于是 $x_0 - x_1 = z_1 - z \in M \cap M^\perp = \{\theta\}$, 故 $x_0 = x_1$.

定理 3.3.2 (正交分解定理或投影定理)　设 M 是内积空间 X 的完备线性子空间, 则对 $\forall x \in X$, 必在 M 上存在唯一的投影, 即必存在唯一的 $x_0 \in M$ 及 $z \in M^\perp$, 使得 $x = x_0 + z$.

证明　因 M 是 X 的完备线性子空间, 由变分原理知, x 在 M 中存在唯一的最佳逼近元 x_0, 令

$$
d = \|x - x_0\| = \inf_{y \in M} \|x - y\|
$$

现证 $x - x_0 \in M^\perp$. 任取复数 λ, 因 M 是 X 的线性子空间, 故对 $\forall y \in M$, 有 $x_0 + \lambda y \in M$, 且

$$
\begin{aligned}
d^2 &\leqslant \|x - (x_0 + \lambda y)\|^2 \\
&= \langle (x - x_0) - \lambda y, (x - x_0) - \lambda y \rangle \\
&= \|x - x_0\|^2 - \overline{\lambda}\langle x - x_0, y \rangle - \lambda\langle y, x - x_0 \rangle + |\lambda|^2 \|y\|^2.
\end{aligned}
$$

当 $y \neq \theta$ 时, 取 $\lambda = \langle x - x_0, y \rangle / \|y\|^2$, 代入上式得

$$
d^2 \leqslant d^2 - \frac{|\langle x - x_0, y \rangle|^2}{\|y\|^2}.
$$

由此可得 $\langle x - x_0, y \rangle = 0$. 又当 $y = \theta$ 时, 也有 $\langle x - x_0, y \rangle = 0$, 因而由 y 的任意性知, $x - x_0 \in M^\perp$. 令 $z = x - x_0$, 即有 $x = x_0 + z$. 投影的存在性得证. ◇

投影的唯一性已在定义 3.3.3 的后面证得.

若定理 3.3.2 中的条件换成 M 为 Hilbert 空间 X 的闭线性子空间, 结论也成立. 对于 Hilbert 空间 X 的闭线性子空间 M, 有 $X = M \oplus M^\perp$.

推论 3.3.1 设 M 为 Hilbert 空间 X 的真闭线性子空间, 则 $M^\perp$ 中必有非零元素.

证明 因 M 为 X 的真闭线性子空间, 故 $M \neq X$, 即存在 $x \in X - M$. 由正交分解定理知, 存在 $x_0 \in M, z \in M^\perp$, 使得 $x = x_0 + z$, 于是必有 $z \neq \theta$, 否则 $x = x_0 \in M$, 产生矛盾. ◇

推论 3.3.2 若 M 为 Hilbert 空间 X 的闭线性子空间, 则 $(M^\perp)^\perp = M$; 若 M 不闭, 则 $(M^\perp)^\perp = \overline{M}$.

证明 (1) 设 M 为 X 的闭线性子空间, 要证 $(M^\perp)^\perp = M$, 只需证 M 是 X 中与 $M^\perp$ 正交的元素全体构成的集合. 因 M 的元素都与 $M^\perp$ 的元素正交, 故 $M \subset (M^\perp)^\perp$.

假设 $X - M$ 中还有元素 x 与 $M^\perp$ 正交, 则由正交分解定理知, 存在 $x_0 \in M, z \in M^\perp$, 使得 $x = x_0 + z$, 从而

$$(x, z) = (x_0, z) + (z, z),$$

于是 $(z, z) = 0$, 即 $z = 0$, 因此 $x = x_0 \in M$, 这与假设矛盾. 所以 X 中与 $M^\perp$ 正交元素都在 M 中, 即 $M \supset (M^\perp)^\perp$. 故得 $M = (M^\perp)^\perp$.

(2) 设 M 为 X 的线性子空间, 且 M 不闭. 因 $\overline{M}$ 为 X 的闭线性子空间, 由 (1) 知 $(\overline{M}^\perp)^\perp = \overline{M}$. 要证 $(M^\perp)^\perp = \overline{M}$, 只需证 $\overline{M}^\perp = M^\perp$.

任取 $x \in M^\perp$, 对 $\forall y \in \overline{M}$, 存在 $\{y_n\} \subset M$, 使得 $\lim\limits_{n \to \infty} y_n = y$, 从而

$$\langle x, y \rangle = \langle x, \lim_{n \to \infty} y_n \rangle = \lim_{n \to \infty} \langle x, y_n \rangle = 0,$$

故 $x \in \overline{M}^\perp$. 再由 x 的任意性知, $M^\perp \subset \overline{M}^\perp$.

任取 $x \in \overline{M}^\perp$, 则 x 与 $\overline{M}$ 中的一切元素都正交, 当然与 M 中的元素都正交, 故 $x \in M^\perp$. 再由 x 的任意性知, $\overline{M}^\perp \subset M^\perp$. 因此得 $\overline{M}^\perp = M^\perp$. ◇

推论 3.3.3 设 M 为 Hilbert 空间 X 的线性子空间, 则 M 在 X 中稠密的充分必要条件是 $M^\perp = \{\theta\}$.

证明 必要性可由正交的性质 (7) 得到.

充分性. 设 $M^\perp = \{\theta\}$, 由推论 3.3.2 的证明知, $\overline{M}^\perp = M^\perp = \{\theta\}$, 由正交分解定理知, $X = \overline{M} \oplus \overline{M}^\perp = \overline{M}$, 即 M 在 X 中稠密. ◇

定理 3.3.3 (Frechet-Riesz 表示定理)　若 f 是 Hilbert 空间 X 上的有界线性泛函, 则存在唯一的 $x_0 \in X$, 使得对 $\forall x \in X$, 有 $f(x) = \langle x, x_0 \rangle$, 且 $\|f\| = \|x_0\|$.

证明　设 $M = \{x | x \in X, f(x) = 0\}$, 因 f 是 X 上的有界线性泛函, 故 f 是 X 上的连续线性泛函, 从而 M 是 X 的闭线性子空间.

(1) 若 $M = X$, 则对 $\forall x \in X$, 都有 $f(x) = 0$, 即 f 是零泛函, 此时取 $x_0 = \theta$ 即可.

(2) 若 $M \neq X$, 由推论 3.3.1 知 $M^\perp \neq \{\theta\}$, 因此存在非零元素 $x_1 \in M^\perp$, 且 $f(x_1) \neq 0$. 取 $x_2 = x_1/f(x_1)$, 则 $x_2 \in M^\perp, f(x_2) = 1$. 所以对 $\forall x \in X$, 有

$$f(x - f(x)x_2) = f(x) - f(x)f(x_2) = 0.$$

于是 $x - f(x)x_2 \in M$, 而且

$$0 = \langle x - f(x)x_2, x_2 \rangle = \langle x, x_2 \rangle - f(x)\|x_2\|^2.$$

因此 $f(x) = \langle x, x_2/\|x_2\|^2 \rangle$. 令 $x_0 = x_2/\|x_2\|^2$, 则对 $\forall x \in X$, 有

$$f(x) = \langle x, x_0 \rangle.$$

由 Schwarz 不等式得

$$|f(x)| = |\langle x, x_0 \rangle| \leqslant \|x\| \cdot \|x_0\|,$$

故 $\|f\| \leqslant \|x_0\|$, 又因

$$f\left(\frac{x_0}{\|x_0\|}\right) = \left\langle \frac{x_0}{\|x_0\|}, x_0 \right\rangle = \|x_0\|,$$

所以 $\|f\| \geqslant \|x_0\|$, 于是有 $\|f\| = \|x_0\|$.

下面证 x_0 的唯一性. 如果还有 $x_0' \in X$, 使得对 $\forall x \in X$, 有 $f(x) = \langle x, x_0' \rangle$, 则 $\langle x, x_0 \rangle = \langle x, x_0' \rangle$, 即 $\langle x, x_0 - x_0' \rangle = 0$. 由 x 的任意性, 取 $x = x_0 - x_0'$ 得, $\langle x_0 - x_0', x_0 - x_0' \rangle = 0$, 故 $x_0 = x_0'$. 唯一性得证.　　　　　　◇

3.3.3　正交分解定理的应用

正交分解定理是内积空间理论的重要基本定理. 由于投影 x_0 就是元素 $x \in X$ 在线性子空间 M 中的最佳逼近元, 因此正交分解定理在逼近论、概率论、优化方法和控制论等问题中都有广泛的应用. 那么如何求最佳逼近元呢? 这是我们下面将要讨论的最佳逼近元的实现问题.

定理 3.3.4　设 M 是 Hilbert 空间 X 的有限维子空间, $\{e_1, e_2, \cdots, e_n\}$ 为 M 的基, x_0 是 x 在 M 中的最佳逼近, 则

$$x_0 = (e_1, e_2, \cdots, e_n)G^{-1}(\langle x, e_1 \rangle, \langle x, e_2 \rangle, \cdots, \langle x, e_n \rangle)^\top,$$

其中 $G = (\langle e_i, e_j \rangle)_{n \times n}^\top$ 为基 $\{e_1, e_2, \cdots, e_n\}$ 的 Gram 矩阵.

证明 因 $x_0 \in M$, 故 $x_0 = c_1 e_1 + c_2 e_2 + \cdots + c_n e_n$. 因为 M 是有限维的, 所以 M 是 X 的闭子空间. 由正交分解定理知, $x - x_0 \in M^\top$, 则有

$$\langle x, e_j \rangle = \langle x - x_0 + x_0, e_j \rangle = \langle x_0, e_j \rangle = \sum_{i=1}^{n} c_i \langle e_i, e_j \rangle$$

$$= (\langle e_1, e_j \rangle, \langle e_2, e_j \rangle, \cdots, \langle e_n, e_j \rangle)(c_1, c_2, \cdots, c_n)^\top, \quad j = 1, 2, \cdots, n.$$

因此

$$(\langle x, e_1 \rangle, \langle x, e_2 \rangle, \cdots, \langle x, e_n \rangle)^\top = G(c_1, c_2, \cdots, c_n)^\top.$$

从而

$$(c_1, c_2, \cdots, c_n)^\top = G^{-1}(\langle x, e_1 \rangle, \langle x, e_2 \rangle, \cdots, \langle x, e_n \rangle)^\top.$$

于是

$$x_0 = c_1 e_1 + c_2 e_2 + \cdots + c_n e_n = (e_1, e_2, \cdots, e_n)(c_1, c_2, \cdots, c_n)^\top$$

$$= (e_1, e_2, \cdots, e_n)G^{-1}(\langle x, e_1 \rangle, \langle x, e_2 \rangle, \cdots, \langle x, e_n \rangle)^\top.$$

若 $\{e_1, e_2, \cdots, e_n\}$ 为 M 的标准正交基, 则 G 为单位矩阵, 此时

$$x_0 = \sum_{i=1}^{n} \langle x, e_i \rangle e_i. \qquad \diamond$$

例 3.3.1 (最佳平方逼近多项式) 求函数 $x = e^t$ 在 $[0, 1]$ 上的二次最佳平方逼近多项式.

解 设 $P_2[0,1]$ 为 $[0,1]$ 上次数不超过 2 的多项式全体, 则 $P_2[0,1]$ 是 $L^2[0,1]$ 的一个完备闭子空间. 取 $P_2[0,1]$ 的基为 $\{1, t, t^2\}$, 则

$$G = \begin{pmatrix} 1 & 1/2 & 1/3 \\ 1/2 & 1/3 & 1/4 \\ 1/3 & 1/4 & 1/5 \end{pmatrix},$$

$$\langle x, 1 \rangle = \int_0^1 e^t \mathrm{d}t = e - 1,$$

$$\langle x, t \rangle = \int_0^1 t e^t \mathrm{d}t = 1,$$

$$\langle x, t^2 \rangle = \int_0^1 t^2 e^t \mathrm{d}t = e - 2,$$

故得

$$P_2(t) = (1, t, t^2)G^{-1}(e - 1, 1, e - 2)^\top$$

$$\approx 1.01299 + 0.85114t + 0.83917t^2$$

为函数 $x = \mathrm{e}^t$ 在 $[0,1]$ 上的二次最佳平方逼近多项式.

已知线性代数方程组

$$Ax = b, \tag{3.3.1}$$

其中 $A = (a_{ij})_{m \times n}, b = (b_1, b_2, \cdots, b_n)^\top$. 将矩阵 A 写成有序列向量形式 $A = (a_1, a_2, \cdots, a_n)$, 其中 $a_j = (a_{1j}, a_{2j}, \cdots, a_{mj})^\top, j = 1, 2, \cdots, n$. 令解向量 $x^\top = (x_1, x_2, \cdots, x_n)$, 则方程组 (3.3.1) 可写为

$$\sum_{j=1}^{n} x_j a_j = b.$$

从而可得, 方程组 (3.3.1) 有解的充分必要条件是向量 b 可以表示为向量组 $\{a_1, a_2, \cdots, a_n\}$ 的线性组合. 若记 $R(A) = \mathrm{span}\{a_1, a_2, \cdots, a_n\}$, 则 $R(A) \subset \mathbf{R}^n$, 故方程组 (3.3.1) 有解的充分必要条件也为向量 $b \in R(A)$.

若 $b \notin R(A)$, 则方程组 (3.3.1) 是矛盾方程组. 显然, 求此矛盾方程组近似解的方法是用 $R(A)$ 中的元素近似向量 b, 即求向量 b 在 $R(A)$ 中的最佳逼近元 b_0,

$$\|b - b_0\| = \inf_{x \in \mathbf{R}^n} \|b - Ax\|,$$

然后再解方程组

$$Ax = b_0. \tag{3.3.2}$$

例 3.3.2 (矛盾方程组的求解) 若 $b \notin R(A)$, A 的列向量组线性无关, 试求解矛盾方程组 (3.3.1).

解 因 A 的列向量组 $\{a_1, a_2, \cdots, a_n\}$ 线性无关, 则由定理 3.3.4 得

$$b_0 = (a_1, a_2, \cdots, a_n) G^{-1} (\langle b, a_1 \rangle, \langle b, a_2 \rangle, \cdots, \langle b, a_n \rangle)^\top,$$

其中 $G = (\langle a_i, a_j \rangle)_{n \times n}^\top$, 从而

$$b_0 = A(A^\top A)^{-1} A^\top b.$$

因此方程组 (3.3.2) 为

$$Ax = A(A^\top A)^{-1} A^\top b,$$

即为

$$A^\top Ax = A^\top b. \tag{3.3.3}$$

于是方程组 (3.3.3) 的解

$$x = (A^\top A)^{-1} A^\top b$$

为矛盾方程组 (3.3.1) 的**最小二乘解**.

矛盾方程组的求解在试验数据处理问题中有着广泛的应用.

例 3.3.3 (最小二乘估计) 对于线性弹簧, 作用在弹簧上的拉力 y 与其伸长 x 成正比, 即 $y = kx$. 因为只有一个常数 k 待定, 所以只需一次实验就可以确定 k 了. 但因试验总有误差, 为了更准确地确定 k, 往往要做多次试验. 已知 $n(n \geqslant 1)$ 次试验的结果为 $y_i = kx_i, i = 1, 2, \cdots, n$, 试估计弹簧的刚度 k.

解 可将 $y_i = kx_i, i = 1, 2, \cdots, n$ 看成关于未知量 k 的矛盾方程组. 令 $x = (x_1, x_2, \cdots, x_n)^\top, y = (y_1, y_2, \cdots, y_n)^\top$, 此矛盾方程组可写为

$$xk = y.$$

由例 3.3.2 的结果可知, 其最小二乘解为

$$k = (x^\top x)^{-1} x^\top y = \frac{\sum_{i=1}^{n}(x_i y_i)}{\sum_{i=1}^{n} x_i^2}. \qquad \diamond$$

3.4 Hilbert 空间中的 Fourier 分析

3.4.1 标准正交系

定义 3.4.1 设 M 为内积空间 X 不含零元素的子集, 若 M 中的任意两个不同元素都正交, 则称 M 为 X 的一个正交系; 若正交系 M 中的每个元素的范数均为 1, 则称 M 为 X 的一个标准正交系(或正规正交系).

在 $\mathbf{R}^n$ 中, $\{e_1 = (1, 0, \cdots, 0), e_2 = (0, 1, \cdots, 0), \cdots, e_n = (0, 0, \cdots, 1)\}$ 为一个标准正交系.

在 l^2 中, $\{e_n = (\underbrace{0, 0, \cdots, 0}_{n-1}, 1, 0, \cdots)\}_{n=1}^{\infty}$ 为一个标准正交系.

在实 $L^2[-\pi, \pi]$ 中, 若定义内积为

$$\langle f, g \rangle = \int_{-\pi}^{\pi} f(x)g(x)\mathrm{d}x, \quad \forall f, g \in L^2[-\pi, \pi],$$

则三角函数系

$$\left\{ \frac{1}{\sqrt{2\pi}}, \frac{1}{\sqrt{\pi}}\cos x, \frac{1}{\sqrt{\pi}}\sin x, \cdots, \frac{1}{\sqrt{\pi}}\cos nx, \frac{1}{\sqrt{\pi}}\sin nx, \cdots \right\}$$

为一个标准正交系.

在复 $L^2[-\pi,\pi]$ 中, 若定义内积为

$$\langle f,g\rangle = \int_{-\pi}^{\pi} f(x)\overline{g(x)}\mathrm{d}x, \quad \forall f,g \in L^2[-\pi,\pi],$$

则 $\{\mathrm{e}^{\mathrm{i}nx}/\sqrt{2\pi}\}_{n=1}^{\infty}$ 为一个标准正交系.

定理 3.4.1   正交系中的元素都是线性无关的.

证明   任取正交系中的有限个元素 $x_1, x_2, \cdots, x_n$, 并令

$$\alpha_1 x_1 + \alpha_2 x_2 + \cdots + \alpha_n x_n = \theta,$$

则有

$$\begin{aligned}
\alpha_i \|x_i\|^2 &= \alpha_i\langle x_i, x_i\rangle = \langle \alpha_i x_i, x_i\rangle \\
&= \langle \alpha_1 x_1 + \alpha_2 x_2 + \cdots + \alpha_n x_n, x_i\rangle \\
&= \langle \theta, x_i\rangle = 0, \quad i = 1, 2, \cdots, n.
\end{aligned}$$

因为 $x_i \neq \theta$, 所以 $\alpha_i = 0$, $i = 1, 2, \cdots, n$. 故 $x_1, x_2, \cdots, x_n$ 线性无关.   ◇

由定理 3.4.1 知, 标准正交系中的元素必线性无关. 但线性无关元素组未必是标准正交系. 是否可以由线性无关元素组得到标准正交系呢? 下面的定理给出了回答.

定理 3.4.2 (Gram-Schmidt 正交化方法)   设 X 是内积空间, $\{x_n\}$ 是 X 的线性无关子集, 则存在标准正交系 $\{e_n\}$, 使得对任意自然数 n, 有

$$\mathrm{span}\{e_1, e_2, \cdots, e_n\} = \mathrm{span}\{x_1, x_2, \cdots, x_n\}.$$

证明   因 $x_1 \neq \theta$, 令 $e_1 = x_1/\|x_1\|$, 则 $\|e_1\| = 1$, 且 $\mathrm{span}\{e_1\} = \mathrm{span}\{x_1\}$.

令 $e_2' = x_2 - \langle x_2, e_1\rangle e_1$, 由 x_2 与 x_1 线性无关, 知 x_2 与 e_1 也线性无关, 故 $e_2' \neq \theta$, 且

$$\langle e_2', e_1\rangle = \langle x_2, e_1\rangle - \langle x_2, e_1\rangle\langle e_1, e_1\rangle = 0.$$

故 $e_2' \perp e_1$. 再令 $e_2 = e_2'/\|e_2'\|$, 则 $\|e_2\| = 1, e_2 \perp e_1$, 且 $\mathrm{span}\{e_1, e_2\} = \mathrm{span}\{x_1, x_2\}$.

一般地, 假设 $e_1, e_2, \cdots, e_k$ 为标准正交系, 且

$$\mathrm{span}\{e_1, e_2, \cdots, e_k\} = \mathrm{span}\{x_1, x_2, \cdots, x_k\}.$$

令 $e_{k+1}' = x_{k+1} - \sum_{i=1}^{k}\langle x_{k+1}, e_i\rangle e_i$, 由 $x_1, x_2, \cdots, x_k, x_{k+1}$ 线性无关, 知 $x_1, x_2, \cdots, x_k,$ e_{k+1}' 也线性无关, 故 $e_{k+1}' \neq \theta$, 且对于 $j = 1, 2, \cdots, k$, 有

$$\langle e_{k+1}', e_j\rangle = \langle x_{k+1}, e_j\rangle - \sum_{i=1}^{k}\langle x_{k+1}, e_i\rangle\langle e_i, e_j\rangle$$

$$= \langle x_{k+1}, e_j \rangle - \langle x_{k+1}, e_j \rangle = 0,$$

即 $e'_{k+1} \perp e_j, j = 1, 2, \cdots, k.$ 令 $e_{k+1} = \dfrac{e'_{k+1}}{\|e'_{k+1}\|}$, 则 $\|e_{k+1}\| = 1$, 从而 $\{e_1, e_2, \cdots, e_k,$ $e_{k+1}\}$ 为标准正交系, 而且 e_{k+1} 是 $e_1, e_2, \cdots, e_k, x_{k+1}$ 的线性组合. 又因

$$x_{k+1} = e'_{k+1} + \sum_{i=1}^{k} \langle x_{k+1}, e_i \rangle e_i = \|e'_{k+1}\| e_{k+1} + \sum_{i=1}^{k} \langle x_{k+1}, e_i \rangle e_i,$$

故 x_{k+1} 是 $e_1, e_2, \cdots, e_k, e_{k+1}$ 的线性组合, 且

$$\operatorname{span}\{e_1, e_2, \cdots, e_{k+1}\} = \operatorname{span}\{x_1, x_2, \cdots, x_{k+1}\}. \qquad \diamond$$

定理 3.4.3 (Bessel 不等式)　设 $\{e_k\}$ 是内积空间 X 的一个标准正交系, 则对 $\forall x \in X$ 及任意的自然数 n, 有

$$\left\| x - \sum_{k=1}^{n} \langle x, e_k \rangle e_k \right\|^2 = \|x\|^2 - \sum_{k=1}^{n} |\langle x, e_k \rangle|^2 \tag{3.4.1}$$

和 Bessel 不等式

$$\sum_{k=1}^{\infty} |\langle x, e_k \rangle|^2 \leqslant \|x\|^2. \tag{3.4.2}$$

证明　令 $x_n = x - \sum_{k=1}^{n} \langle x, e_k \rangle e_k$, 则 $x_n \perp e_k, k = 1, 2, \cdots, n.$ 由勾股定理得

$$\|x\|^2 = \|x_n\|^2 + \left\| \sum_{k=1}^{n} \langle x, e_k \rangle e_k \right\|^2$$

$$= \|x_n\|^2 + \sum_{k=1}^{n} |\langle x, e_k \rangle|^2 \|e_k\|^2$$

$$= \|x_n\|^2 + \sum_{k=1}^{n} |\langle x, e_k \rangle|^2 \geqslant \sum_{k=1}^{n} |\langle x, e_k \rangle|^2. \tag{3.4.3}$$

因此有 (3.4.1) 式成立. 在 (3.4.3) 式中, 令 $n \to \infty$ 就得 Bessel 不等式 (3.4.2).　　$\diamond$

当 Bessel 不等式的等号成立时, 即

$$\|x\|^2 = \sum_{k=1}^{\infty} |\langle x, e_k \rangle|^2,$$

称为 **Parseval 等式**, 此时有

$$\left\| x - \sum_{k=1}^{n} \langle x, e_k \rangle e_k \right\| \to 0 \quad (n \to \infty).$$

3.4.2　Fourier 级数

定义 3.4.2　设 $\{e_n\}$ 是内积空间 X 中的一个标准正交系, 对 $\forall x \in X$, 称级数

$$\sum_{n=1}^{\infty} \langle x, e_n \rangle e_n$$

为 x 关于 $\{e_n\}$ 的**Fourier 级数**, 称数 $\langle x, e_n \rangle$ 为 x 关于 $\{e_n\}$ 的**Fourier 系数**.

在实 $L^2[-\pi, \pi]$ 中,

$$\left\{ \frac{1}{\sqrt{2\pi}}, \frac{1}{\sqrt{\pi}} \cos x, \frac{1}{\sqrt{\pi}} \sin x, \cdots, \frac{1}{\sqrt{\pi}} \cos nx, \frac{1}{\sqrt{\pi}} \sin nx, \cdots \right\}$$

为一个标准正交系, 且对 $\forall x \in L^2[-\pi, \pi]$, 其 Fourier 系数为

$$a_0 = \frac{1}{2\pi} \int_{-\pi}^{\pi} f(x)\mathrm{d}x,$$

$$a_n = \frac{1}{\pi} \int_{-\pi}^{\pi} f(x) \cos nx \mathrm{d}x, \quad n = 1, 2, \cdots,$$

$$b_n = \frac{1}{\pi} \int_{-\pi}^{\pi} f(x) \sin nx \mathrm{d}x, \quad n = 1, 2, \cdots.$$

$f(x)$ 的 Fourier 级数为

$$f(x) \sim \frac{a_0}{2} + \sum_{n=1}^{\infty} (a_n \cos nx + b_n \sin nx).$$

那么内积空间中的元素 x 的 Fourier 级数是否收敛? 若收敛是否收敛到 x 呢? 对于第一个问题, 在 Hilbert 空间中有如下的结论.

定理 3.4.4　设 $\{e_n\}$ 是 Hilbert 空间 X 的一个标准正交系, 则对于 $\forall x \in X$, x 的 Fourier 级数 $\sum\limits_{k=1}^{\infty} \langle x, e_k \rangle e_k$ 在 X 中收敛, 且有

$$\left\| x - \sum_{k=1}^{\infty} \langle x, e_k \rangle e_k \right\|^2 = \|x\|^2 - \sum_{k=1}^{\infty} |\langle x, e_k \rangle|^2. \tag{3.4.4}$$

证明　设 $S_n = \sum\limits_{k=1}^{n} \langle x, e_k \rangle e_k$. 则对任意的自然数 n, p, 有

$$\|S_{n+p} - S_n\|^2 = \left\| \sum_{k=n+1}^{n+p} \langle x, e_k \rangle e_k \right\|^2 = \sum_{k=n+1}^{n+p} |\langle x, e_k \rangle|^2.$$

由 Bessel 不等式知, 正项级数 $\sum\limits_{k=1}^{\infty} |\langle x, e_k \rangle|^2$ 收敛, 故当 $n \to \infty$ 时, $\sum\limits_{k=n+1}^{n+p} |\langle x, e_k \rangle|^2 \to 0$, 所以 $\{S_n\}$ 是基本列. 由于 X 是 Hilbert 空间, 故 X 是完备的, 从而 $\lim\limits_{n \to \infty} S_n =$

$\sum\limits_{k=1}^{\infty} \langle x, e_k \rangle e_k$. 又因

$$\left(x - \sum_{k=1}^{\infty} \langle x, e_k \rangle e_k \right) \perp \sum_{k=1}^{\infty} \langle x, e_k \rangle e_k,$$

由勾股定理可得

$$\|x\|^2 = \left\| x - \sum_{k=1}^{\infty} \langle x, e_k \rangle e_k \right\|^2 + \left\| \sum_{k=1}^{\infty} \langle x, e_k \rangle e_k \right\|^2$$

$$= \left\| x - \sum_{k=1}^{\infty} \langle x, e_k \rangle e_k \right\|^2 + \sum_{k=1}^{\infty} |\langle x, e_k \rangle|^2.$$

于是得 (3.4.4) 式. ◇

在上述定理中, 级数 $\sum\limits_{k=1}^{\infty} \langle x, e_k \rangle e_k$ 并不一定收敛于 x, 能否收敛到 x 与所选的标准正交系有关.

定义 3.4.3 极大的标准正交系 M 称为**完全标准正交系**, 即 M 不可能再添加任何元素使添加后的集合仍为标准正交系, 亦即不存在与 M 的 所有元素都正交的非零元素. 完全的标准正交系也称为**标准正交基**(或**正规正交基**).

在前面给出的 $\mathbf{R}^n, l^2$, 实 $L^2[-\pi, \pi]$ 和复 $L^2[-\pi, \pi]$ 空间中的标准正交系分别是各自空间的标准正交基.

由 GramG-Schmidt 正交化方法可以证明 Legendre 多项式 $\{P_n(x)\}$ 为实 $L^2[-1, 1]$ 空间的标准正交基, 其中

$$P_n(x) = \frac{1}{2^n n!} \frac{\mathrm{d}^n}{\mathrm{d}x^n} (x^2 - 1)^n, \quad n = 0, 1, 2, \cdots.$$

定义 3.4.4 设 $\{e_n\}$ 是内积空间 X 中的一个标准正交系, 如果对 $\forall x \in X$, Parseval 等式

$$\|x\|^2 = \sum_{k=1}^{\infty} |\langle x, e_k \rangle|^2$$

成立, 则称 $\{e_n\}$ 为**完备标准正交系**.

定理 3.4.5 设 $S = \{e_k\}$ 为 Hilbert 空间 X 中的标准正交系, 则下述条件是等价的:

(1) 对 $\forall x \in X$, x 可以展成它的 Fourier 级数, 即 $x = \sum\limits_{k=1}^{\infty} \langle x, e_k \rangle e_k$;

(2) 对 $\forall x, y \in X$, 有 $\langle x, y \rangle = \sum\limits_{k=1}^{\infty} \langle x, e_k \rangle \overline{\langle y, e_k \rangle}$;

(3) S 是 X 的完备标准正交系;

(4) S 是 X 的完全标准正交系;

(5) $S^{\perp} = \{\theta\}$;

(6) $\overline{\mathrm{span}S} = X$.

证明　(1)$\Rightarrow$(2)　若条件 (1) 成立, 对 $\forall x, y \in H$, 有

$$x = \sum_{k=1}^{\infty} \langle x, e_k \rangle e_k = \lim_{k \to \infty} \sum_{k=1}^{n} \langle x, e_k \rangle e_k,$$

$$y = \sum_{k=1}^{\infty} \langle y, e_k \rangle e_k = \lim_{k \to \infty} \sum_{k=1}^{n} \langle y, e_k \rangle e_k,$$

从而可得

$$\langle x, y \rangle = \lim_{k \to \infty} \left\langle \sum_{k=1}^{n} \langle x, e_k \rangle e_k, \sum_{k=1}^{n} \langle y, e_k \rangle e_k \right\rangle$$

$$= \lim_{k \to \infty} \sum_{k=1}^{n} \langle x, e_k \rangle \overline{\langle y, e_k \rangle} = \sum_{k=1}^{\infty} \langle x, e_k \rangle \overline{\langle y, e_k \rangle}.$$

(2)$\Rightarrow$(3)　若条件 (2) 成立, 取 $x = y$, 则得

$$\|x\|^2 = \langle x, x \rangle = \sum_{k=1}^{\infty} \langle x, e_k \rangle \overline{\langle x, e_k \rangle} = \sum_{k=1}^{\infty} |\langle x, e_k \rangle|^2.$$

(3)$\Rightarrow$(4)　若条件 (3) 成立, 假设 S 不是完全的, 则存在 $e_0 \in X, \|e_0\| = 1$, 使得 $e_0 \perp S$, 从而有

$$\sum_{k=1}^{\infty} |\langle e_0, e_k \rangle|^2 = 0,$$

由 (3) 知

$$\|e_0\|^2 = \sum_{k=1}^{\infty} |\langle e_0, e_k \rangle|^2 = 0,$$

产生矛盾, 故假设不正确, 于是 S 是完全的标准正交系.

(4)$\Rightarrow$(5)　若条件 (4) 成立, 由完全的标准正交系的定义知, $S^{\perp} = \{\theta\}$.

(5)$\Rightarrow$(6)　若条件 (5) 成立, 由于 $(\mathrm{span}S)^{\perp} = S^{\perp}$, 从而

$$S^{\perp} = \{\theta\} \Leftrightarrow (\mathrm{span}S)^{\perp} = \{\theta\} \Leftrightarrow \overline{\mathrm{span}S} = X.$$

(6)$\Rightarrow$(1)　若条件 (6) 成立, 因 X 是 Hilbert 空间, 由定理 3.4.4 知, 对 $\forall x \in X$, 其 Fourier 级数 $\sum_{k=1}^{\infty} \langle x, e_k \rangle e_k$ 收敛. 令 $y = x - \sum_{k=1}^{\infty} \langle x, e_k \rangle e_k$, 对 $i = 1, 2, \cdots$, 有

$$\langle y, e_i \rangle = \langle x, e_i \rangle - \left\langle \sum_{k=1}^{\infty} \langle x, e_k \rangle e_k, e_i \right\rangle$$

$$= \langle x, e_i \rangle - \sum_{k=1}^{\infty} \langle x, e_k \rangle \langle e_k, e_i \rangle$$

$$= \langle x, e_i \rangle - \langle x, e_i \rangle = 0,$$

故 $y \in S^{\perp}$. 因条件 (6) 成立, 所以 $y \in X = \overline{\mathrm{span}S}$, 从而存在 $\{y_n\} \subset \mathrm{span}S$, 使得 $\lim\limits_{n \to \infty} y_n = y$. 显然, $y \perp \{y_n\}$, 因此有

$$\|y\|^2 = \langle y, y \rangle = \langle \lim_{n \to \infty} y_n, y \rangle = \lim_{n \to \infty} \langle y_n, y \rangle = 0,$$

于是 $y = \theta$, 即

$$x = \sum_{k=1}^{\infty} \langle x, e_k \rangle e_k. \qquad \diamond$$

定理 3.4.6 设 X 是 Hilbert 空间, 则 X 有一个至多可数的完全正交标准系的充分必要条件是 X 可分.

证明 必要性. 设 $\{e_n\}$ 是 X 中的一个完全正交标准系, 则对任意自然数 n 及有理数 $r_k, k = 1, 2, \cdots, n$ 集合 $M = \left\{ \sum\limits_{k=1}^{n} r_k e_k \right\}$ 就是 X 的一个可数的稠密子集, 故 X 可分.

充分性. 设 X 可分, 则 X 有一个可数的稠密子集, 记为 $M = \{x_n\}$. 取 y_1 为 M 中第一个非零元素, y_2 为 M 中第一个与 y_1 线性无关的元素, y_3 为 M 中第一个与 y_1, y_2 线性无关的元素, 如此下去, 得 $\{y_n\}$ 为线性无关集, 利用 Gram–Schmidt 正交化方法将其标准正交化, 得 X 的一个标准正交系 $\{e_n\}$. 因

$$\mathrm{span}\{e_n\} = \mathrm{span}\{y_n\} = \mathrm{span}\{x_n\},$$

又 $\overline{M} = X$, 故有

$$\overline{\mathrm{span}\{e_n\}} = X.$$

再由定理 3.4.5 知, $\{e_n\}$ 为完全标准正交系. $\qquad \diamond$

3.5 Hilbert 空间的同构

定义 3.5.1 设 $(X, \langle \cdot, \cdot \rangle_X), (Y, \langle \cdot, \cdot \rangle_Y)$ 为数域 F 上的内积空间, 若存在一一对应的线性映射 $T : X \to Y$, 使得对 $\forall x, y \in X$, 都有

$$\langle Tx, Ty \rangle_Y = \langle x, y \rangle_X$$

成立, 则称 T 为 X 到 Y 的**内积同构映射**, 并称 $(X, \langle \cdot, \cdot \rangle_X)$ 与 $(Y, \langle \cdot, \cdot \rangle_Y)$**内积同构**.

定理 3.5.1 n 维 Hilbert 空间与 n 维 Euclid 空间 K^n 内积同构.

证明   设 X 是 n 维 Hilbert 空间, 则 X 中有 n 个线性无关向量, 由 Gram-Schmidt 正交化方法, 可将它们化为标准正交基 $\{e_1, e_2, \cdots, e_n\}$. 作 X 到 K^n 的线性映射 T,

$$Tx = (\langle x, e_1 \rangle, \langle x, e_2 \rangle, \cdots, \langle x, e_n \rangle),$$

则 T 是一一映射, 且由定理 3.4.5 知

$$\langle x, y \rangle = \sum_{k=1}^{n} \langle x, e_k \rangle \overline{\langle y, e_k \rangle} = \langle Tx, Ty \rangle,$$

故 T 是 X 到 K^n 上的内积同构映射, 从而 X 与 K^n 内积同构. $\diamond$

定理 3.5.2 (Riesz-Fisher 定理) 设 $\{e_n\}$ 是 Hilbert 空间 X 的标准正交系, 则对于 $\forall (x_1, x_2, \cdots) \in l^2$, 必存在唯一的 $x \in X$, 使得

$$x = \sum_{k=1}^{\infty} \langle x, e_k \rangle e_k = \lim_{n \to \infty} \sum_{k=1}^{n} \langle x, e_k \rangle e_k,$$

并且有 Parseval 等式

$$\|x\|^2 = \sum_{k=1}^{\infty} |\langle x, e_k \rangle|^2.$$

证明   令 $y_n = \sum_{k=1}^{n} \langle x, e_k \rangle e_k$, 则 $y_n \in X$. 对任意的自然数 p, 当 $n \to \infty$ 时, 有

$$\|y_{n+p} - y_n\|^2 = \left\| \sum_{k=n+1}^{n+p} \langle x, e_k \rangle e_k \right\|^2 = \sum_{k=n+1}^{n+p} |\langle x, e_k \rangle|^2 \to 0.$$

故 $\{y_n\}$ 为 X 中的基本列. 因为 X 是完备的, 所以存在唯一的 $x \in X$, 使得

$$x = \lim_{n \to \infty} y_n = \sum_{k=1}^{\infty} \langle x, e_k \rangle e_k,$$

因此有

$$\langle x, e_k \rangle = \lim_{n \to \infty} \langle y_n, e_k \rangle, \quad k = 1, 2, \cdots.$$

又因

$$\left\| x - \sum_{k=1}^{n} \langle x, e_k \rangle e_k \right\|^2 = \|x\|^2 - \sum_{k=1}^{n} |\langle x, e_k \rangle|^2,$$

由 $\lim_{n \to \infty} y_n = x$, 得

$$\|x\|^2 = \sum_{k=1}^{n} |\langle x, e_k \rangle|^2.$$ $\diamond$

定理 3.5.3　无限维可分 Hilbert 空间与 l^2 内积同构.

证明　设 X 是无限维可分 Hilbert 空间, 则由定理 3.4.6 可知, X 中有由可数个元素构成的标准正交基 $\{e_n\}$. 对 $\forall x \in X$, 令 $Tx = (\langle x, e_1 \rangle, \langle x, e_2 \rangle, \cdots)$, 由 Bessel 不等式知

$$\sum_{k=1}^{\infty} |\langle x, e_k \rangle|^2 \leqslant \|x\|^2,$$

故 $Tx \in l^2$, 从而 T 是 X 到 l^2 的线性映射.

现证 T 是单射. 若对 $x, y \in X$ 及任意自然数 n, 有 $\langle x, e_n \rangle = \langle y, e_n \rangle$, 则

$$x = \sum_{k=1}^{\infty} \langle x, e_k \rangle e_k = \sum_{k=1}^{\infty} \langle y, e_k \rangle e_k = y.$$

故 T 是单射.

再证 T 是满射. 对 $\forall y = (\alpha_1, \alpha_2, \cdots)$, 由 Riesz-Fisher 定理知

$$x = \sum_{k=1}^{\infty} \alpha_k e_k \in X,$$

而且 $\alpha_k = \langle x, e_k \rangle$, 故 $Tx = y$, 于是 T 是 X 到 l^2 的满射. 因此 T 是 X 到 l^2 的内积同构映射, 从而 X 与 l^2 内积同构.　　　　　　　　　　　　　　　　　$\diamond$

推论 3.5.1　$L^2[0,1]$ 空间与 l^2 空间内积同构.

习　题　3

1. 设 X 为内积空间, 证明对 $\forall x \in X$, 有 $\langle x, \theta \rangle = \langle \theta, x \rangle = 0$.

2. 设 X 为实内积空间, $x, y \in X$, 若 $\|x\| = \|y\|$, 则 $\langle x + y, x - y \rangle = 0$.

3. 设 X 为内积空间, $x, y \in X$, 若对 $\forall z \in X$, 都有 $\langle x, z \rangle = \langle y, z \rangle$, 则 $x = y$.

4. 证明内积对于第二变元是共轭线性的.

5. 试在 $C[a,b]$ 上定义一种内积, 并写出由此内积诱导出的范数与距离.

6. 若将几乎处处相等的函数看作同一函数, 证明对 $\forall f(x), g(x) \in L^2[a,b]$,

$$\langle f, g \rangle = \int_a^b f(x)\overline{g(x)}\mathrm{d}x$$

是 $L^2[a,b]$ 上的内积.

7. 设 $\{x_n\}$ 是内积空间 X 中的点列, 则 $x_n \to x$ 的充分必要条件是 $\lim\limits_{n \to \infty} \|x_n\| = \|x\|$, 对 $\forall y \in X$, $\lim\limits_{n \to \infty} \langle x_n, y \rangle = \langle x, y \rangle$.

8. 在 $\mathbf{R}^n$ 空间中, 对 $\forall x = (x_1, x_2, \cdots, x_n) \in \mathbf{R}^n$ 定义范数

$$\|x\| = \sqrt{x_1^4 + x_2^4 + \cdots + x_n^4},$$

证明此范数不能诱导内积.

9. 设 $X_1, X_2, \cdots, X_n, \cdots$ 是一系列内积空间, F 为数域, 令

$$X = \left\{ (x_1, x_2, \cdots, x_n, \cdots) \bigg| \sum_{n=1}^{\infty} \|x_n\|^2 < \infty, x_n \in X_n, n = 1, 2, \cdots \right\},$$

对 $\forall x, y \in X$ 及 $\forall \alpha, \beta \in F$, 在 X 中定义线性运算

$$\alpha x + \beta y = (\alpha x_1 + \beta y_1, \alpha x_2 + \beta y_2, \cdots, \alpha x_n + \beta y_n, \cdots),$$

并定义 $\langle x, y \rangle = \sum_{n=1}^{\infty} \langle x_n, y_n \rangle$. 证明 X 为一内积空间.

10. 设 X 为实内积空间, $x, y \in X$, 若 $\|x + y\|^2 = \|x\|^2 + \|y\|^2$, 则 $x \perp y$; 若 X 为复内积空间, 结论是否成立?

11. 设 M, N 是内积空间 X 的子集, 则

(1) 若 $M \subset N$, 则 $N^{\perp} \subset M^{\perp}$;

(2) 若 $M \perp N$, 则 $N \subset M^{\perp}, M \subset N^{\perp}$.

12. 设 M 是内积空间 X 的线性子空间, 若对 $\forall x \in X$, x 在 M 上有正交投影, 则 M 是闭线性子空间.

13. 设 X 是数域 F 上的内积空间, $x, y \in X$, 则 $x \perp y$ 的充分必要条件是对 $\forall \alpha \in F$, 有

$$\|x + \alpha y\| = \|x - \alpha y\|.$$

14. 设 M 是 Hilbert 空间 X 的线性子空间, $M^{\perp} = \{\theta\}$, 证明 M 在 X 中稠密.

15. 设 $x_1, x_2, \cdots, x_n$ 是内积空间 X 中两两正交的元素组, 证明

$$\left\| \sum_{k=1}^{n} x_k \right\|^2 = \sum_{k=1}^{n} \|x_k\|^2.$$

16. 设 M 是 Hilbert 空间 X 的子集, 证明 $(M^{\perp})^{\perp}$ 是包含 M 的最小闭子空间.

17. 在实连续函数空间 $C[-1, 1]$ 中定义内积

$$\langle f, g \rangle = \int_{-1}^{1} f(x) g(x) \mathrm{d}x, \quad \forall f, g \in C[-1, 1].$$

如果 M 为 $C[-1, 1]$ 中奇函数的全体, 证明 $M^{\perp}$ 为 $C[-1, 1]$ 中偶函数的全体, 并对 $\forall x \in C[-1, 1]$, 求 x 在 M 上的投影.

18. 设 X 为内积空间, F 为数域, $x, y \in X$, 则 $x \perp y$ 的充分必要条件是对 $\forall \alpha \in F$, 都有 $\|x + \alpha y\| \geqslant \|x\|$.

19. 设 X 为 Hilbert 空间, 元素列 $\{x_n\} \subset X$ 且两两正交, 证明级数 $\sum\limits_{n=1}^{\infty} x_n$ 收敛的充分必要条件是级数 $\sum\limits_{n=1}^{\infty} \|x_n\|^2$ 收敛.

20. 在 $C[-1,1] = X$ 中, 令 $M_1 = \{f \in X | f(x) = 0, \forall x < 0\}$, $M_2 = \{f \in X | f(0) = 0\}$. 试求 M_1, M_2 在 X 中关于内积

$$\langle f, g \rangle = \int_{-1}^{1} f(x) \overline{g(x)} \mathrm{d}x$$

的正交补.

21. 在 $L^2[0,1]$ 中求出下列集合的正交补,

(1) M_1 是关于 x 的多项式;

(2) M_2 是关于 x^2 的多项式;

(3) M_3 是常数项为零的多项式全体;

(4) M_4 是各项系数和为零的多项式全体.

22. 设 M_1, M_2 是 Hilbert 空间 X 的子空间, $M_1 \perp M_2$, $M = M_1 \oplus M_2$, 证明 M 是 X 的闭子空间的充分必要条件是 M_1, M_2 均为 X 的闭子空间.

23. 设 M 是 Hilbert 空间 X 的子空间, 且对 $\forall x \in X$, x 在 M 上的投影都存在, 证明 M 是 X 的闭子空间.

24. 设 $y(t) \in C[0,1]$, 定义 $C[0,1]$ 上的泛函为

$$f(x) = \int_0^1 x(t)y(t)\mathrm{d}t, \quad \forall x(t) \in C[0,1],$$

试求 $\|f\|$.

25. 在 l^2 中, 任意固定自然数 N, 定义 l^2 上的线性泛函为: 对 $\forall x = \{x_n\}, f(x) = x_N$. 试求 l^2 中的元素 x_0, 使得对 $\forall x \in l^2$, 有 $f(x) = \langle x, x_0 \rangle$.

26. 在 $[0, \pi]$ 上求 $f(x) = \sin x$ 的二次最佳平方逼近多项式.

27. 对于相互独立的随机变量 $X_1, X_2, \cdots, X_m$ 和随机变量 Y, 有 n 组样本值

$$x_{ij}, y_i, \quad i = 1, 2, \cdots, n; j = 1, 2, \cdots, m; n > m.$$

试求估计式 $Y = \sum_{j=1}^{m} \beta_j X_j$, 使得

$$\sum_{i=1}^{n} \left(y_i - \sum_{j=1}^{m} \beta_j x_{ij} \right)^2$$

达到最小.

28. 证明内积空间中的任何标准正交系都是线性无关的.

29. 在内积空间 l^2 中给出一个使 Bessel 不等式成为严格不等式的例子.

30. 举例说明内积空间中完全标准正交系不一定是完备的.

31. 在 $L^2[-1,1]$ 中, 试将 $1, x, x^2$ 标准正交化.

32. 设 $\{e_n\}$ 是内积空间 X 的一个标准正交系, 证明对 $\forall x, y \in X$,

$$\sum_{n=1}^{\infty} |\langle x, e_n \rangle \langle y, e_n \rangle| \leqslant \|x\| \cdot \|y\|.$$

33. 设 $\{e_n\}$ 与 $\{\xi_n\}$ 分别是 Hilbert 空间 X 中的标准正交基和标准正交系, 且

$$\sum_{n=1}^{\infty} \|e_n - \xi_n\|^2 < 1,$$

证明 $\{\xi_n\}$ 是 X 中的标准正交基.

34. 设 $\{e_n\}$ 是 Hilbert 空间 X 中的标准正交基, 试问是否每个 $x \in X$ 都可以用 $\{e_n\}$ 线性表示?

35. 设 $\{e_n\}$ 是 Hilbert 空间 X 中的标准正交系, $\{\alpha_n\}$ 是数列, 证明级数 $\displaystyle\sum_{n=1}^{\infty} \alpha_n e_n$ 在 X 中收敛的充分必要条件是 $\displaystyle\sum_{n=1}^{\infty} \|\alpha_n\|^2 < \infty$. 并且还有

$$\left\| \sum_{n=1}^{\infty} \alpha_n e_n \right\|^2 = \sum_{n=1}^{\infty} |\alpha_n|^2.$$

36. 设 $\{e_n\}$ 是 Hilbert 空间 X 中的标准正交系, $x \in X$, 则 $\displaystyle\lim_{n \to \infty} \langle x, e_n \rangle = 0$.

37. 设 $\{e_n\}$ 是 Hilbert 空间 X 中的标准正交系, $\alpha_1, \alpha_2, \cdots, \alpha_n$ 是任意数, 则

$$\left\| x - \sum_{k=1}^{n} \alpha_k e_k \right\|^2 \geqslant \left\| x - \sum_{k=1}^{n} \langle x, e_k \rangle e_k \right\|^2.$$

38. 设 $\{e_n\}$ 是 Hilbert 空间 X 中的标准正交系, 若对 $x, y \in X$, 有

$$x = \sum_{n=1}^{\infty} a_n e_n, \quad y = \sum_{n=1}^{\infty} b_n e_n,$$

则 $\displaystyle\langle x, y \rangle = \sum_{n=1}^{\infty} a_n \bar{b}_n$, 且级数 $\displaystyle\sum_{n=1}^{\infty} a_n \bar{b}_n$ 绝对收敛.

39. 若内积空间 X 的线性映射 $T : X \to Y$ 满足对 $\forall x \in X$, 有 $\|Tx\| = \|x\|$, 则对于 $\forall x, y \in X$, 有 $\langle Tx, Ty \rangle = \langle x, y \rangle$.

40. 证明 $L^2[a, b]$ 与 l^2 内积同构.

第4章　有界线性算子

泛函分析除了研究无穷维空间及其性质, 还研究无穷维空间之间的算子, 其中包括非线性算子和线性算子, 特别是有界线性算子. 本章将介绍 Banach 空间上有界线性算子的基本理论, 它们是泛函分析早期最辉煌的成果, 也是基础泛函分析的核心, 有着广泛的实际背景, 尤其是在各种物理系统研究中应用十分广泛.

本章主要介绍 Banach 开映射定理、逆算子定理、闭图像定理、一致有界原理, 以及有界线性算子的谱理论初步. 其中, 一致有界原理、逆算子定理连同第 2 章的 Hahn-Banach 定理被人们称为泛函分析的三大基本定理.

4.1　一致有界原理, 开映射定理和闭算子定理

线性算子的有界性是一个非常重要的性质, 它和线性算子的连续性是等价的, 也有很好的应用. 但验证算子的有界性, 却是一个相当棘手的工作. 在本节中, 我们介绍泛函分析中最基本的定理: 共鸣定理、开映射定理、逆算子定理、闭算子定理 (也称闭图形定理), 它们的重要性之一就是在证明线性算子的有界性中成为一种强有力的工具.

4.1.1　一致有界原理

命题 4.1.1　设 X, Y 都是赋范线性空间, 则线性算子 $T: X \to Y$ 是有界的充分必要条件是 $T^{-1}\{y \in Y: \|y\| \leqslant 1\}$ ($= \{x: x \in X, \|Tx\| \leqslant 1\}$ 即 $\{y \in Y: \|y\| \leqslant 1\}$ 关于映射 T 的原像) 的内部是非空集合.

证明　先证充分性. 不妨设 $T^{-1}\{y \in Y: \|y\| \leqslant 1\}$ 包含小球

$$B_X(x_0, \varepsilon) = \{x \in X: \|x - x_0\| < \varepsilon\}.$$

对 $x \in X, \|x\| < \varepsilon$, 显然 $x + x_0 \in B(x_0, \varepsilon)$, 从而

$$\|Tx\| = \|T(x + x_0) - Tx_0\| \leqslant \|T(x + x_0)\| + \|Tx_0\| \leqslant 1 + \|Tx_0\|.$$

对 $x \in X, x \neq 0, \left\|\dfrac{\varepsilon}{2\|x\|}x\right\| < \varepsilon$, 则

$$T\left(\frac{\varepsilon}{2\|x\|}x\right) \leqslant 1 + \|Tx_0\|,$$

因此 $||Tx|| \leqslant \dfrac{2(1 + ||Tx_0||)}{\varepsilon}||x||$, T 是有界的.

再证必要性. 由 $||Tx|| \leqslant ||T|||||x||$ 知, 当 $x \in X$, $||x|| \leqslant \dfrac{1}{||T||}$ 时 $||Tx|| \leqslant 1$. 因此

$$B_X\left(0, \frac{1}{||T||}\right) = \left\{ x \in X : ||x|| < \frac{1}{||T||} \right\} \subset T^{-1}\{y \in Y : ||y|| \leqslant 1\}. \qquad \diamond$$

由此可以看出, 考虑内部非空的点集是有意思的. 下面我们据此将集合分类.

定义 4.1.1   设 X 是距离空间, $A \subset X$. 如果 $\bar{A}$ 的内部是空集, 则称 A 是**无处稠密的**. 如果点集 A 能表示成至多可数个无处稠密集合的并, 则称 A 是**第一纲的**. 如果 A 不是第一纲的, 则称 A 是**第二纲的**.

容易证明, 如果 A 是无处稠密的, 则 A 不在 X 的任意球内稠密. 在自密的 (即每个点都是聚点) 距离空间中, 单点集和有限集都是无处稠密的, 从而可数集都是第一纲的.

定理 4.1.1 (Baire 定理)   完备的距离空间 X 是第二纲的.

证明   假若不然, 假设 X 是第一纲的, 则 $X = \bigcup\limits_{n=1}^{\infty} S_n$, 其中每个 S_n 都是无处稠密的.

因为 S_1 是无处稠密的, 必有 $x_1 \notin \overline{S_1}$, 从而存在 $r_1 > 0$ 使得 $B(x_1, r_1) \bigcap \overline{S_1} = \varnothing$. 因为 S_2 是无处稠密的, 必有 $x_2 \notin \overline{S_2}, x_2 \in B(x_1, r_1)$, 从而存在正数 $r_2 < \dfrac{r_1}{2}$ 使得 $B(x_2, r_2)$, 满足:

$$B(x_2, r_2) \bigcap \overline{S_2} = \varnothing, \quad \overline{B(x_2, r_2)} \subset B(x_1, r_1).$$

如此类推, 依次进行下去, 对每个自然数 $n \geqslant 2$, 都存在正数 $r_n < \dfrac{r_1}{2^{n-1}}$, 以及 $B(x_n, r_n)$ 满足:

$$B(x_n, r_n) \bigcap \overline{S_n} = \varnothing, \quad \overline{B(x_n, r_n)} \subset B(x_{n-1}, r_{n-1}).$$

当 $m > n$ 时, $x_m \in B(x_n, r_n)$, $d(x_m, x_n) \leqslant \dfrac{r_1}{2^{n-1}}$, 这表明 $\{x_n\}_{n=1}^{\infty}$ 是 X 中的 Cauchy 序列. 由 X 的完备性, 可知存在 $x = \lim\limits_{n \to \infty} x_n \in X$. 因为

$$x_m \in \overline{B(x_n, r_n)} \subset B(x_{n-1}, r_{n-1}), \quad m > n,$$

故

$$x = \lim_{m \to \infty} x_m \in \overline{B(x_n, r_n)} \subset B(x_{n-1}, r_{n-1}), \quad \lim_{n \to \infty} x_n \notin S_{n-1}, \quad \forall n > 1.$$

因此 $x = \lim\limits_{n \to \infty} x_n \notin \bigcup\limits_{n=1}^{\infty} S_n = X$. 这是不可能的, 因此 X 是第二纲的. $\qquad \diamond$

例 4.1.1 *存在在 $I = [0,1]$ 上处处连续但处处不可微的函数.*

解 设 X 是 $\mathbf{R}$ 上所有周期为 1 的连续函数组成的线性空间, 定义极大模范数

$$||x|| = \max_{t \in [0,1]} |x(t)|, \quad x \in X,$$

则 X 是完备的赋范线性空间, X 是第二纲的. 对每个正整数 n, 令

$$S_n = \left\{ x \in X : \exists\, x \in I \text{ s.t.} \frac{|x(t+h) - x(t)|}{h} \leqslant n, \ \forall\, h > 0 \right\},$$

可以证明 S_n 是 X 中的无处稠密的闭子集, 进而 $\bigcup\limits_{n=1}^{\infty} S_n$ 是第一纲的.

而对每个 $x \in X$, 只要 X 在 I 中某点是可微的, 则 X 必属于某个 S_n. 而 $X \neq \bigcup\limits_{n=1}^{\infty} S_n$, 因此存在函数 $x_0(t) \notin \bigcup\limits_{n=1}^{\infty} S_n$, 即 $x_0(t)$ 在 I 上是处处不可微的.

定理 4.1.2 (一致有界原理) 设 X 是 Banach 空间, Y 是赋范线性空间, $\{T_\alpha\}_{\alpha \in \Lambda} \subset B(X, Y)$. 如果

$$\sup_{\alpha \in \Lambda} ||T_\alpha x|| < \infty, \quad \forall\, x \in X,$$

那么

$$\sup_{\alpha \in \Lambda} ||T_\alpha|| < \infty.$$

证明 对每个正整数 n, 令

$$S_n = \{x \in X : \sup_{\alpha \in \Lambda} ||T_\alpha x|| \leqslant n\},$$

由题设可知 $X = \bigcup\limits_{n=1}^{\infty} S_n$. 由于 X 是 Banach 空间, 所以 X 是第二纲的, 因此必存在某个 S_N 不是无处稠密的, 即 S_N 内部不是空集. 由 T_α, $\alpha \in \Lambda$ 都是连续的, 故 S_N 是 X 中的闭集. 从而存在开球 $B(x_0, \varepsilon) \subset S_N$.

对 $x \in X, ||x|| < \varepsilon$, 显然 $x + x_0 \in B(x_0, \varepsilon)$, 从而对 $\forall \alpha \in \Lambda$,

$$||T_\alpha x|| = ||T_\alpha(x + x_0) - T_\alpha x_0|| \leqslant ||T_\alpha(x + x_0)|| + ||T_\alpha x_0|| \leqslant 2N,$$

对 $x \in X, x \neq 0, \left\| \dfrac{\varepsilon}{2||x||}x \right\| < \varepsilon$, 则

$$T_\alpha \left(\frac{\varepsilon}{2||x||} x \right) \leqslant 2N,$$

所以 $||T_\alpha x|| \leqslant \dfrac{4N}{\varepsilon}||x||$. $||T_\alpha(0)|| \leqslant 0$ 是显然的, 因此

$$||T_\alpha x|| \leqslant \frac{4N}{\varepsilon}||x||, \quad \forall\, x \in X.$$

总之 $||T_\alpha|| \leqslant \dfrac{4N}{\varepsilon}, \forall \alpha \in \Lambda.\ \sup\limits_{\alpha \in \Lambda} ||T_\alpha|| < \infty.$ ◇

一致有界原理, 也叫共鸣定理, 是波兰数学家 Steinhaus 和 Banach 于 1927 年提出的, 该定理在 Fourier 分析、数值计算、偏微分方程、非线性泛函分析等学科中有着广泛的应用. 该定理的含义是由逐点有界推出一致有界, 因此称之为一致有界原理. 若 $\sup\limits_{\alpha \in \Lambda} ||T_\alpha|| < \infty$, 则对每个 $x_0 \in X$ 必有 $\sup\limits_{\alpha \in \Lambda} ||T_\alpha(x_0)|| < \infty$(称满足这样条件的 x_0 为共鸣点).

例 4.1.2　在 19 世纪, 人们就已经提出连续函数的 Fourier 级数的收敛性问题. 许多人举例说明: 存在连续函数, 其 Fourier 级数竟在某点是发散的. 现在我们利用一致有界原理处理这个问题.

在实 $L^2[0, 2\pi]$ 中, 三角系统

$$\left\{ \frac{1}{\sqrt{2\pi}}, \frac{1}{\sqrt{\pi}}\cos x, \frac{1}{\sqrt{\pi}}\sin x, \cdots, \frac{1}{\sqrt{\pi}}\cos nx, \frac{1}{\sqrt{\pi}}\sin nx, \cdots \right\}$$

为一个标准正交系, 且对 $\forall f(x) \in L^2[0, 2\pi]$, 其 Fourier 系数为

$$a_n = \frac{1}{\pi} \int_0^{2\pi} f(x)\cos nx\mathrm{d}x, \quad n = 0, 1, 2, \cdots,$$

$$b_n = \frac{1}{\pi} \int_0^{2\pi} f(x)\sin nx\mathrm{d}x, \quad n = 1, 2, \cdots.$$

$f(x)$ 的 Fourier 级数为 $f(x) \sim \dfrac{a_0}{2} + \sum\limits_{n=1}^{\infty}(a_n\cos nx + b_n\sin nx)$. 当 $f(x)$ 是连续函数时, 该级数的前 n 项部分和函数在点 $x_0 \in [0, 2\pi]$ 处的函数值记为 $S_n(f, x_0)$, 简记 S_n, 可以看作 $C[0, 2\pi]$ 上的线性泛函. 通过计算可得

$$||S_n|| = \frac{1}{2\pi} \int_0^{2\pi} \left| \frac{\sin\left(n + \dfrac{1}{2}\right)x}{\sin\left(\dfrac{1}{2}x\right)} \right| \mathrm{d}x.$$

利用 Jordan 不等式和积分估计, 可得 $||S_n|| \geqslant \dfrac{2}{\pi^2} \sum\limits_{k=1}^{n} \dfrac{1}{k}$. 显然地,

$$\lim_{n \to \infty} ||S_n|| = +\infty.$$

由一致有界原理, 必存在 $C[0, 2\pi]$ 中的某个点 $f(x)$, 使得

$$\sup\{|S_n(f, x_0)| : n \geqslant 1\} = +\infty.$$

这就说明函数 $f(x)$ 的 Fourier 级数在点 x_0 处是发散的.

4.1.2 开映射定理, 闭算子定理

引理 4.1.1 设 X, Y 是 Banach 空间, $T \in B(X, Y)$. 如果 $R(T)$ 是第二纲的, 则对任意 $\varepsilon > 0$, 都有 $\eta > 0$, 使得开球 $\{x \in X : \|x\| < \varepsilon\}$ 在映射 T 之下的像包含开球 $\{y \in Y : \|y\| < \eta\}$.

证明 参考江泽坚和孙善利 (2005, p100) 的著作.

由此, 我们可以比较容易得到下面两个结论.

定理 4.1.3 (开映射定理) 设 X, Y 是 Banach 空间, $T \in B(X, Y)$. 如果 $R(T)$ 是第二纲的, 则 T 把 X 中的开集映射成为 Y 中的开集.

证明 对 X 中任意给定开集 G, 如果 $\forall y_0 \in T(G)$, 则存在 $x_0 \in G$, 使得 $y_0 = Tx_0$. 由 G 是 X 中的开集可得, x_0 是 G 的内点, 所以存在 $\varepsilon > 0$, 使得

$$\{x \in X : \|x - x_0\| < \varepsilon\} \subset G.$$

注意到 T 是线性算子, 并且

$$\{x \in X : \|x - x_0\| < \varepsilon\} = x_0 + \{x \in X : \|x\| < \varepsilon\},$$

于是

$$T(G) \supset T(\{x \in X : \|x - x_0\| < \varepsilon\})$$
$$= Tx_0 + T(\{x \in X : \|x\| < \varepsilon\}) = y_0 + T(\{x \in X : \|x\| < \varepsilon\}).$$

由上面的引理 4.1.1 可知, 存在 $\eta > 0$ 使得 $T(\{x \in X : \|x\| < \varepsilon\}) \supset \{y \in Y : \|y\| < \eta\}$. 于是

$$T(G) \supset y_0 + T(\{x \in X : \|x\| < \varepsilon\}) \supset y_0 + \{y \in Y : \|y\| < \eta\}.$$

再次将集合平移, 可得 $\{y \in Y : \|y - y_0\| < \eta\} \subset T(G)$. 因此 $T(G)$ 是开集. ◇

根据开映射定理, 不难证明下面命题.

命题 4.1.2 Banach 空间上的连续线性算子 T 的像 $R(T)$ 或者是第一纲的或者充满全空间.

定理 4.1.4 (Banach 逆算子定理) 设 X, Y 是 Banach 空间, $T \in B(X, Y)$. 如果 T 是双射, 则 T^{-1} 是连续的, 进而 T 是有界可逆的.

证明 由开映射定理, 对 X 中开集 O, $(T^{-1})^{-1}(O) = T(O)$ 是 Y 中的开集. 根据连续映射的充要条件: 开集的原像是开集, 可知 T^{-1} 是连续的, 从而 T 是有界可逆的. ◇

定义 4.1.2 设 X, Y 是赋范线性空间, M 是 X 的线性流形, 线性算子 $T : M \to Y$ 满足: 对任意 $x_n \in M$, "$\lim\limits_{n \to \infty} x_n = x_0$ 和 $\lim\limits_{n \to \infty} Tx_n = y_0$" 蕴涵着 "$x_0 \in M$ 且 $Tx_0 = y_0$", 则称 T 为闭算子.

设 X, Y 是 Banach 空间, 引入乘积空间的范数

$$||(x,y)|| = ||x|| + ||y||, \quad (x,y) \in X \times Y,$$

则 $X \times Y$ 是赋范线性空间. 对给定的线性算子 $T: M \to Y$, 令

$$G(T) = \{(x,y) \in X \times Y : y = Tx, x \in M\}.$$

称 $G(T)$ 为 T 的图形. 容易证明:T 是闭算子当且仅当 $G(T)$ 是 $X \times Y$ 中闭集.

例 4.1.3   连续函数空间 $C[a,b]$ 上的微分算子就是闭算子.

令 $M = C^1[a,b]$, 导函数在 $[a,b]$ 上连续的函数全体构成的集合, M 是 $C[a,b]$ 的线性流形. 定义线性算子 T:

$$T: M \to C[a,b], \quad Tx(t) = x'(t), \quad t \in [a,b].$$

设 $x_n \in M, n = 1, 2, \cdots$ 满足 $x_n \to x_0, Tx_n \to y_0$. 即在区间 $[a,b]$ 上,x_n 一致收敛于 x_0, x_n' 一致收敛于 y_0, 则 $x_0' = y_0$. 因此 $x_0 \in M$, 且 $Tx_0 = y_0$, 即 T 是闭算子.

定理 4.1.5 (闭算子定理) 设 T 是从 Banach 空间 $(X, ||\cdot||)$ 到 Banach 空间 $(Y, ||\cdot||)$ 的处处有定义的闭算子, 则 T 是有界的.

证明   对于 $x \in X$, 我们引入一个新的范数 $||\cdot||_1$,

$$||x||_1 = ||x|| + ||Tx||.$$

设 $\{x_n\} \subset X$, 按 $||\cdot||_1$ 是 Cauchy 序列, 则 x_n, Yx_n 分别是 X, Y 中的 Cauchy 序列. 由 X, Y 都是完备的, 故存在 $x_0 \in X, y_0 \in Y$, 使得当 $n \to \infty$ 时, $x_n \to x_0, Tx_n \to y_0$. 因为 T 是闭算子, 所以 $Tx_0 = y_0$, 于是

$$||x_n - x_0||_1 = ||x_n - x_0|| + ||Tx_n - Tx_0|| \to 0 \quad (n \to \infty).$$

因此 $(X, ||\cdot||_1)$ 也是 Banach 空间, $||x|| \leqslant ||x||_1, \forall x \in X$.

考虑恒等算子 $I: (X, ||\cdot||_1) \to (X, ||\cdot||)$, $Ix = x$. 可以验证 I 是双射, $||I|| \leqslant 1$. 由 Banach 逆算子定理知, I 是有界可逆的, 从而存在 $M > 0$ 使 $||x||_1 \leqslant M||x||$, $\forall x \in X$.

当 $||x_n - x_0|| \to 0$ 时,

$$||Tx_n - Tx_0|| \leqslant ||x_n - x_0||_1 \leqslant M||x_n - x_0|| \to 0.$$

即 T 是连续线性算子, 当然 T 是有界的.   ◇

考察线性算子 T 的有界性, 需要考察如下三个事情:

(1) $x_n \to x_0$;

(2) $Tx_n \to y_0$;

(3) $Tx_0 = y_0$.

一般我们需要从 (1) 推出 (2) 和 (3). 现在利用闭图形定理, 只需要从 (1) 和 (2) 推出 (3) 即可, 多了一个假设条件, 至少从形式来看, 这显然要容易些.

利用闭算子定理, 还可以得到 Hellinger-Toeplitz 定理, 证明留作练习.

命题 4.1.3 (Hellinger-Toeplitz 定理) 设 A 是从 Hilbert 空间 H 到 H 的处处有定义的算子, 满足条件

$$\langle Ax, y \rangle = \langle x, Ay \rangle, \quad \forall x, y \in H.$$

则 A 是有界的.

在量子力学中, 力学量 A, 如能量算符, 动量算符等, 他们对 Hilbert 空间 H 中某些元素 x, y 满足 $\langle Ax, y \rangle = \langle x, Ay \rangle$. 为了方便运算, 我们当然希望能把 A 推广到整个空间 H 上, 使得该等式处处成立. 事实上, 这是不可能事情, 因为这些力学量 A 都是无界算子.

4.2 共轭空间与共轭算子

关于有限维空间上的线性算子 (或矩阵), 在线性代数中有转置运算, 本节我们将类似运算推广到无穷维 Banach 空间上算子的情形.

4.2.1 共轭空间

设 X 是 Banach 空间, 称 $B(X, \mathbf{C})$ 为 X 的**共轭空间**(或**对偶空间**), 记为 X'. 显然 X 的共轭空间就是 X 上所有有界线性泛函构成的空间, 仍是 Banach 空间. $(X')'$ 为 X' 的共轭空间, 简记为 X'', 称为 X 的**二次对偶**. X 与 X', X'' 都有着密切的联系, 在泛函分析的发展和应用中, 人们常常把它们联系起来考虑, 这就是所谓的 "对偶理论" 的精神. 对偶理论在数学物理方法和偏微分方程理论中, 都有着重要的应用.

定理 4.2.1 对 Banach 空间 X, 如果 X' 是可分的, 则 X 是可分的.

证明 由于 X' 可分, 故它有可数稠子集. 设 S 是 X' 的一个可数稠子集. 令 $\mathcal{F} = \left\{ \dfrac{f}{\|f\|} : f \neq 0, f \in S \right\}$. 那么 $\mathcal{F}$ 在 X' 的单位球面中稠, 即对任意 X' 中单位向量 g, 以及任意正数 ε, 存在 $f \in \mathcal{F}$ 使得 $\|g - f\| < \varepsilon$. 记 $\mathcal{F} = \{ f_n : n = 1, 2, \cdots \}$. 对每个 f_n, 取 $x_n, \|x_n\| = 1$ 使得 $\|f_n(x_n)\| > \dfrac{1}{2}$. 令 M 为 $\{ x_n : n \geqslant 1 \}$ 生成的闭线性子空间. 那么 M 是可分的. 假设 $M \neq X$, 根据 Hahn-Banach 扩张定理, 存在

$f \in X', \|f\| = 1$ 使得 $f(x) = 0, \forall x \in M$. 由于 $\mathcal{F}$ 在 X' 单位球面中稠, 存在 f_N 使得 $\|f - f_N\| < \dfrac{1}{4}$. 又 $\|x_N\| = 1$, 于是 $\dfrac{1}{4} > \|f - f_N\| \geqslant |f(x_N) - f_N(x_N)| = |f_N(x_N)| > \dfrac{1}{2}$. 这个矛盾说明 $M = X$, 因此, X 可分.   ◇

给定 Banach 空间 X 中任意非零点 x_0, 可以定义 X' 上的线性泛函 F

$$F(x') = x'(x_0), \quad \forall x' \in X'.$$

显然 $\|F\| = \sup\limits_{\|x'\| \leqslant 1} |F(x')| = \sup\limits_{\|x'\| \leqslant 1} |x'(x_0)| \leqslant \|x_0\|$. 根据 Hahn-Banach 扩张定理, 存在 $x_0' \in X'$ 满足 $\|x_0'\| = 1$, $|x_0'(x_0)| = \|x_0\|$. 因此 F 是有界线性泛函, 即 $F \in X''$, 并且 $\|F\| = \|x_0\|$, F 由 x_0 唯一确定记为 x_0''.

称如下定义的映射 τ 为**典型映射**, 它将 X 保范嵌入到 X'',

$$\tau : X \to X'', \quad \tau(x) = x'', \quad \forall x \in X.$$

当 $\tau(X) = X''$ 时, 称 X 是**自反空间**, 当 $\tau(X) \subsetneqq X''$ 时, 称 X 是**非自反的**.

例 4.2.1　设 $1 < p < \infty$, 那么 $L^p[0,1]$ 是自反的.

证明参见 (江泽坚等, 2005, p.115).

例 4.2.2　$L^1[0,1]$ 不是自反的.

证明　由于 $L^1[0,1]$ 是可分的, 假如它是自反的, 则它的二次对偶空间是可分的, 因而它的共轭空间也是可分的. 但事实上, 它的共轭空间不是可分的. 假设 $(L^1[0,1])'$ 可分, 则存在 $\{l_n \in (L^1[0,1])' : n = 1, 2, \cdots\}$ 在 $(L^1[0,1])'$ 中稠, 因而 $\bigcup\limits_{n=1}^{\infty} B\left(l_n, \dfrac{1}{4}\right) = (L^1[0,1])'$. 对 $t \in \left[\dfrac{1}{4}, \dfrac{3}{4}\right]$, 令

$$\varphi_t(f) = \int_{t - \frac{1}{4}}^{t + \frac{1}{4}} f(s)\mathrm{d}x, \quad \forall f \in L^1[0,1],$$

那么 $\varphi_t \in (L^1[0,1])'$, 并且对 $t \neq s$, $\|\varphi_t - \varphi_s\| = 1$. 注意到 $\left\{\varphi_t : t \in \left[\dfrac{1}{4}, \dfrac{3}{4}\right]\right\}$ 不可数, 于是存在 N 及 $\left[\dfrac{1}{4}, \dfrac{3}{4}\right]$ 中不同的 t 和 s 使得 $\varphi_t, \varphi_s \in B\left(l_N, \dfrac{1}{4}\right)$. 于是 $1 = \|\varphi_t - \varphi_s\| \leqslant \|\varphi_t - l_N\| + \|l_N - \varphi_s\| \leqslant \dfrac{1}{4} + \dfrac{1}{4} = \dfrac{1}{2}$. 这个矛盾说明 $(L^1[0,1])'$ 不可分.

定理 4.2.2　(1) 任何有限维赋范线性空间都是自反的.

(2) 每个 Hilbert 空间都是自反的.

(3) 自反空间 X 的任何子空间 M 也是自反的.

证明请参见 (江泽坚等, 2005, 第三章第 4 节).

4.2.2　共轭算子

定义 4.2.1　设 X 和 Y 都是 Banach 空间, X' 和 Y' 是对应的共轭空间, $T \in B(X,Y)$. 定义映射 $T' : Y' \to X'$:

$$(T'y')(x) = y'(Tx), \quad x \in X, \ y' \in Y',$$

那么 T' 是 Y' 到 X' 的线性算子. 称 T' 是 T 的 (Banach) 共轭算子.

定理 4.2.3　设 X 和 Y 都是 Banach 空间, $T \in B(X,Y)$, 下述命题成立.

(1)　存在唯一的 $T' \in B(Y', X')$, 且 $\|T'\| = \|T\|$;

(2)　$(aT)' = aT'$;

(3)　如果 $S \in B(X,Y)$, 则 $(S + T)' = S' + T'$;

(4)　对 $I_X \in B(X)$, $(I_X)' = I_{X'}$;

(5)　设 $S \in B(Y,Z)$, 则 $(ST) \in B(Z', X'), (ST)' = T'S'$;

(6)　如果 T 是有界可逆的, 则 T' 也是有界可逆的, $(T^{-1})' = (T')^{-1}$;

(7)　$T'' = (T')' \in B(X'', Y'')$ 是 T 的保范扩张.

证明留作习题.

定义 4.2.2　设 X, Y 都是 Hilbert 空间, $T \in B(X,Y)$. 那么唯一存在映射 $T^* : Y \to X$ 满足:

$$(Tx, y) - (x, T^*y), \quad x \in X, \ y' \subset Y'.$$

显然 T^* 是 Y 到 X 的有界线性算子. 称 T^* 为 T 的**伴随算子** (或**Hilbert 共轭算子**).

定理 4.2.4　设 X, Y 都是 Hilbert 空间, $T \in B(X,Y)$, 下述命题成立:

(1)　存在唯一的 $T^* \in B(Y, X)$, 且 $\|T^*\| = \|T\|$;

(2)　$(aT)^* = \bar{a}T^*$;

(3)　如果 $S \in B(X,Y)$, 则 $(S + T)^* = S^* + T^*$;

(4)　对 $I \in B(X)$ 时, $(I_X)^* = I_X$;

(5)　设 $S \in B(Y,Z)$, 则 $(ST) \in B(Z, X), (ST)^* = T^*S^*$;

(6)　如果 T 是有界可逆的, 则 T^* 也是有界可逆的, $(T^{-1})^* = (T^*)^{-1}$;

(7)　$T^{**} = (T^*)^* \in B(X,Y), T^{**} = T$.

证明留作练习.

我们通过下面的例子, 简单看一下共轭算子和伴随算子的区别.

例 4.2.3　设 $K(x,y) \in L^2([0,1] \times [0,1])$, 定义 $L^2[0,1]$ 上的积分算子 T:

$$(Tf)(x) = \int_0^1 K(x,y)f(y)\mathrm{d}y, \quad f = f(x) \in L^2[0,1],$$

则 T 是有界线性算子.

根据伴随算子的定义, 利用 Fubini 定理, 对任意 $f, g \in L^2[0, 1]$,

$$(T^*f, g) = (f, Tg) = \int_0^1 f(x)\overline{Tg(x)}\mathrm{d}x,$$

$$\int_0^1 f(x)\overline{\left[\int_0^1 K(x, y)g(y)\mathrm{d}y\right]}\mathrm{d}x = \int_0^1 \left[\int_0^1 \overline{K(x, y)}f(x)\mathrm{d}x\right]\overline{g(y)}\mathrm{d}y,$$

故

$$T^*f(y) = \int_0^1 \overline{K(x, y)}f(x)\mathrm{d}x,$$

或

$$T^*f(x) = \int_0^1 \overline{K(y, x)}f(y)\mathrm{d}y.$$

积分算子 T 的核函数 $K(x, y)$ 互换 x, y 的位置, 再取复共轭后就是积分算子 T^* 的核函数 $\overline{K(y, x)}$.

注意到 $L^2[0, 1]$ 是 Hilbert 空间, 是自反的 Banach 空间. 根据 Banach 共轭算子的定义和 Frechet-Reisz 表示定理 (定理 3.3.3), 对任意 $f, g \in L^2[0, 1]$, 将 g 的共轭元素 $g' \in (L^2[0, 1])'$ 等同于 g, 则

$$(T'g')f = g'(Tf) = \int_0^1 (Tf)(x)g(x)\mathrm{d}x,$$

$$\int_0^1 \left[\int_0^1 K(x, y)f(y)\mathrm{d}y\right]g(x)\mathrm{d}x = \int_0^1 f(y)\left[\int_0^1 K(x, y)g(x)\mathrm{d}x\right]\mathrm{d}y.$$

故

$$(T'g')(y) = \int_0^1 K(x, y)g(x)\mathrm{d}x,$$

或

$$(T'g')(x) = \int_0^1 K(y, x)g(y)\mathrm{d}y.$$

积分算子 T 的核函数 $K(x, y)$ 互换 x, y 的位置, 就是其 Banach 共轭算子 T' 的核函数 $K(y, x)$.

对于一个 Hilbert 空间 H, 用 H^* 表示其共轭空间. 根据 Frechet-Riesz 表示定理, 对每个 $f \in H^*$, 唯一确定一个 $z_f \in H$ 使得 $f(x) = (x, z_f)$, $\forall x \in H$. 这样便得到一个从 H^* 到 H 的映射 $T : Tf = zf$, $\forall f \in H^*$. 这个 T 满足下面条件:

(1) $T(f + \alpha g) = Tf + \overline{\alpha}Tg$, $\forall f, g \in H^*$, $\forall \alpha \in K$;

(2) $\|Tf\| = \|f\|$, $\forall f \in H^*$;

(3) T 是满射,

称这个 T 为 H 的**共轭自同构**.

定理 4.2.5 设 H_j 是 Hilbert 空间, A_j 是 H_j 的共轭自同构, $j = 1, 2, T \in B(H_1, H_2)$, 则 $T^* = A_1 T' A_2 - 1$.

由此可见 T' 与 T^* 是两个不同的算子, 但并非毫不相关. 对于 Hilbert 空间到自身的有界线性算子 T, T 和 T^* 可以做加法、乘法等运算, 但 T 和 T' 却不能. 因此, 通常情况下, 对 Hilbert 空间上的有界线性算子讨论共轭运算时, 如果没有特别申明, 总是只考虑 Hilbert 共轭算子.

定义 4.2.3 设 H 是复可分 Hilbert 空间, $T \in B(H)$.

(1) 若 $T^*T = TT^*$, 则称 T 是**正规算子**;

(2) 若 $T = T^*$, 则称 T 是**自伴算子**;

(3) 若 $T^*T = TT^* = I$, 则称 T 是**酉算子**.

显然, 从定义可以直接得到酉算子和自伴算子都是正规算子. 利用酉算子的定义, 可以得到如下命题.

命题 4.2.1 设 $T \in L(H)$. 当 T 是酉算子时, $||Tx|| = ||x||, \forall x \in H$; T 是酉算子当且仅当 $T^* = T^{-1}$ 当且仅当 T 是满射且 $(Tx, Ty) = (x, y)$, $\forall x, y \in H$.

4.2.3 算子的值域与核空间

对方程 $Ax = y$ 求解, 在有限维情形下, 我们在讨论的过程中可以发现, 常常要涉及 A 的行向量及其正交补, A 的值域 $R(A)$ 和核空间 $N(A)$ 的性质与方程解的性质是密切相关的. 推广无穷维情形, 结果如何?

对一般的 Banach 空间 X, 没有内积定义, 或无法定义合适的内积, 需要引入零化子的概念, 作为正交补的一个推广.

定义 4.2.4 设 X 是 Banach 空间, $M \subset X, G \subset X'$ 是线性流形, 令

$$M^0 = \{y' \in X' : y'(m) = 0, \forall m \in M\},$$

$$^0G = \{x \in X : y'(x) = 0, \forall y' \in G\}.$$

称 M^0 为 M 在 X' 中的**零化子**, ^0G 为 G 在 X 中的零化子.

在 Hilbert 空间中, 利用内积性质, 容易看出, 如果 M 是闭的, 则 $(M^\perp)^\perp = M$.

定理 4.2.6 设 X 是 Banach 空间,

(1) 如果 M 是 X 的子空间, 则 $^0(M^0) = M$;

(2) 设 G 是 X' 的子空间, 则 $G \subset (^0G)^0$; 如果 X 是自反的, 则 $(^0G)^0 = G$.

证明 (1) 显然 $^0(M^0) \supset M$. 如果 $x_0 \in {}^0(M^0)$, 则

$$y'(x_0) = 0, \quad \forall y' \in (M^0). \tag{$*$}$$

假设 $x_0 \notin M$, 根据 Hahn-Banach 定理, 存在 $x_0' \in X'$ 使得 $x_0'(x_0) = \|x_0\| \neq 0$, $x_0'(x) = 0$, $\forall x \in M$. 于是得到 $x_0' \in M^0$ 但 $x_0'(x_0) \neq 0$. 这矛盾于上面 $(*)$ 式. 所以 $x_0 \in M$. 因此 $^0(M^0) = M$.

(2) 显然 $(^0G)^0 \supset G$. 如果存在某个 $y_0' \notin G$, 由于 G 是子空间, 必存在某个 $x_0'' \in X''$, 使得 $x_0''(y_0') \neq 0, x_0''(y') = 0, \forall y' \in G$. 由 X 是自反的, 记 $x_0 = \tau^{-1}(x_0'')$, 于是

$$y_0'(x_0) = x_0''(y_0') \neq 0, \quad y'(x_0) = x_0''(y') = 0, \quad \forall y' \in G.$$

所以 $y_0' \notin (^0G)^0$. 因此 $(^0G)^0 = G$. ◇

定理 4.2.7 设 A 是 Banach 空间 X 上的有界线性算子, 则

(1) $N(A') = R(A)^0$, $N(A) = ^0R(A')$;

(2) $\overline{R(A)} = ^0N(A')$, $\overline{R(A')} \subset N(A)^0$, 当 X 自反时, $\overline{R(A')} = N(A)^0$.

证明留作习题.

推论 4.2.1 设 A 是 Banach 空间 X 上的有界线性算子, 则 $\overline{R(A)} = X$ 当且仅当 A' 是单射.

一般地情况下, $\overline{R(A')}$ 与 $N(A)^0$ 可能不等. 这使得人们对下面定理感到大喜过望. 我们这里只列出结果而略去其证明.

定理 4.2.8 (闭值域定理) 设 X, Y 是 Banach 空间, $T \in B(X, Y)$, 则下述命题等价:

(1) $R(T)$ 是闭集;

(2) $R(T')$ 是闭集;

(3) $R(T) = ^0(N(T'))$;

(4) $R(T') = (N(T))^0$;

(5) T 将 X 中开集映为 $R(T)$ 中开集;

(6) T' 将 Y' 中开集映为 $R(T')$ 中开集.

闭值域定理实为线性代数学的线性变换的值域与核空间的研究结果在无穷维空间的推广. 考虑到 T' 与 T^* 的关系, 有如下类似定理.

定理 4.2.9 设 X, Y 是 Hilbert 空间, $T \in B(X, Y)$, 则下述命题等价:

(1) $R(T)$ 是闭集;

(2) $R(T')$ 是闭集;

(3) $R(T) = (N(T^*))^{\perp}$;

(4) $R(T^*) = (N(T))^{\perp}$;

(5) T 将 X 中开集映为 $R(T)$ 中开集;

(6) T^* 将 Y 中开集映为 $R(T^*)$ 中开集.

4.3 算 子 的 谱

回想在线性代数中, 我们知道有限维空间 X 上的线性算子 T 的特征值概念是十分重要的. 设 T 的特征值为 $\lambda_1, \lambda_2, \cdots, \lambda_N$, 则 X 便可按这些特征值分解为 N 个不变子空间 $M_1, M_2, \cdots, M_N$ 的直接和

$$X = M_1 \oplus M_2 \oplus \cdots \oplus M_N.$$

进而可以给出线性算子 T(矩阵) 的标准型表示, 这是关于 T 的结构的重要结果. 全体 $\lambda_1, \lambda_2, \cdots, \lambda_N$, 按下面的定义来说, 就是 T 的谱 $\sigma(T)$, 它是重要的相似不变量. 这对一般的线性变换来说. 如果 T 是自伴的线性变换, 或者是 Hermite 矩阵, 特征值的意义就更显得重要了, 无论是从纯数学或者物理学来看都是如此.

本节, 总假设 X 是非零的复可分的 Banach 空间, $T \in B(X)$, I 是 X 上的恒等算子.

4.3.1 谱的定义和性质

定义 4.3.1 给定 $\lambda \in \mathbf{C}$, 如果 $\lambda I - T$ (记为 T_λ) 的值域 $R(T_\lambda) = X$, 且 $(\lambda I - T)^{-1} \in B(X)$, 则称 λ 在 T 的**预解集**中, 记作 $\lambda \in \rho(T)$, 通常把 $(\lambda I - T)^{-1}$ 简记为 $R(\lambda, T)$, 并称之为 T 的**预解式**.

如果存在非零向量 $x \in X$, 使得 $T_\lambda x = 0$, 则称 λ 是 T 的**特征值**, 或者说 λ 在 T 的点谱中, 记为 $\lambda \in \sigma_p(T)$. 此时称 x 为 T 相应于 λ 的**特征向量**或**特征元**.

如果 λ 不是 T 的特征值, 则 T_λ 是单射, 此时 T_λ 的值域可以分成以下三种情况:

(1) $R(T_\lambda) = X$, 此时 T_λ 是有界可逆的, 即 $\lambda \in \rho(T)$;

(2) $R(T_\lambda) \neq X$ 但 $\overline{R(T_\lambda)} = X$, 则称 λ 在 T 的**连续谱**中, 记为 $\lambda \in \sigma_c(T)$;

(3) $\overline{R(T_\lambda)} \neq X$, 则称 λ 在 T 的**剩余谱**中, 记为 $\lambda \in \sigma_r(T)$.

显然 $\sigma_p(T)$, $\sigma_c(T)$, $\sigma_r(T)$ 和 $\rho(T)$ 是互不相交的, 且

$$\sigma_p(T) \bigcup \sigma_c(T) \bigcup \sigma_r(T) \bigcup \rho(T) = \mathbf{C}.$$

我们定义 T 的**谱**为 $\sigma(T) = \sigma_p(T) \bigcup \sigma_c(T) \bigcup \sigma_r(T) = \mathbf{C} \backslash \rho(T)$.

例 4.3.1 设 A 是 n 维复数域 $\mathbf{C}^n$ 到 $\mathbf{C}^n$ 上的线性变换, 则 $A \in B(\mathbf{C}^n)$ 是 n 阶方阵. 由线性代数知识, 对任意 $\lambda \in \mathbf{C}^n$, $A - \lambda I$ 是可逆的当且仅当 $A - \lambda I$ 的行列式不为零. 当 $A - \lambda I$ 的行列式为零时, 则存在非零向量 x, 使得 $(A - \lambda I)x = 0$, 即 $Ax = \lambda x$, λ 是 A 的特征值, x 是对应的特征向量. 因此 $\sigma(A) = \sigma_p(A)$ 是有限集合. 进而, 如果 T 是有限维 Banach 空间 X 到 X 上的有界线性算子, 则 T 的谱中只包含 T 的特征值.

命题 4.3.1　设 $T \in B(X)$, 则

(1) 如果 $\lambda \in \sigma_p(T)$, 则特征向量空间 $N(\lambda I - T) = \{x \in X : (\lambda I - T)x = 0\}$ 是 X 的闭子空间;

(2) 设 $\{\lambda_1, \lambda_2, \cdots, \lambda_n\} \subset \sigma_p(T)$ 两两不同, 任取非零向量 $x_j \in N(\lambda_j I - T)$, $j = 1, 2, \cdots, n$. 那么 $\{x_1, x_2, \cdots, x_n\}$ 是线性无关的.

证明留作习题, 其证明方法与矩阵理论中相应结论的证明完全类似.

对于 $T \in B(X)$, 当 $|\lambda| > \|T\|$ 时, 形式上

$$\frac{1}{\lambda I - T} = \frac{1}{\lambda} \frac{1}{1 - \dfrac{T}{\lambda}} = \frac{1}{\lambda} \sum_{n=0}^{\infty} \left(\frac{T}{\lambda}\right)^n.$$

于是

$$R(\lambda, T) = \frac{1}{\lambda}\left[I + \sum_{n=1}^{\infty} \left(\frac{T}{\lambda}\right)^n\right], \quad |\lambda| > \|T\|,$$

一般称上式右端的级数为 $R(\lambda, T)$ 的 **Neumann 级数**.

定理 4.3.1　设 $T \in B(X)$. 当 $|\lambda| > \|T\|$ 时, $\lambda \in \rho(T)$; 并且 $\rho(T)$ 是复平面中的开集, 从而 $\sigma(T)$ 是复平面中的有界闭集.

证明　由上面的讨论, 只需证明 $\rho(T)$ 是开集. 设 $\lambda_0 \in \rho(T)$,

$$\lambda - T = (\lambda - \lambda_0) - (\lambda_0 - T) = -(\lambda_0 - T)[I - (\lambda - \lambda_0)(\lambda_0 - T)^{-1}].$$

当 $|\lambda - \lambda_0| < \|(\lambda_0 - T)^{-1}\|^{-1}$ 时, $\|(\lambda - \lambda_0)(\lambda_0 - T)^{-1}\| < 1$, $I - (\lambda - \lambda_0)(\lambda_0 - T)^{-1}$ 是有界可逆的, 从而 $\lambda - T$ 是有界可逆的, $\lambda \in \rho(T)$. 因此, λ_0 是 $\rho(T)$ 的内点. 由 λ_0 的任意性, $\rho(T)$ 是开集.

定理 4.3.2　(1) 设 $T \in B(X)$, T' 是 T 的共轭算子, 则 $\sigma(T') = \sigma(T)$, 并且

$$R(\lambda, T') = [R(\lambda, T)]', \quad \forall \lambda \in \rho(T).$$

(2) 如果 X 是 Hilbert 空间, $T \in B(X)$, T^* 是 T 的伴随算子, 则 $\sigma(T^*) = \{\bar{\lambda} : \lambda \in \sigma(T)\}$, 并且

$$R(\bar{\lambda}, T^*) = [R(\lambda, T)^{-1}]^*, \quad \forall \lambda \in \rho(T).$$

证明留作习题.

定义 4.3.2　设 $T \in B(X)$, 称 $r(T) = \sup\{|\lambda| : \lambda \in \sigma(T)\}$ 为 T 的谱半径.

定理 4.3.3　设 $T \in B(X)$, 则 $r(T) = \lim\limits_{n \to \infty} \|T^n\|^{\frac{1}{n}}$.

证明　根据算子范数的性质, 我们已经得到

$$r = \lim_{n \to \infty} (\|T^n\|)^{\frac{1}{n}} = \inf_{n \geqslant 1} (\|T^n\|)^{\frac{1}{n}}.$$

当 $|\lambda| > r$ 时, 则存在 $\varepsilon > 0$ 且 $|\lambda| \geqslant r + \varepsilon$. 对于该 $\varepsilon > 0$, 当 n 充分大时, $(\|T^n\|)^{\frac{1}{n}} \leqslant r + \dfrac{\varepsilon}{2}$, 从而

$$\|\lambda^{-n} T^{n-1}\| \leqslant |\lambda^{-n}| \|T\|^{n-1} \leqslant (r+\varepsilon)^{-n} \left(r + \frac{\varepsilon}{2}\right)^{n-1}.$$

因此级数 $\displaystyle\sum_{n=1}^{\infty} T^{n-1} \lambda^{-n}$ 在 $|\lambda| > r$ 时是绝对收敛的. 由 $L(X)$ 的完备性, 该级数按算子范数收敛于 $R(\lambda, T)$. 因此 $\lambda \in \rho(T)$, 进而 $r(T) \leqslant r$.

下面只需再证明 $r(T) \geqslant r$.

由 $r(T)$ 的定义, 在复平面的子集 $\{\lambda : |\lambda| > r(T)\}$ 上, $R(\lambda, T)$ 可以看作 λ 的解析函数. 于是对任意的 $f \in (L(X))'$, $f(R(\lambda, T))$ 是 $\{\lambda : |\lambda| > r(T)\}$ 上的复值解析函数. 根据刚才的讨论, 当 $|\lambda| > r$ 时,

$$R(\lambda, T) = \sum_{n=1}^{\infty} T^{n-1} \lambda^{-n}.$$

则 $f(R(\lambda, T))$ 在区域 $\{\lambda : |\lambda| > r\}$ 内的 Laurent 展开式是

$$f(R(\lambda, T)) = \sum_{n=1}^{\infty} \lambda^{-n} f(T)^{n-1}, \quad |\lambda| > r.$$

根据复值解析函数 $f(\lambda)$ 的 Laurent 展开式的唯一性, 在 $\{\lambda : |\lambda| > r(T)\}$ 上, 上式也应当成立. 因此对任意的 $\varepsilon > 0$, 级数

$$\sum_{n=1}^{\infty} |(r(T) + \varepsilon)^{-n} f(T)^{n-1}|$$

是收敛的. 因此对任意的 $f \in (L(X))'$, 存在 $M_f > 0$, 使得

$$|(r(T) + \varepsilon)^{-n} f(T)^{n-1}| \leqslant M_f, \quad \forall n \geqslant 1.$$

由于 f 是任意的, 根据一致有界原理, 可知存在 $M > 0$, 使得

$$\|(r(T) + \varepsilon)^{-n} T^{n-1}\| \leqslant M, \quad \forall n \geqslant 1.$$

从而 $\|T^n\| \leqslant M(r(T) + \varepsilon)^{n+1}$, $r = \displaystyle\lim_{n \to \infty} (\|T^n\|)^{\frac{1}{n}} \leqslant r(T) + \varepsilon$. 由 $\varepsilon > 0$ 是任意的, 所以 $r \leqslant r(T)$. 因此 $r(T) = r = \displaystyle\lim_{n \to \infty} \|T^n\|^{\frac{1}{n}}$.

4.3.2　具体算子的谱

例 4.3.2　设 F 是复数域 $\mathbf{C}$ 中的一个有界闭集, 而且点集 $\{a_n\}_{n=1}^{\infty}$ 是 F 的一个稠密子集. 定义算子

$$T : l^1 \to l^1, \ Tx = (a_1 \xi_1, a_2 \xi_2, \cdots), \ x = (\xi_1, \xi_2, \cdots) \in l^1,$$

则 $T \in B(l^1), \{a_n\}_{n=1}^{\infty} \subset \sigma_p(T)$, 并且 $F \backslash \{a_n\}_{n=1}^{\infty} = \sigma_c(T)$.

证明　由 T 的定义及 F 的有界性, 显然可得 $T \in B(l^1)$.

当 $\lambda = a_n$ 时, 任取 $x_n = (0, \cdots, 0, \xi_n, 0, \cdots) \in l^1, \xi_n \neq 0$, 则有 $x_n \neq 0, (a_n I - T)x_n = 0$. 因此 $\{a_n\}_{n=1}^{\infty} \subset \sigma_p(T)$.

当 $\lambda \notin F$, 点 λ 到 F 的距离 $d(\lambda, F) = \inf\limits_{n \geqslant 1} |\lambda - a_n| > 0$. 对任意 $x = (\xi_1, \xi_2, \cdots) \in l^1$,

$$(\lambda - T)x = ((\lambda - a_1)\xi_1, (\lambda - a_2)\xi_2, \cdots)$$

定义算子

$$S: \; l^1 \to l^1, \; Sx = \left(\frac{\xi_1}{\lambda - a_1}, \frac{\xi_2}{\lambda - a_2}, \cdots \right),$$

则 $\|S\| = \dfrac{1}{d(\lambda, F)}, S(\lambda - T) = (\lambda - T)S = I$. 因此 $(\lambda - T)$ 是有界可逆的, $\lambda \in \rho(T)$, $\mathbf{C} \backslash F \subset \rho(T)$.

当 $\lambda \in F \backslash \{a_n\}_{n=1}^{\infty}$ 时, 由于 $\{a_n\}_{n=1}^{\infty}$ 在 F 是稠密的, 故

$$\inf\limits_{n \geqslant 1} d(\lambda, \{a_n\}_{n=1}^{\infty}) = 0.$$

类似上面的定义, S 也是线性算子, 但是无界的. 令

$$l_0 = \{(\xi_1, \xi_2, \cdots, \xi_n, 0, \cdots): \; n \in \mathbf{N}\}.$$

l_0 在 l^1 中是稠密的, 而且对 $\forall y \in l_0, (\lambda - T)x = y$ 在 l^1 中有解. 因此 $\overline{R(\lambda - T)} = l^1$, $\lambda \in \sigma_c(T)$. 进而 $F \backslash \{a_n\}_{n=1}^{\infty} = \sigma_c(T)$. 　　　　　　　　　　　　　　　　$\diamond$

例 4.3.3　设 T 是乘法算子: $Tx(t) = tx(t)$. 证明下列结论成立.

(1) 若 $T \in B(C[0,1], C[0,1])$, 则 $\sigma(T) = \sigma_r(T) = [0,1]$;

(2) 若 $T \in B(L^2[0,1], L^2[0,1])$, 则 $\sigma(T) = \sigma_c(T) = [0,1]$.

证明　(1) 当 $\lambda \notin [0,1]$ 时, 令 $(Sx)(t) = \dfrac{x(t)}{\lambda - t}$, 显然 S 是线性的,

$$\|S\| = \frac{1}{d(\lambda, [0,1])}, \quad ST = TS = I.$$

因此 $(\lambda - T)$ 是有界可逆的, $\lambda \in \rho(T)$.

当 $\lambda \in [0,1]$ 时, $(\lambda - T)x(t) = (\lambda - t)x(t), \forall x \in C[0,1]$. 当 $t = \lambda$ 时, $(\lambda - t)x(t) = 0$. 故 $R(\lambda - T)$ 是 $C[0,1]$ 中在点 λ 为 0 的元素构成的集合, 在 $C[0,1]$ 中不是稠密的. 即 $\overline{R(\lambda - T)} \neq C[0,1]$.

另外, 如果存在 $x_0 \in C[0,1]$ 使得 $(\lambda - T)x_0(t) = (\lambda - t)x_0(t) = 0$, 则 $x_0(t) = 0, \forall t \neq \lambda$. 根据 $x_0(t)$ 的连续性, $x_0(\lambda) = 0$. 从而 x_0 是零元素, 总之 $\lambda \notin \sigma_p(T)$.

因此 $\sigma(T) = \sigma_r(T) = [0,1]$.

(2) 与 (1) 类似可以证明: 当 $\lambda \notin [0,1]$ 时, $\lambda \in \rho(T)$.

当 $\lambda \in [0,1]$ 时, $y(t) = \dfrac{1}{\lambda - t} \notin L^2[0,1]$, 故 $\lambda I - T$ 不是可逆的.

如果存在 $x_0 \in C[0,1]$ 使得 $(\lambda - T)x_0(t) = (\lambda - t)x_0(t) = 0$, 则 $\displaystyle\int_0^1 |(\lambda - t)x_0(t)|^2 \mathrm{d}t = 0$, 有实变函数论中积分的性质知, $(\lambda - t)x_0(t) = 0$ 在 $[0,1]$ 上几乎处处成立. 因此 x_0 是 $L[0,1]$ 中零元素. 因此 $\lambda \notin \sigma_p(T)$.

另外, 对任意的 $y(t) \in L^2[0,1]$, 对每个 $n \in \mathbf{N}$, 定义

$$
y_n(t) = \begin{cases} x(t), & t \notin \left[\lambda - \dfrac{1}{n}, \lambda + \dfrac{1}{n}\right] \bigcap [0,1], \\[3mm] 0, & t \in \left[\lambda - \dfrac{1}{n}, \lambda + \dfrac{1}{n}\right] \bigcap [0,1]. \end{cases}
$$

令 $x_n(t) = \dfrac{y_n(t)}{\lambda - t}$, $t \neq \lambda$, 则 $x_n, y_n \in L^2[0,1]$, 且 $y_n(t) = (\lambda I - T)x_n(t)$, $\lim\limits_{n \to \infty} \|y_n - y\|_2 = 0$. 因此 $\overline{R(\lambda I - T)} = L^2[0,1]$, $\lambda \in \sigma_c(T)$.

综上所述可得 $\sigma(T) = \sigma_c(T) = [0,1]$. $\qquad\qquad\qquad\qquad\qquad\qquad \diamond$

例 4.3.4 在 $C[0,1]$ 上如下定义的积分算子 T

$$
(Tx)(t) = \int_0^t x(s)\mathrm{d}s, \quad x = x(s) \in C[0,1],
$$

则 T 的谱 $\sigma(T) = \sigma_r(T) = \{0\}$.

证明 由积分性质可知, 对任意 $x = x(s) \in C[0,1]$, 都有 $(Tx)(0) = 0$, 且 Tx 在 $[0,1]$ 上的导函数是连续的. 显然常值函数 $1 \notin \overline{R(T)}$, 从而 $\overline{R(T)} \neq C[0,1]$.

此外, $Tx = 0 \Longrightarrow x = 0$ 是显然的, 故 T 是单射. 因此 $0 \in \sigma_r(T)$.

$$
\|Tx\| = \max_{t \in [0,1]} \left\{ \left| \int_0^t x(s)\mathrm{d}s \right| \right\} \leqslant \max_{t \in [0,1]} \{|x(t)|\} \cdot 1 = \|x\|,
$$

$$
\|T^2 x\| = \max_{t \in [0,1]} \left\{ \left| \int_0^t \left(\int_0^s x(w)\mathrm{d}w \right) \mathrm{d}s \right| \right\} \leqslant \|x\| \int_0^1 \left(\int_0^s 1\mathrm{d}w \right) \mathrm{d}s = \frac{\|x\|}{2},
$$

利用数学归纳法, 可知 $\|T^n x\| \leqslant \dfrac{\|x\|}{n!}$, 从而 $\|T^n\| \leqslant \dfrac{1}{n!}$.

$$
\lim_{n \to \infty} \|T^n\|^{\frac{1}{n}} \leqslant \lim_{n \to \infty} \left(\frac{1}{n!} \right)^{\frac{1}{n}} = 0.
$$

因此 $\sigma(T) = \sigma_r(T) = \{0\}$. $\qquad\qquad\qquad\qquad\qquad\qquad\qquad\qquad\qquad \diamond$

这种 $\sigma(T) = \{0\}$ 的有界线性算子, 通常称为**拟幂零算子**. 它的谱虽然是最简单的, 却是有界线性算子谱理论中最难办的一类算子.

4.4　紧　算　子

4.4.1　紧算子的定义及性质

线性代数中讨论的线性算子或矩阵 A, 一般其定义域 $D(A)$ 是有限维的, 值域 $R(A)$ 自然也是有限维的. 泛函分析中讨论是可分无穷维空间上的线性算子 T, 其值域 $R(T)$ 未必是有限维的了. 数学物理方法中许多的问题可以转化成积分方程来处理, 所以积分算子是泛函分析中很重要的一类算子, 它们的值域大多都不是有限维的. F.Riesz 把积分算子推广为本节讨论的紧算子. 在本节中, 我们总是假设 X 是 Banach 空间.

定义 4.4.1　设 X 是 Banach 空间, $A \in B(X)$.

(1) 如果 $\dim R(A) < \infty$, 则称 A 为**有限秩算子**;

(2) 如果 A 把 X 中的每个有界集映为列紧集, 则称 A 为**紧算子**, 或者**全连续算子**. 用 $K(X)$ 表示 X 上全体紧算子构成的集合.

从定义可以看出, T 是紧算子当且仅当对任意有界列 $\{x_n\}_{n=1}^{\infty}$, $\{Tx_n\}_{n=1}^{\infty}$ 有收敛子列.

例 4.4.1　有限秩算子都是紧算子, 无穷维 Banach 空间上的恒等算子 I 不是紧算子.

证明　我们知道, 对距离空间 X 的子集 M, 有界集 M 是列紧的当且仅当 X 是有限维的.

设 S 是 X 的有界集, A 是有限秩算子. 由 A 是有界的, 可知 $A(S)$ 是 $R(A)$ 的有界子集. 由 $\dim R(A) < \infty$ 可得 $A(S)$ 是列紧的, 因此 S 是紧算子.

无穷维 Banach 空间 X 的单位球 $B(0,1)$ 是有界的, 但不是列紧的, 因此恒等算子 I 不是紧算子.

例 4.4.2　设 $K(s,t)$ 是 $[0,1] \times [0,1]$ 上连续函数, 积分算子 T:

$$(Tx)(s) = \int_0^1 K(s,t)x(t)\mathrm{d}t, \quad x = x(s) \in C[0,1]$$

是 $X = C[0,1]$ 上的紧算子.

证明　根据 Arzelá-Ascoli 定理 ($M \subset C[0,1]$ 是列紧的当且仅当 M 是一致有界而且等度连续), 只需证明 X 中任意有界集 $B(0,r)$ 在 T 之下的像 $T(B(0,r))$ 是一致有界且等度连续.

$$|(Tx)(s)| = \left| \int_0^1 K(s,t)x(t)\mathrm{d}t \right| \leqslant \int_0^1 |K(s,t)||x(t)|\mathrm{d}t \leqslant \left[\sup_{1 \leqslant s,t \leqslant 1} |K(s,t)| \right] r$$

由 $K(s,t)$ 的连续性可知, $T(B(0,r))$ 是一致有界的.

其次, $K(s,t)$ 是 $[0,1] \times [0,1]$ 上是一致连续的, 对 $\forall \varepsilon > 0$, 存在 $\delta > 0$ 使得

$$|K(s_1,t) - K(s_2,t)| < \varepsilon, \quad \forall t \in [0,1], |s_1 - s_2| < \delta.$$

从而

$$|Tx(s_1) - Tx(s_2)| \leqslant \int_0^1 |K(s_1,t) - K(s_2,t)||x(t)| \mathrm{d}t$$

$$\leqslant \varepsilon \int_0^1 |x(t)| \mathrm{d}t \leqslant r\varepsilon, \quad \forall x \in B(0,r), \ |s_1 - s_2| < \delta.$$

这表明像集 $T(B(0,r))$ 是等度连续的. 因此, T 是紧算子.   ◇

实际上, 当 $K(s,t) \in L^2([0,1] \times [0,1])$ 时, 类似定义的积分算子 $T \in \mathcal{K}(L^2[0,1])$.

定义 4.4.2   设 $\mathcal{F}$ 是代数 $\mathcal{Q}$ 的子集, 称 $\mathcal{F}$ 为 $\mathcal{Q}$ 的**左** (或**右**)**理想**, 若

$$ax + by \in \mathcal{F}, \quad zx \in \mathcal{F}(\text{或} xz \in \mathcal{F}),$$

$\forall a, b \in \mathbf{C}, x, y \in \mathcal{F} z \in \mathcal{Q}$.

如果 $\mathcal{F}$ 同时是 $\mathcal{Q}$ 的左理想和右理想, 则称 $\mathcal{F}$ 为 $\mathcal{Q}$ 的**理想**.

定理 4.4.1   全体紧算子 $\mathcal{K}(X)$ 是 $B(X)$ 的非零的理想.

证明   首先取 X 中单位向量 x_0, 根据 Hahn Banach 定理, 可取 $f \in X'$ 使得 $f(x_0) = 1$. 令

$$Tx = f(x)x_0,$$

$\forall x \in X$. 那么 T 是非零算子, $\dim R(T) = 1$, 因此 T 是紧算子.

其次, 设 $A_1, A_2 \in \mathcal{K}(X)$, $a_1, a_2 \in \mathbf{C}, B \in B(X)$. 对任意有界向量列 $\{x_n\}_{n=1}^\infty$, 由于 A_1 是紧的, 存在子列 $\{x_{n_j}\}_{j=1}^\infty$ 使得 $\{A_1 x_{n_j}\}_{j=1}^\infty$ 收敛. 而 $\{x_{n_j}\}_{j=1}^\infty$ 还是有界的, 且 A_2 是紧的, 所以又有 $\{x_{n_j}\}_{j=1}^\infty$ 的一个子列, 简记为 $\{y_k\}_{k=1}^\infty$ 使得 $\{A_2 y_k\}_{k=1}^\infty$ 收敛. 这样得到 $\{x_n\}_{n=1}^\infty$ 的子列 $\{y_k\}_{k=1}^\infty$ 使得 $\{(a_1 A_1 + a_2 A_2) y_k\}_{k=1}^\infty$ 收敛. 因此, $a_1 A_1 + a_2 A_2$ 是紧的.

最后, 设 T 是紧算子, A, $B \in B(X)$. 由于有界线性算子将有界集映为有界集, 将列紧集映为列紧集, 所以, 对任意有界集 Ω, $(AT)(\Omega) = A(T(\Omega))$ 是列紧集, $(TB)(\Omega) = T(B(\Omega))$ 是列紧集. 因此, AT, TB 都是紧算子.

综上所述, $\mathcal{K}(X)$ 是 $B(X)$ 的非零的理想.   ◇

定理 4.4.2 $\mathcal{K}(X)$ 是 Banach 空间 $B(X)$ 中的闭集.

证明   设 $\{A_n\}_{n=1}^\infty \subset \mathcal{K}(X)$, $\lim\limits_{n \to \infty} ||A_n - A|| = 0$, 往证 $A \in \mathcal{K}(X)$.

对 X 中的有界序列 $\{x_n\}_{n=1}^\infty$, 由 A_1 是紧的, 则存在 $\{x_n\}_{n=1}^\infty$ 的子序列 $\{x_{1,n}\}_{n=1}^\infty$ 使得 $\{A_1 x_{1,n}\}_{n=1}^\infty$ 是收敛的. 由 A_2 是紧的, 则存在 $\{x_{1,n}\}_{n=1}^\infty$ 的子序列 $\{x_{2,n}\}_{n=1}^\infty$

使得 $\{A_2 x_{2,n}\}_{n=1}^{\infty}$ 是收敛的. 依次类推, 逐步进行下去, 利用对角线法则, 可得到由 $\{x_n\}_{n=1}^{\infty}$ 的子序列 $\{x_{n,n}\}_{n=1}^{\infty}$ 使得 $\{A_j x_{1,n}\}_{n=1}^{\infty}$, $j \in \mathbf{N}$ 是收敛的.

$$\|Ax_{n,n} - Ax_{m,m}\|$$
$$\leqslant \|Ax_{n,n} - A_j x_{n,n}\| + \|A_j x_{n,n} - A_j x_{m,m}\| + \|A_j x_{m,m} - Ax_{n,n}\|$$
$$\leqslant \|A - A_j\| \cdot \|x_{n,n}\| + \|A_j\| \cdot \|x_{n,n} - x_{m,m}\| + \|A_j - A\| \cdot \|x_{m,m}\|.$$

由条件 $\lim\limits_{n \to \infty} \|A_n - A\| = 0$ 和 $\{x_n\}_{n=1}^{\infty}$ 是有界集可知, 上式右端第一项和第三项趋于 0. 由 $\{x_{n,n}\}_{n=1}^{\infty}$ 的选取, 当 m, n 充分大时, 第二项可以任意小. 这说明 $\{Ax_{1,n}\}_{n=1}^{\infty}$ 是 X 中的 Cauchy 序列, 而 X 是完备的, 故 $\{Ax_{1,n}\}_{n=1}^{\infty}$ 收敛的. 因此 A 是紧算子. $\diamond$

我们已经知道, 有限秩算子是紧算子, 所有紧算子构成一个闭集, 很自然就想到: 每个紧算子是不是有限秩算子序列的极限? 我们只列出下面结果而略去其证明.

定理 4.4.3   设 H 是可分 Hilbert 空间, $A \in \mathcal{K}(H)$, 则存在一列有限秩算子 $\{A_n\}_{n=1}^{\infty} \subset B(X)$ 使得 $\lim\limits_{n \to \infty} \|A_n - A\| = 0$.

注   这个定理对有基底的 Banach 空间上也是成立的, 但对一般可分的 Banach 空间是不成立的, P.Enflo 和 A.M.Davie 都给出过反例.

例 4.4.3   定义算子 $T: l^p \to l^p$ 如下:

$$Tx = \left(\xi_1, \frac{\xi_2}{2}, \frac{\xi_3}{3}, \cdots\right), \quad \forall x = (\xi_1, \xi_2, \xi_3, \cdots),$$

则 $T \in \mathcal{K}(X)$.

事实上, 令

$$T_n x = \left(\xi_1, \frac{\xi_2}{2}, \cdots, \frac{\xi_n}{n}, 0, 0, \cdots\right), \quad \forall x = (\xi_1, \xi_2, \xi_3, \cdots),$$

则 T_n 是 l^p 上的有限秩算子, $T_n \in \mathcal{K}(X)$, 并且

$$\lim_{n \to \infty} \|T_n - T\| = \lim_{n \to \infty} \frac{1}{n+1} = 0.$$

因此 $T \in \mathcal{K}(X)$.

定理 4.4.4   设 A 是紧算子, 则 $R(A)$ 是可分的.

证明   令 $S_n = \{x \in X : \|x\| \leqslant n\}$, $n \in \mathbf{N}$, 则

$$R(A) = \bigcup_{n=1}^{\infty} A(S_n).$$

因为 A 是紧算子, 所以 $A(S_n)$, $n \in \mathbf{N}$ 都是列紧的, 存在一个可数的稠密子集 D_n. 令 $D = \bigcup_{n=1}^{\infty} D_n$, 显然 D 是可数的, 在 $R(A)$ 中稠密. 因此 $R(A)$ 是可分的. $\qquad \diamond$

命题 4.4.1 设 X 是无穷维 Banach 空间, $A \in \mathcal{K}(X)$. 则 $R(A) \neq X$.

证明 假若不然, 即 $R(A) = X$. 由开映射定理, 存在 $d > 0$ 使得 $\{Tx : \|x\| < d\} \supset \{y : \|y\| < 2\}$. 由于 X 是无穷维的, 利用 Riesz 引理 (2.5.2), 可取 $y_n \in X$, $\|y_n\| = 1$, $n = 1, 2, \cdots$, 满足 $\|y_m - y_n\| > \frac{1}{2}$, $\forall m \neq n$. 于是存在 x_n, $\|x_n\| < d$, 使得 $Tx_n = y_n$, $\forall n \geqslant 1$. 这样便得到有界集 $\Omega = \{x_n : n \geqslant 1\}$ 满足 $A(\Omega) = \{y_n : n \geqslant 1\}$ 不是列紧的. 这矛盾于 $A \in \mathcal{K}(X)$. 因此 $R(A) \neq X$. $\qquad \diamond$

下面定理说明一个线性算子的紧性与其共轭算子的紧性是一致的, 这是一个应用性很强的结果. 我们只列出定理而略去其证明.

定理 4.4.5 设 $A \in \mathcal{K}(X)$, 则 A 的共轭算子 A' 和伴随算子 $A^* \in \mathcal{K}(X)$.

4.4.2 紧算子的谱

紧算子的谱理论, 是关于紧算子的 Riesz-Schauder 理论的主要的组成部分, 也是泛函分析中最优美的结论之一.

定理 4.4.6 设 X 是复可分的 Banach 空间, $T \in \mathcal{K}(X)$. 则下述命题成立:

(1) 若 $\dim X = \infty$, 则 $0 \in \sigma(T)$;

(2) 若 $\lambda \neq 0$, 则 $\dim N(\lambda I - T) < \infty$;

(3) 若 $\lambda \neq 0$, 则 $R(\lambda I - T)$ 是闭的;

(4) 对任意非零复数 λ, 若 $N(\lambda I - T) = \{0\}$, 则 $R(\lambda I - T) = X$;

(5) 对任意非零复数 λ, 必有 $\lambda \in \sigma_p(T)$ 或者 $\lambda \in \rho(T)$;

(6) $\sigma(T) \backslash \{0\} = \sigma_p(T) \backslash \{0\}$;

(7) $\sigma(T)$ 是有限集合或仅有唯一聚点 0 的可数集.

证明 (1) 假设 $0 \notin \sigma(T)$, 则 $0 \in \rho(T)$, T 是有界可逆的, 进而 $I = TT^{-1}$ 是紧算子, 这与 $\dim X = \infty$ 矛盾.

(2) 设 $\{x_n : \|x_n\| < 1\}_{n=1}^{\infty} \subset N(\lambda I - T)$, 因为 $T \in \mathcal{K}(X)$, 所以存在 $\{x_n\}_{n=1}^{\infty}$ 的子序列 $\{x_{n_j}\}_{j=1}^{\infty}$ 使 $\{Tx_{n_j}\}_{j=1}^{\infty}$ 收敛. $(T - \lambda)x_{n_j} = 0 \Leftrightarrow x_{n_j} = \frac{1}{\lambda} Tx_{n_j}$. 因此 $\{x_{n_j}\}_{j=1}^{\infty}$ 收敛, 即空间 $N(\lambda I - T)$ 的单位球是列紧的, 所以 $\dim N(\lambda I - T) < \infty$.

(3) 由 (2) 知, 当 $\lambda \neq 0$ 时, $N(\lambda I - T)$ 在 X 中存在拓扑补 M. 定义

$$S : M \to X, \quad Sx = (\lambda I - T)x, \quad \forall x \in X.$$

显然 $S \in B(M, X)$, $R(S) = R(\lambda I - T)$. 故只需证明 $R(S)$ 是闭的.

又 S 的定义知, S 是单射, 下面先验证 S 下方有界, 即存在 $\delta > 0$ 使得 $\|Sx\| \geqslant \delta \|x\|$, $\forall x \in X$. 进而可得 $R(S)$ 是闭的.

假设 S 不是下方有界的, 则存在 $\{x_n : ||x_n|| = 1\}_{n=1}^{\infty} \subset M$ 使得 $Sx_n \to 0$. 因为 T 是紧算子, 存在 $\{Tx_n\}_{n=1}^{\infty}$ 的收敛子列, 故不妨设 $Tx_n \to y_0$. 注意到 $Sx_n = (\lambda I - T)x_n$, 故在 M 中, $\lambda x_n \to y_0 \in M$. 于是

$$S(y_0) = \lim_{n \to \infty} S(\lambda x_n) = \lambda \lim_{n \to \infty} S(x_n) = 0.$$

S 是单射, 故 $y_0 = 0$. 另一方面,

$$||y_0|| = \lim_{n \to \infty} ||\lambda x_n|| = |\lambda| \lim_{n \to \infty} ||x_n|| = |\lambda| > 0.$$

这是相互矛盾的, 故 S 下方有界.

(4) 不妨设 $\lambda = 1$, 因为当 $\lambda \neq 1$, 我们 $A \in \mathcal{K}(X)$ 替换 $\dfrac{T}{\lambda}$ 即可. 假设 $R(I - A) \neq X$, 令

$$X_0 = X, \quad X_1 = (I - A)X_0, \quad X_n = (I - A)X_{n-1}, \quad \forall n \in \mathbf{N},$$

则 $X_1 \subsetneqq X_0$. 下面证明: 当 $X_n \subsetneqq X_{n-1}$ 时, $X_{n+1} \subsetneqq X_n$. 否则

$$X_n = X_{n+1} = (I - A)X_n.$$

对 $\forall x \in X_{n-1}$, $(I - A)x \in X_n$, 从而存在 $y \in x_n$ 使得 $(I - A)x = (I - A)y$. 因为 $N(\lambda I - T) = \{0\}$, 故 $x = y \in X_n$, 进而 $X_n = X_{n-1}$.

利用数学归纳法, 得到一列空间 X_n, 满足

$$X_0 \supsetneqq X_1 \supsetneqq X_2 \supsetneqq \cdots.$$

由 (3) 知, X_1 是闭的, 且是 A 的不变子空间, $A|_{X_1}$ 仍是紧算子. 进而 $R(I - A|_{X_1})X_1 = X_2$ 是闭的, 且是 A 的不变子空间, $A|_{X_2}$ 仍是紧算子. 依次类推, $X_n, \forall n \in \mathbf{N}$ 都是闭的.

根据 Riesz 引理, 存在 $x_n \in X_n$ 使得 $d(x_n, X_{n+1}) \geqslant \dfrac{1}{2}, \forall n \in \mathbf{N}$. 当 $m > n$ 时

$$||Ax_n - Ax_m|| = ||x_n - [(x_n - Ax_n) + (x_m - Ax_m) - x_m]|| \geqslant \dfrac{1}{2},$$

从而 $\{Ax_n\}_{n=1}^{\infty}$ 不存在收敛子序列, 这矛盾与 A 是紧算子.

(5) 由 (4) 知, 当非零复数 $\lambda \notin \sigma_p(T)$, $N(\lambda I - A) = \{0\}$, 进而 $R(\lambda I - T) = X$. 故 $\lambda I - A$ 是双射, 由 Banach 逆算子定理, $\lambda I - A$ 是有界可逆的, $\lambda \in \rho(T)$.

(6) 是 (5) 的直接推论.

(7) 留作习题.								◇

4.5　自伴算子, 射影算子

在本节中, H 总表示复可分的 Hilbert 空间, T 是 H 上的有界线性算子.

4.5.1 自伴算子的定义及性质

定义 4.5.1 若 T 是伴随算子 $T^* = T$, 则称 T 为自伴算子 (或自共轭算子).

例 4.5.1 有限维欧氏空间上的 Hermite 矩阵, 显然确定一个自伴算子. 因为利用前面提到的有限维空间上的 Hilbert 共轭所对应的矩阵算子恰好是原来算子所对应的矩阵的共轭.

例 4.5.2 设 $K(x,y) \in L^2([0,1] \times [0,1])$, 如果 $K(x,y)$ 是实函数, 而且还是对称的, 即

$$K(x,y) = K(y,x), \quad \forall (x,y) \in [0,1] \times [0,1].$$

由例 4.2.3, 在 $L^2[0,1]$ 上如下定义的积分算子 T:

$$(Tf)(x) = \int_0^1 K(x,y)f(y)\mathrm{d}y, \quad f = f(x) \in L^2[0,1]$$

是 $L^2[0,1]$ 上自伴算子.

定理 4.5.1 T 是自伴算子的充要条件是对任意的 $x \in H$, $(Tx,x) \in \mathbf{R}$.

证明 先证必要性. 对 $\forall x \in H$,

$$(Tx,x) = (x,T^*x) = (x,Tx) = \overline{(Tx,x)},$$

故 $(Tx,x) \in \mathbf{R}$.

再证充分性. 对 $\forall x,y \in H$, $(Tx,x) \in \mathbf{R}$, 则 $(Tx,x) = (x,Tx)$.

$$(Tx,y) = \frac{1}{4}[(T(x+y),x+y) - (T(x-y),x-y)]$$
$$+ \frac{\mathrm{i}}{4}[(T(x+\mathrm{i}y),x+\mathrm{i}y) - (T(x-\mathrm{i}y),x-\mathrm{i}y)].$$

$$(x,Ty) = \frac{1}{4}[(x+y,T(x+y)) - (x-y,T(x-y))]$$
$$+ \frac{\mathrm{i}}{4}[(x+\mathrm{i}y,T(x+\mathrm{i}y)) - (x-\mathrm{i}y,T(x-\mathrm{i}y))]$$

所以

$$(Tx,y) = (x,Ty), \quad \forall x,y \in H.$$

因此

$$(x,T^*y) = (Tx,y) = (x,Ty), \quad \forall x,y \in H,$$

由 x,y 的任意性, 可得 $T^* = T$, 即 T 是自伴算子. ◇

引理 4.5.1 设 $T \in B(H)$, 则

$$\|T\| = \sup\{|(Tx,y)| : \|x\| = \|y\| = 1\}.$$

证明　令 $M = \sup\{|(Tx, y)| : \|x\| = \|y\| = 1\}$. 显然对 $\forall x, y \in H$,

$$|(Tx, y)| \leqslant M\|x\| \cdot \|y\|,$$

$$\|Tx\|^2 = |(Tx, Tx)| \leqslant M\|x\| \cdot \|Tx\|.$$

从而 $\|Tx\| \leqslant M\|x\|$, $\|T\| \leqslant M$.

另一方面, 对 $\forall x, y \in H$,

$$|(Tx, y)| \leqslant \|Tx\| \cdot \|y\| \leqslant \|T\| \cdot \|x\| \cdot \|y\|,$$

可见 $M \leqslant \|T\|$, 从而 $M = \|T\|$.　　　　　　　　　　　　　　　　　　　　$\diamond$

定理 4.5.2　设 $T \in B(H)$ 是自伴的, 则

$$\|T\| = \sup\{|(Tx, x)| : \|x\| = 1\}.$$

证明　令 $M = \sup\{|(Tx, x)| : \|x\| = 1\}$. 由上述引理的讨论知 $M \leqslant \|T\|$, 故只需证明 $\|T\| \leqslant M$. 对 $\forall x, y \in H, \|x\| = \|y\| = 1$,

$$\begin{aligned}
(T(x+y), x+y) &= (Tx, x) + (Tx, y) + (Ty, x) + (Ty, y) \\
&= (Tx, x) + (x, Ty) + (Ty, x) + (Ty, y) \\
&= (Tx, x) + 2\mathrm{Re}(x, Ty) + (Ty, y); \\
(T(x-y), x-y) &= (Tx, x) - 2\mathrm{Re}(x, Ty) + (Ty, y).
\end{aligned}$$

两式作差可得

$$4\mathrm{Re}(x, Ty) = (T(x+y), x+y) - (T(x-y), x-y).$$

由平行四边形法则

$$\begin{aligned}
|4\mathrm{Re}(x, Ty)| &\leqslant |(T(x+y), x+y)| + |(T(x-y), x-y)| \\
&\leqslant M(\|x+y\|^2 + \|x-y\|^2) \\
&= 2M(\|x\|^2 + \|y\|^2) \\
&= 4M.
\end{aligned}$$

记 $(Tx, y) = \mathrm{e}^{\mathrm{i}\theta}|(Tx, y)|$, 则 $\|\mathrm{e}^{\mathrm{i}\theta}x\| = \|x\| = 1$,

$$|(Tx, y)| = \mathrm{Re}|(Tx, y)| = \mathrm{Re}\,\mathrm{e}^{-\mathrm{i}\theta}(Tx, y) = \mathrm{Re}(T(\mathrm{e}^{-\mathrm{i}\theta}x), y) \leqslant M.$$

从而 $\|T\| = \sup\{|(Tx, y)| : \|x\| = \|y\| = 1\} \leqslant M$. 因此 $\|T\| = M$.　　$\diamond$

命题 4.5.1　设 T 是自伴的, 则 T 的谱半径 $r(T) = \|T\|$.

证明 对 $T \in B(H)$,

$$||T^*T|| = \sup\{|(T^*Tx, x)| : ||x|| = 1\} = \sup\{|(Tx, Tx)| : ||x|| = 1\}$$
$$= \sup\{||Tx||^2 : ||x|| = 1\} = ||T||^2.$$

因为 T 是自伴的, 故 $||T^2|| = ||T||^2$, 利用数学归纳法可得 $||T^{2n}|| = ||T||^{2n}$. 进而, 由谱半径公式,

$$r(T) = \lim_{n \to \infty} ||T^{2^n}||^{\frac{1}{2^n}} = ||T||. \qquad \diamond$$

定理 4.5.3 设 $T \in B(H)$ 是自伴算子. 则下述结论成立:

(1) $\sigma(T) \subset [-||T||, ||T||]$;

(2) $\sigma_r(T) = \varnothing$;

(3) 设 $T_j x_j - \lambda_j x_j$, $x_j \neq 0$, $j = 1, 2$, 且 $\lambda_1 \neq \lambda_2$, 则 $x_1 \perp x_2$;

(4) $\sigma(T) \subset [m, M]$, 且 m, M 都属于 $\sigma(T)$, 其中

$$m = \inf_{||x||=1} (Tx, x), \quad M = \sup_{||x||=1} (Tx, x).$$

证明 (1) 对于 $\lambda, \mu \in \mathbf{R}$, $A - \lambda I$ 是自伴的, 故

$$((T - \lambda I)^2 x, x) = ||(T - \lambda I)x||^2,$$

$$||[T - (\lambda + \mu i)I]x||^2 = ||(T - \lambda I)x||^2 + \mu^2 ||x||^2.$$

当 $\mu \neq 0$ 时,

$$||[T - (\lambda + \mu i)I]x|| \geqslant |\mu| \cdot ||x||.$$

因此 $T - (\lambda + \mu i)I$ 是单射, 且 $R(T - (\lambda + \mu i)I)$ 是闭的.

假如 $R(T - (\lambda + \mu i)I) \neq H$, 利用伴随运算的定义和性质, 可知 $(T - (\lambda + \mu i)I)^* = T - (\lambda - \mu i)I$ 也是单射, 但

$$N([T - (\lambda + \mu i)I]^*) = R(T - (\lambda + \mu i)I)^\perp \neq \{0\}.$$

这是不可能的, 因此 $R(T - (\lambda + \mu i)I) = H$, $T - (\lambda + \mu i)I$ 有界可逆的, 即 $\lambda + \mu i \in \rho(T)$. 总之, $\sigma(T) \subset \mathbf{R}$, 而 $r(T) = ||T||$, 故 $\sigma(T) \subset [-||T||, ||T||]$.

(2) 假如存在 $z_0 \in \sigma_r(T)$, 则 $\overline{R(T - z_0 I)} \neq H$. 由 (1) 可得 $z_0 \in \mathbf{R}$, 进而 $T - z_0 I$ 是自伴的.

$$N(T - z_0 I) = N((T - z_0 I)^*) = \overline{R(T - z_0 I)}^\perp \neq \{0\}.$$

于是 $z_0 \in \sigma_p(T)$. 这矛盾于 $\sigma_p(T) \bigcap \sigma_r(T) = \varnothing$. 所以 $\sigma_r(T) = \varnothing$.

(3) 由 (1) 知 $\lambda_1, \lambda_2 \in \mathbf{R}$, 于是

$$\lambda_1(x_1, x_2) = (\lambda_1 x_1, x_2) = (Tx_1, x_2)$$
$$= (x_1, Tx_2) = (x_1, \lambda_2 x_2) = \lambda_2(x_1, x_2),$$

由条件 $\lambda_1 \neq \lambda_2$ 知, $(x_1, x_2) = 0$, 即 $x_1 \perp x_2$.

(4) 令 $\lambda = M + d, d > 0$, 则对 $\forall x \in H, x \neq \theta$,

$$((T - \lambda I)x, x) = (Tx, x) - (\lambda x, x)$$
$$\leqslant (M - \lambda)||x||^2 = -d||x||^2 < 0,$$

因此

$$||(T - \lambda I)x|| \cdot ||x|| \geqslant |((T - \lambda I)x, x)| > d||x||^2, \quad \forall x \in H.$$

这表明 $A - \lambda I$ 是单射且是闭值域的. 由 (2) 知, $R(T - \lambda I) = H$, 进而 $\lambda \in \rho(T)$. 因此 $(M, +\infty) \subset \rho(T)$, 同理可证 $(-\infty, m) \subset \rho(T)$. 因此

$$\sigma(T) \subset [m, M].$$

对 $\alpha > 0(\alpha < 0)$, 由算子 T 的谱和 m, M 的定义, $T + \alpha I$ $(A - \alpha I)$ 所对应的谱和 m, M 都将向右 (向左) 平移 $|\alpha|$ 个单位. 因此在证明 $M \in \sigma(T)$ 时, 用 $A + |m|I$ 代替 A, 不妨设 $0 \leqslant m \leqslant M$. 由 $r(T) = ||T||$ 知 $M = ||T||$. 再由 M 的定义, 存在点列 $\{x_n\}_{n=1}^{\infty} \subset H$, 使得

$$||x_n|| = 1, \quad \forall n \in \mathbf{N}; \quad \lim_{n \to \infty} (Tx_n, x_n) = M.$$

于是

$$||Tx_n - Mx_n||^2 = (Tx_n - Mx_n, Tx_n - Mx_n)$$
$$= ||Tx_n||^2 + M^2||x_n||^2 - 2M(Tx_n, x_n)$$
$$\leqslant 2M^2 - 2M(Tx_n, x_n) \to 0 \quad (n \to \infty).$$

因此, 算子 $T - MI$ 不是有界可逆的, $M \in \sigma(T)$. 类似可证 $m \in \sigma(T)$. ◇

推论 4.5.1 设 $T \in B(H)$ 是紧自伴算子, $T \neq 0$, 则 T 必有非零特征值.

证明 否则, 由两择一定理, 对一切 $\lambda \neq 0$ 都有 $\lambda \in \rho(T)$. 于是 $r(T) = 0$, 而 T 是自伴的, 则 $||T|| = r(T) = 0$. 故这矛盾于 $T \neq 0$. ◇

定理 4.5.4 (Hilbert-Schmidt) 设 $T \in B(H)$ 是紧自伴算子, 则必有 H 的正规正交基 $\{\varphi_n\}_{n \in J} \bigcup \{\psi_\alpha\}_{\alpha \in \mathcal{A}}$ 使得

(1) $T\varphi_n = \lambda_n \varphi_n, \forall n \in J, T\psi_\alpha = 0, \forall \in \mathcal{A}$, 其中 J 是有限的或可数无穷集合, 当 J 是可数无穷集时, $\lim_{n \to \infty} \lambda_n = 0$;

(2) 对任意 $x \in H$, 都有展开式 $Ax = \sum_{n \in J} \lambda_n(x, \varphi_n)\varphi_n$, 这个级数在 H 中是按范数收敛的.

这个定理是 Hilbert 和 Schmidt 在 1907 年左右就 L^2 上的积分算子的情形证明的, 对于一般的情形, 是 von Neumann 在 1929 年对可分 Hilbert 空间建立的. 我们这里略去其证明.

定义 4.5.2 设 A, B 是 H 上的自伴算子, 如果

$$(Ax, x) \geqslant (Bx, x) \text{ 或} ((A - B)x, x) \geqslant 0, \quad \forall x \in H,$$

则称 $A \geqslant B$(或 $B \leqslant A$, 或 $A - B \geqslant 0$), 特别地, 如果 $A \geqslant 0$, 则称 A 是 **正算子**.

设 A, B 都是正算子. 如果 $A^2 = B$, 则称 A 是 B 的**正平方根**, 记为 $A = B^{\frac{1}{2}}$.

命题 4.5.2 设 A 是正算子, 则 A 是自伴的, $\sigma(A) \subset [0, \|A\|]$.

4.5.2 射影

在线性代数中, 我们已经看到空间分解与算子的结构是密切相关的, 下面我们要引入的射影的目的之一就是研究算子的结构.

定义 4.5.3 设 X 是 Banach 空间, 若存在 X 的线性流形 X_1, X_2 使得 X 是它们的直和, 即

$$X = X_1 \bigoplus X_2.$$

定义算子

$$P : X \to X, Px = x_1, \ \forall x = x_1 + x_2 \in X,$$

则称 P 是与 $\{X_1, X_2\}$ 相关的从 X 到 X_1 的**射影**.

定理 4.5.5 设 X_1, X_2 是 Banach 空间 X 的闭子空间, P 是与 $X = X_1 \bigoplus X_2$ 相关的到 X_1 的射影, 则 P 是幂等的有界线性算子.

证明 对 $\forall x = x_1 + x_2 \in X$, 由 P 的定义

$$P^2 x = P(Px) = P(x_1) = x_1 = Px.$$

因此 $P^2 = P$, 即 P 是幂等的.

要证 P 是有界的, 根据闭图形定理, 只需证 P 是闭算子.

设 $\{x_n\}_{n=1}^{\infty} \subset X$, 其中 $x_n = x_n^{(1)} + x_n^{(2)}$, 满足

$$\lim_{n \to \infty} x_n = x_0, \quad \lim_{n \to \infty} Px_n = x_0^{(1)},$$

则

$$\lim_{n \to \infty} (x_n - Px_n) = x_0 - x_0^{(1)}.$$

记 $x_0^{(2)} = x_0 - x_0^{(1)}$. 注意到 $Px_n \in X_1, x_n - Px_n = x_n^{(2)} \in X_2$, 而 X_1, X_2 是闭的, 故 $x_0^{(1)} \in X_1$, $x_0^{(2)} \in X_2$, 且 $x_0 = x_0^{(1)} + x_0^{(2)}$. 由射影定义 $Px_0 = x_0^{(1)}$, 从而 P 是闭算子. ◇

定理 4.5.6 设 P 是 Banach 空间 X 上的幂等的有界线性算子. 令

$$X_1 = \{x \in X : \ Px = x\}, \quad X_2 = \{x \in X : \ Px = 0\},$$

则 P 是与 $\{X_1, X_2\}$ 相关的从 X 到 X_1 的射影.

证明 由 P 是有界线性算子知, X_1, X_2 是 X 的子空间. 如果 $x \in X_1 \bigcap X_2$, 则 $x = Px = 0$. 故 $X_1 \bigcap X_2 = \{0\}$. 对任意 $x \in X$, 显然

$$x = Px + (x - Px),$$

由 P 是幂等的, $Px \in X_1, (x - Px) \in X_2$. 因此 $X = X_1 \bigoplus X_2$. P 是从 X 到 X_1 的射影. ◇

定义 4.5.4 设 P 是 Hilbert 空间 H 上的射影, 如果 $R(P) \perp R(I - P)$, 即 $(Px, (I - P)y) = 0, \forall x, y \in H$, 则称 P 为**正交射影**.

显然, 正交射影 P 的范数 $||P|| = 1$, 留作练习.

定理 4.5.7 射影 $P \in B(H)$ 是正交射影当且仅当 P 是自伴的.

证明 若射影 $P \in B(H)$ 是自伴的, 则对任意的 $x, y \in H$,

$$(Px, (I - P)y) = (x, P(I - P)y) = (x, 0) = 0.$$

故射影 P 是正交射影.

反之, 若射影 $P \in B(H)$ 是正交射影, 则对任意的 $x, y \in H$, 记

$$x = x_1 + x_2, \quad y = y_1 + y_2,$$

其中 $x_1, y_2 \in R(P), x_2, y_2 \in R(I - P)$. 于是

$$(Px, y) = (x_1, y_1 + y_2) = (x_1, y_1),$$

$$(x, Py) = (x_1 + x_2, y_1) = (x_1, y_1).$$

因此 $(Px, y) = (x, Py) = (P^*x, y), \forall x, y \in H$, 所以 $P = P^*$, 故 P 是自伴的. ◇

例 4.5.3 设 $X = \mathbf{R}^2$ 二维欧氏空间. 定义算子 P_1,

$$P_1 : X \to X, \quad P_1 x = x_1, \quad x = (x_1, x_2) \in X,$$

则 P_1 是一个正交射影, 实际上是从 X 到实轴上的投影. $||P_1|| = 1$.

设 $e_1 = (1, 1), e_2 = (1, 0) \in \mathbf{R}^2$. 则 e_1, e_2 是 $\mathbf{R}^2$ 中线性无关向量, 对任意 $x \in \mathbf{R}^2$ 都有唯一表示

$$x = x_1 e_1 + x_2 e_2, \quad x_1, x_2 \in \mathbf{R}.$$

定义算子 P_2

$$P_2: \ X \to X, \quad P_2 x = x_1 e_1, \quad x \in X.$$

容易验证 P_2 是一个射影, $\|P_2\| = \sqrt{2}$.

定理 4.5.8 设 $P_1 P_2$ 是 H 上正交射影, 则下述命题等价:

(1) $P_1 \leqslant P_2$;

(2) $\|P_1 x\| \leqslant \|P_2 x\|, \forall x \in H$;

(3) $R(P_1) \subset R(P_2)$;

(4) $P_1 P_2 = P_1$;

(5) $P_2 P_1 = P_1$.

证明 我们采用循环证法, "$(1) \Rightarrow (2) \Rightarrow (3) \Rightarrow (4) \Rightarrow (5) \Rightarrow (1)$".

$(1) \Rightarrow (2)$ 由定理 4.5.7 知 P 是幂等的自伴算子, 于是

$$(Px, x) = (P^2 x, x) = (Px, Px) = \|Px\|^2, \quad \forall x \in H.$$

若 $P_1 \leqslant P_2$, 则

$$\|P_1 x\|^2 = (P_1 x, x) \leqslant (P_2 x, x) = \|P_2 x\|^2, \quad \forall x \in H.$$

因此 $(1) \Rightarrow (2)$ 得证.

$(2) \Rightarrow (3)$ 如果 (2) 成立, 则对 $\forall x \in R(P_1)$, 可得 $\|x\| = \|P_1 x\| \leqslant \|P_2 x\|$. 而 $x = P_2 x + (I - P_2) x$, 其中 $P_2 x \perp (I - P_2) x$, 故 $\|x\|^2 = \|P_2 x\|^2 + \|(I - P_2) x\|^2$. 因此 $\|(I - P_2) x\| = 0$, 进而 $x = P_2 x \in R(P_2)$. (3) 成立.

$(3) \Rightarrow (4)$ 如果 (3) 成立, 对 $\forall x \in H$, $P_1 x \in R(P_1) \subset R(P_2)$. 从而 $P_2 P_1 x = P_2(P_1 x) = P_1 x$, (4) 成立.

$(4) \Rightarrow (5)$ 如果 (4) 成立, 则

$$P_1 = P_1^* = (P_1 P_2)^* = P_2^* P_1^* = P_2 P_1.$$

故 (5) 成立.

$(5) \Rightarrow (1)$ 若 (5) 成立则对任意 $x \in H$,

$$\|P_1 x\|^2 = (P_1 x, P_1 x) = (P_1 x, x) = (P_2 P_1 x, x) = (P_1 x, P_2 x) \leqslant \|P_1 x\| \cdot \|P_2 x\|.$$

故 $\|P_1 x\| \leqslant \|P_2 x\|$. 于是 $\|P_1 x\|^2 \leqslant \|P_2 x\|^2$. 因此

$$(P_1 x, x) = \|P_1 x\|^2 \leqslant \|P_2 x\|^2 = (P_2 x, x), \quad \forall x \in H,$$

即 $P_1 \leqslant P_2$. 故 (1) 成立. $\diamond$

4.5.3　不变子空间与约化子空间

在泛函分析中, 对一般线性算子的结构的刻画, 是迄今仍未解决的重大问题之一. 与之有着紧密联系的算子的不变子空间和约化子空间, 是算子结构理论中最基本的概念, 也是其最主要的研究对象. 下面, 我们总设 X 是复可分的 Banach 空间, H 是复可分的 Hilbert 空间, T 是 X(或 H) 上的有界线性算子.

定义 4.5.5　设 $\mathcal{M}, \mathcal{N}$ 是 X 的子空间.

(1) 如果 $T\mathcal{M} \subset \mathcal{M}$, 则称 $\mathcal{M}$ 为 T 的**不变子空间**, 简单记为 $\mathcal{M} \in \mathrm{Lat}T$.

(2) 如果 $\mathcal{M}, \mathcal{N} \in \mathrm{Lat}T$, 并且 $\mathcal{M}, \mathcal{N}$ 是拓扑互补的子空间, 即 $X = \mathcal{M} \oplus \mathcal{N}$, 则称 $\{\mathcal{M}, \mathcal{N}\}$**约化**$T$, 也称 $\mathcal{M}, \mathcal{N}$ 为 T 的**约化子空间**.

(3) 如果 $\mathcal{M} \in \mathrm{Lat}T$, 可以自然定义算子 $T|_{\mathcal{M}}$:

$$T|_{\mathcal{M}}x = Tx, \quad \forall x \in \mathcal{M},$$

称 $T|_{\mathcal{M}}$ 为 T 在 $\mathcal{M}$ 上的**限制**.

如果 $\{\mathcal{M}, \mathcal{N}\}$ 约化 T, 那么对 T 的研究可以转化为 T 在 $\mathcal{M}, \mathcal{N}$ 的限制 $T|_{\mathcal{M}}, T|_{\mathcal{N}}$ 的研究. 所以 X 的这种按 T 的约化子空间的分解是十分重要的.

定理 4.5.9　设 $T \in B(X)$, P 是 X 到 $\mathcal{M}$ 的射影, 则

(1) $\mathcal{M} \in \mathrm{Lat}T$ 当且仅当 $TP = PTP$;

(2) $\{\mathcal{M}, \mathcal{N}\}$ 约化 T 当且仅当 $TP = PT$.

证明　(1) 如果 $\mathcal{M} \in \mathrm{Lat}T$, 则对 $\forall x \in X$, $T(P(x)) \in T(\mathcal{M}) \subset \mathcal{M}$, 故 $PTPx = P(TPx) = TPx$. 所以 $PTP = TP$.

反之, 对 $\forall x \in \mathcal{M}$, $Tx = T(Px) = PTPx \in \mathcal{M}$, 因此 $\mathcal{M} \in \mathrm{Lat}T$.

(2) 根据上面结论, $\{\mathcal{M}, \mathcal{N}\}$ 约化 T 当且仅当 $\mathcal{M}, \mathcal{N} \in \mathrm{Lat}T$ 当且仅当 $TP = PTP$ 且 $T(I - P) = (I - P)T(I - P)$. 而 $(I - P)T(I - P) = T - PT - PT + PTP$, 因此 $T(I - P) = (I - P)T(I - P)$ 当且仅当 $PT = PTP$. 因此, $\{\mathcal{M}, \mathcal{N}\}$ 约化 T 当且仅当 $TP = PTP$ 且 $PT = PTP$, 而这又当且仅当 $PT = TP$.　　　　　◇

定理 4.5.10 (Riesz 分解定理)　设 $T \in B(X)$. 如果存在可求长的简单光滑的正向闭曲线 C 将 $\sigma(T)$ 分成两部分 σ_1, σ_2, 其中 σ_1 在 C 的内部, σ_2 在 C 的外部, 则存在 T 的约化子空间 $\mathcal{M}, \mathcal{N}$ 使得

$$X = \mathcal{M} \oplus \mathcal{N}, \quad \sigma(T|_{\mathcal{M}}) = \sigma_1, \quad \sigma(T|_{\mathcal{N}}) = \sigma_2.$$

这个定理表明, 如果算子 T 的谱不连通, T 就可分解为更小空间上谱较小一点的算子来研究. 这个结果是漂亮的, 也是重要的. 这里我们略去其证明.

习 题 4

1. 求证: 线性算子是连续的当且仅当它将收敛于 0 的序列映射成一个有界列.

2. 求证: 赋范线性空间的一个真子空间是无处稠密的, 因而是第一纲的.

3. 求证: 在 Banach 空间中, 第二纲的子空间是稠密的.

4. 设 X, Y 是 Banach 空间, $T \in B(X, Y)$, 且 $R(T) = Y$, 则 T 是有界可逆的当且仅当存在 $m > 0$, 使得 $||Tx|| \geqslant m||x||, \forall x \in X$.

5. 设赋范线性空间上的算子 P 是幂等的, 则

(1) $R(P) = \ker(I - P)$;

(2) $I - P$ 也是幂等的;

(3) $\ker P = R(I - P)$.

6. 设无穷矩阵 $(a_{i,j}), i, j \in \mathbf{N}$, 满足 $\sup\limits_{i \geqslant 1} \sum\limits_{j=1}^{\infty} |a_{ij}| < \infty$. 定义算子 T:

$$T: \ l^{\infty} \to l^{\infty}; Tx = y, x = (\xi_1, \xi_2, \cdots), y = (\eta_1, \eta_2, \cdots), \eta_n = \sum_{j=1}^{\infty} a_{n,j} \xi_j,$$

则 T 是有界线性算子, $||T|| = \sup\limits_{i \geqslant 1} \sum\limits_{j=1}^{\infty} |a_{ij}| < \infty$.

7. 设 H 为 Hilbert 空间, 线性算子 $T_j: \ H \to H$, $j = 1.2$, 满足

$$(T_1 x, y) = (x_1, T_2 y), \quad \forall x, y \in H,$$

则 T_1 是连续的.

8. 设 H 为 Hilbert 空间, $T \in B(H)$. 下述结论成立:

(1) 若 $(Tx, x) = 0$, $\forall x \in H$, 则 $T = 0$;

(2) T 是正规算子当且仅当 $||T^* x|| = ||Tx||$, $\forall x \in H$;

(3) 若 T 是正规算子, 则 $\ker T = \ker T^*$, $||T^2|| = ||T||^2$, $r(T) = ||T||$.

9. 设 $P, Q \in B(H)$ 是两个正交射影, 并且 $||P - Q|| < 1$, 则

$$\dim R(P) = \dim R(Q).$$

10. 设 $S, T \in B(H)$ 是自伴算子, 则 ST 是自伴算子的充要条件是 $ST = TS$.

11. 设 $V \in B(H)$ 满足 $||Vx|| = ||x||$, $\forall x \in H$. 则 V 是酉算子当且仅当 $\ker V^* = \{0\}$.

12. 设 $\{e_n\}_{n=1}^{\infty}$ 是可分 Hilbert 空间 H 的正规正交基, 定义算子 T:

$$T: \ H \to H, Tx = \sum_{n=1}^{\infty} a_n(x, e_n) e_n, \quad \forall x \in H,$$

则: (1) 若 $\{a_n\}_{n=1}^{\infty}$ 是 $\mathbf{C}$ 中有界集, 则 T 是有界线性算子;

(2) 若 $\{a_n\}_{n=1}^{\infty}$ 是 $\mathbf{R}$ 中有界集, 则 T 是自伴算子;

(3) 若 $\{a_n\}_{n=1}^{\infty} \subset \mathbf{C}$ 满足 $\sum\limits_{n=1}^{\infty} |a_n|^2 \leqslant \infty$, 则 T 是紧算子;

(4) 若 $\{a_n\}_{n=1}^{\infty} \subset \mathbf{C}$ 满足 $|a_n| = 1, \forall n \in \mathbf{N}$, 则 T 是酉算子.

13. 设 S 是 Hilbert 空间 H 上单边移位算子, 即 $T \in B(H)$,

$$Tx = \sum_{n=1}^{\infty} (x, e_n)e_{n+1}, \quad \forall x \in H,$$

则 S 的预解式 $R(\lambda, S)$ 满足 $\|R(\lambda, S)\| = \dfrac{1}{|\lambda| - 1}$, $\forall |\lambda| > 1$.

14. 设 X 是 Banach 空间, $T_1, T_2 \in B(H)$, 且 $T_1 T_2 = T_2 T_1$. 如果 $\lambda \in \rho(T_1) \bigcap \rho(T-1)$, 则

$$R(\lambda, T_1) - R(\lambda, T_2) = (T_1 - T_2)R(\lambda, T_1)R(\lambda, T_2).$$

15. 设 X 是 Banach 空间, $T \in B(X)$, $\alpha \in \rho(T)$, $A = R(\alpha, T)$. 证明:

(1) 若 $\lambda, \mu \in \mathbf{C}$, $\mu(\alpha - \lambda) = 1$, 则 $\mu \in \sigma(A)$ 当且仅当 $\lambda \in \sigma(T)$.

(2) 若 $\mu \in \rho(A)$, $\mu(\alpha - \lambda) = 1$, 则

$$R(\mu, A) = \frac{1}{\mu} + \frac{1}{\mu^2} R(\lambda, T).$$

16. 设 $\{e_n\}_{n=1}^{\infty}$ 是可分 Hilbert 空间 H 的正规正交基, 算子 $T \in B(H)$. 若对任意 $m, n \in \mathbf{N}$ 都有

$$(Te_n, e_m) = (e_n, Te_m),$$

则 T 是自伴算子.

17. 设 $T, W \in B(H)$. 如果 T 是自伴的, 则 $W^* T W$ 也是自伴的.

18. 设 $T \in B(H)$ 是自伴算子, $T \geqslant 0$, 则对任意 $x \in X$, $Tx = 0$ 当且仅当 $(Tx, x) = 0$.

19. 设 X, Y 是赋范线性空间, 若 $T \in B(X, Y)$, 则 $N(T)$ 是 X 的闭子空间. 问如果 $N(T)$ 是 X 的闭子空间, 是否能推出 $T \in B(X, Y)$.

20. 设 X, Y 是赋范线性空间, 而且 $X = \{0\}$. 证明: $B(X, Y)$ 完备当且仅当 Y 完备.

21. 设 X 是有限维的赋范线性空间, Y 是任意赋范线性空间. 如果 $T: X \to Y$ 是线性算子, 则 T 是连续的.

22. 设 $X = C[0, 1]$. 对 $x \in X$, 任取 $[0, 1]$ 的 n 个分点

$$0 \leqslant t_1 < t_2 < \cdots < t_{n-1} < t_n \leqslant 1,$$

作 Lagrange 插值多项式

$$l_k = \frac{(t - t_1)(t - t_1) \cdots (t - t_{k-1})(t - t_{k+1}) \cdots (t - t_n)}{(t - t_1)(t_k - t_1) \cdots (t_k - t_{k-1})(t_k - t_{k+1}) \cdots (t_k - t_n)}$$

$k = 1, 2, \cdots, n$. 令 $(L_n x)(t) = \sum\limits_{k=1}^{n} x(t_k)l_k(t)$, 证明:

$$L_n \in B(X, X), \text{ 并且 } \|L_n\| = \max_{t \in [0,1]} \sum_{k=1}^{n} |l_k(t)|.$$

23. 设 $f(x) = \int_{-1}^{0} x(t)\mathrm{d}t - \int_{0}^{1} x(t)\mathrm{d}t,\ x \in C[-1,1]$. 证明: $f \in (C[0,1])^*$, 并求 $\|f\|$.

24. 设 X 是赋范线性空间, $S \subset X$. 如果对 $\forall x' \in X'$, 有 $\sup\limits_{x \in S} |x'(x)| < +\infty$, 则 $\sup\limits_{x \in S} \|x'\| < +\infty$.

25. 设 X 是 Banach 空间, Y 是赋范线性空间, $\{T_n : n \in \mathbf{N}\} \subset B(X,Y)$. 如果对任意的 $y' \in Y', x \in X$, 都有 $\sup\limits_{n \in \mathbf{N}} y'(T_n x)| < +\infty$, 则 $\sup\limits_{n \in \mathbf{N}} \|T_n\| < +\infty$.

26. 设 X 是 Banach 空间, $\{x_n'\} \subset X'$. 证明:

$$\sum_{n=1}^{\infty} |x_n'(x)| < +\infty \iff \sum_{n=1}^{\infty} |F(x_n')| < +\infty, \quad \forall F \in X''.$$

27. 设 X, Y 是赋范线性空间. 如果 $T \in \mathcal{K}(X,Y)$, 则 $T(X)$ 是可分的.

28. 有界线性算子与紧算子的复合算子是紧算子.

29. 证明 $B(l^1, l^1) = \mathcal{K}(l^2, L^1)$.

30. 设 $Tx = \{a_j x_j\}, x = \{x_j\} \in l^2, \overline{\{a_j\}} = [0,1]$. 证明: $T \in B(l^2), T \notin \mathcal{K}(l^2)$.

31. 设 X 是无穷维空间. 证明: $\mathcal{K}(X)$ 是 $B(X)$ 中的无处稠密集合.

32. 设 $k(t) \in C[0,1]$, 定义:

$$T:\ L^2[0,1] \to L^2[0,1], \quad Tx(t) = k(t)x(t), \quad x \in L^2[0,1],$$

则 T 是自伴算子 $\iff k(t)$ 是实值函数.

33. 设 $T \in B(H), T \geqslant 0, x_0 \in H$. 如果 $(Tx_0, x_0) = 0$, 则 $x_0 \in N(T)$.

34. 设 $P \in B(H)$, 则 P 是射影算子当且仅当 $(Px, x) = \|Px\|^2, \forall x \in H$.

35. 设 $T \in B(H)$ 是自伴的紧算子, 如果 $T \neq 0$, 则 $\sigma_p(T) \neq \varnothing$.

36. 对任意 $T \in B(H)$, 都有自伴算子 S_1, S_2 使得 $T = S_1 + \mathrm{i}S_2$.

37. 设 $\{T_n\} \subset B(H)$, 如果 $\lim\limits_{n \to \infty} T_n = T$, 则 $\lim\limits_{n \to \infty} T_n^* = T^*$.

38. 求 $\mathbf{R}^2$ 到 $\mathbf{R}^2$ 的矩阵算子 $A = \begin{pmatrix} 5.5 & 5 \\ 2.5 & 1 \end{pmatrix}$ 的范数 $\|A\|$.

39. 设 U 是 $\mathbf{R}$ 中的有界集, $u_n(t)(n \in \mathbf{N})$ 是从 $[a,b]$ 到 U 的一可测函数序列, 则 $u_n(x) \in L^\infty[a,b]$, 且作为 $L^1[a,b]$ 上的泛函序列, $\{u_n\}_{n=1}^{\infty}$ 是弱 * 列紧的, 即存在 $\{u_n\}_{n=1}^{\infty}$ 的子序列 $\{u_{n_k}\}_{k=1}^{\infty}$ 以及 $u(t) \in L^\infty[a,b]$, 使得

$$\lim_{k \to \infty} \int_a^b v(t)u_{n_k}(t)\mathrm{d}t = \int_a^b v(t)u(t)\mathrm{d}t, \quad \forall v(t) \in L^1[a,b].$$

附录 Sobolev 空间

A.1 Sobolev 空间

在本附录的后半部分, 我们将利用泛函分析方法证明著名的 Dirichlet 原理, 为此我们在这一节中首先介绍重要的 Sobolev 空间. 为此我们首先考察广义导数的概念.

A.1.1 广义导数

广义导数的定义源自经典的分部积分公式: 对所有 $v \in C_0^\infty(G)$, 有

$$\int_G u\partial_j v \mathrm{d}x = -\int_G (\partial_j u)v \mathrm{d}x, \tag{A.1.1}$$

这里 $u \in C^1(G)$.

一个简单的技巧是令

$$w = \partial_j u.$$

由此我们得到下面的公式

$$\int_G u\partial_j v \mathrm{d}x = -\int_G wv\mathrm{d}x, \quad \text{对所有} v \in C_0^\infty(G). \tag{A.1.2}$$

人们注意到, 对某些非光滑函数 u 和 w 上面公式仍成立.

定义 A.1.1 记 G 是 $\mathbf{R}^N, N \geqslant 1$ 中的非空开集. 令 $u, w \in L_2(G)$, 并且假设 (A.1.2) 式成立. 则称函数 w 为函数 u 在集合 G 上形如 ∂_j 的**广义导数**.

同经典情形一致, 我们记为 $w = \partial_j u$.

为了下面的讨论, 我们首先回顾重要的变分引理:

引理 A.1.1 假设 G 是 $\mathbf{R}^n, n \geqslant 1$ 的一个非空开子集, $u \in L_2(G)$ 满足对所有的 $v \in C_0^\infty(G)$, 有

$$\int_G uv\mathrm{d}x = 0,$$

则对几乎所有的 $x \in G$ 有 $u(x) = 0$. 特别地, 若 $u \in C(G)$, 则对所有的 $x \in G$ 恒有 $u(x) = 0$.

引理的证明请读者参考文献 (Zeidler, 2009) 一书 117 页的证明.

命题 A.1.1 广义导数 $w = \partial_j u$ 由 w 在一个 N-维零测集上的值唯一决定.

证明 假设 (A.1.2) 式对 $w, \widetilde{w} \in L_2(G)$ 成立. 这样便得到

$$\int_G (w - \widetilde{w}) v \mathrm{d}x = 0, \quad \text{对所有 } v \in C_0^\infty(G),$$

而变分引理指出

$$w(x) = \widetilde{w}(x),$$

对几乎所有的 $x \in G$ 成立.   ◇

例 A.1.1 考虑定义如下的函数 $u : (-1, 1) \to \mathbf{R}$:

$$u(x) := |x|, \quad x \in (-1, 1).$$

令

$$w(x) := \begin{cases} -1, & \text{当 } -1 < x < 0, \\ 0, & \text{当 } x = 0, \\ 1, & \text{当 } 0 < x < 1, \end{cases}$$

则函数 w 是函数 u 在区间 $(-1, 1)$ 上的广义导数. 记作

$$u' = w, \quad \text{在区间 } (-1, 1) \text{ 上}.$$

注意到 w 在子区间 $(-1, 0)$ 和 $(0, 1)$ 上均为 u 的经典导数, 但是 u 的经典导数在点 $x = 0$ 不存在.

下面我们验证这一事实. 对所有 $v \in C_0^\infty(-1, 1)$, 由 $v(\pm 1) = 0$, 从分部积分得

$$\begin{aligned}
\int_{-1}^1 uv'\mathrm{d}x &= \int_{-1}^0 uv'\mathrm{d}x + \int_0^1 uv'\mathrm{d}x \\
&= -\int_{-1}^0 u'v\mathrm{d}x - \int_0^1 u'v\mathrm{d}x + uv|_{-1}^0 + uv|_0^1 \\
&= -\int_{-1}^0 wv\mathrm{d}x - \int_0^1 wv\mathrm{d}x + u(0)\nu(0) \\
&\quad - u(-1)v(-1) + u(1)v(1) - u(0)v(0) \\
&= -\int_{-1}^1 wv\mathrm{d}x.
\end{aligned}$$

更准确地说, 对 $0 < \varepsilon < \dfrac{1}{2}$, 注意到由分部积分有

$$\int_{-1}^{-\varepsilon} uv'\mathrm{d}x = -\int_{-1}^{-\varepsilon} u'v\mathrm{d}x + uv|_{-1}^{-\varepsilon},$$

因为 u 和 v 在 $(-1, -\varepsilon)$ 上是 C^1 的. 令 $\varepsilon \to +0$. 因为 $u\nu$ 在 $[-1, 0]$ 连续, 我们得到

$$\int_{-1}^{0} u\nu' \mathrm{d}x = -\int_{-1}^{0} u'\nu \mathrm{d}x + u\nu|_{-1}^{0}.$$

类似地, 对 $\displaystyle\int_{\varepsilon}^{1} uv' \mathrm{d}x$ 应用 $\varepsilon \to +0$ 得相应的公式 $\displaystyle\int_{0}^{1} uv' \mathrm{d}x = -\int_{0}^{1} u'v \mathrm{d}x + uv|_{0}^{1}$. 进而可以得到

$$\int_{-1}^{1} uv' \mathrm{d}x = -\int_{-1}^{1} u'v \mathrm{d}x.$$

A.1.2 Sobolev 空间 $W_2^1(G)$

定义 A.1.2 设 G 是 $\mathbf{R}^N, N \geqslant 1$ 上的非空开集. Sobolev 空间 $W_2^1(G)$ 由所有函数满足以下条件的函数 $u \in L_2(G)$ 构成: u 具有广义导数

$$\partial_j u \in L_2(G), \quad j = 1, \cdots, N.$$

此外, 对所有 $u, v \in W_2^1(G)$, 令

$$(u|v)_{1,2} := \int_G \left(uv + \sum_{j=1}^{N} \partial_j u \partial_j v \right) \mathrm{d}x,$$

且

$$\| u \|_{1,2} := (u|u)_{1,2}^{\frac{1}{2}}.$$

命题 A.1.2 将仅在 N-维零测集上取值不同的两个函数视作相同的函数, $W_2^1(G)$ 在内积 $(\cdot|\cdot)_{1,2}$ 下构成一个实 Hilbert 空间.

证明 假设 $u \in W_2^1(G)$. 由 $(u|u)_{1,2} = 0$ 得 $\displaystyle\int_G u^2 \mathrm{d}x = 0$, 因此几乎对所有的 $x \in G$ 都有 $u(x) = 0$, 即 u 是零元. 因此 $(\cdot|\cdot)_{1,2}$ 是 $W_2^1(G)$ 上的一个内积. 所以, $W_2^1(G)$ 是内积空间.

为了证明 $W_2^1(G)$ 是 Hilbert 空间, 我们还需要验证它是完备的. 为此假设 $\{u_n\}_{n=1}^{\infty}$ 是 $W_2^1(G)$ 上的一个 Cauchy 序列, 即对任意正数 ε, 存在正整数 $n_0(\varepsilon)$ 使得

$$\| u_n - u_m \|_{1,2} < \varepsilon, \quad \text{对所有 } n, m \geqslant n_0(\varepsilon).$$

显然 $\{u_n\}_{n=1}^{\infty}$ 和 $\{\partial_j u_n\}_{n=1}^{\infty}$ 都是 $L_2(G)$ 上的 Cauchy 列. 因为 $L_2(G)$ 是 Hilbert 空间, 存在函数 $u, w_j \in L_2(G)$, 使得当 $n \to \infty$ 时, 在 $L_2(G)$ 中有

$$u_n \to u \text{ 以及对所有的 } j \text{ 有} \partial_j u \to w_j. \tag{A.1.3}$$

注意到

$$\int_G u_n \partial_j v \mathrm{d}x = -\int_G (\partial_j u_n) v \mathrm{d}x, \quad \text{对所有 } v \in C_0^\infty(G).$$

$\forall n \geqslant 1$. 利用 Hilbert 空间 $L_2(G)$ 上内积的连续性, 令 $n \to \infty$, 得到对所有 $v \in C_0^\infty(G)$,

$$\int_G u \partial_j v \mathrm{d}x = -\int_G w_j v \mathrm{d}x. \tag{A.1.4}$$

方程 (A.1.4) 告诉我们函数 u 在 G 上有广义导数

$$w_j = \partial_j u, \quad \text{对任意 } j.$$

由于 $\partial_j u \in L_2(G)$, 我们得到 $u \in W_2^1(G)$.

最后由 (A.1.3) 式得

$$\| u_n - u \|_{1,2} \to 0, \quad n \to \infty,$$

即当 $n \to \infty$ 时 $u_n \to u \in W_2^1(G)$. 因此 $W_2^1(G)$ 是 Hilbert 空间. $\diamond$

A.1.3 Sobolev 空间 $\overset{o}{W}_2^1(G)$

定义 A.1.3 在 Hilbert 空间 $W_2^1(G)$ 中, 令 $\overset{o}{W}_2^1(G)$ 表示集合 $C_0^\infty(G)$ 的闭包. 在推广意义下, 称所有的函数 $u \in \overset{o}{W}_2^1(G)$ 满足边值条件

$$u = 0, \quad \text{在 } \partial G \text{ 上}$$

是有意义的, 下面我们就讨论这一推广. 我们先从一些基本事实开始讨论.

命题 A.1.3 空间 $\overset{o}{W}_2^1(G)$ 是实 Hilbert 空间.

证明 注意到 $C_0^\infty(G)$ 是 Hilbert 空间 $W_2^1(G)$ 的线性子空间, 又 $\overset{o}{W}_2^1(G)$ 是 $C_0^\infty(G)$ 的闭包, 因此 $\overset{o}{W}_2^1(G)$ 是实 Hilbert 空间. $\diamond$

在 $N = 1$ 且 $G = (a, b)$ 的特殊情形, 不妨将 $W_2^1(G)$ 和 $\overset{o}{W}_2^1(G)$ 分别简写为 $W_2^1(a, b)$ 和 $\overset{o}{W}_2^1(a, b)$.

下面的例子表明函数 $u \in \overset{o}{W}_2^1(a, b)$ 具有简单的结构.

例 A.1.2 令 $-\infty < a < b < \infty$. 如果 $u \in \overset{o}{W}_2^1(a, b)$, 则存在唯一的连续函数 $v : [a, b] \to \mathbf{R}$ 使得对几乎所有的 $x \in (a, b)$, 有 $u(x) = v(x)$ 和 $v(a) = v(b) = 0$.

另外还有估计

$$\max_{a \leqslant x \leqslant b} | v(x) | \leqslant (b - a)^{\frac{1}{2}} \left(\int_a^b u'^2 \mathrm{d}x \right)^{\frac{1}{2}} \leqslant (b - a)^{\frac{1}{2}} \| u \|_{1,2}.$$

在 A.1.2 节的讨论中, 对所有的 $u, v \in \overset{o}{W}{}^1_2(a,b)$, 得到

$$(u|v)_{1,2} = \int_a^b (uv + u'v') \mathrm{d}x \text{ 以及 } \| u \|_{1,2} = \left(\int_a^b (u^2 + u'^2) \mathrm{d}x \right)^{\frac{1}{2}}.$$

注意 $L^2[a,b]$ 中的元素是函数的等价类, 因此以上结果说明我们可以在等价类中挑选性质非常好的代表元. 特别注意到方程古典解和广义解之间的关系, 如上的结果暗示我们从广义解再利用一定的光滑性条件就可能得到古典解. 下面我们来证明例 A.1.2 中结论.

证明　(1) v 的唯一性. 假如两个连续函数 $h, g: [a,b] \to \mathbf{R}$ 在一点取值不同, 那么它们在某一个测度大于零的小区间 J 上取值都不相同. 因此, 如果

$$v(x) = w(x), \quad \text{对几乎所有 } x \in (a,b),$$

则在 $[a,b]$ 上恒有

$$v(x) = w(x).$$

(2) v 的存在性. 首先令 $w \in C_0^\infty(a,b)$. 则

$$w(x) = \int_a^x w' \mathrm{d}y$$

对所有的 $x \in [a,b]$ 成立. 由 Schwarz 不等式, 对所有 $x \in [a,b]$, 有

$$| w(x) | \leqslant \int_a^b 1 \cdot | w' | \, \mathrm{d}y \leqslant \left(\int_a^b \mathrm{d}y \right)^{\frac{1}{2}} \left(\int_a^b | w' |^2 \, \mathrm{d}y \right)^{\frac{1}{2}} \leqslant (b-a)^{\frac{1}{2}} \| w \|_{1,2} .$$

现在令 $u \in \overset{o}{W}{}^1_2(a,b)$. 那么, 存在 $C_0^\infty(a,b)$ 中的序列 (v_n) 使得当 $n \to \infty$ 时,

$$\| v_n - u \|_{1,2} \to 0.$$

由于 (v_n) 是 $\overset{o}{W}{}^1_2(a,b)$ 中的柯西序列, 且

$$\max_{a \leqslant x \leqslant b} | v_n(x) - v_m(x) | \leqslant (b-a)^{\frac{1}{2}} \| v_n - v_m \|_{1,2},$$

所以 (v_n) 也是 Banach 空间 $C[a,b]$ 中的 Cauchy 列. 因此存在函数 $v \in C[a,b]$, 使得当 $n \to \infty$ 时,

$$\max_{a \leqslant x \leqslant b} | v_n(x) - v(x) | \to 0.$$

因为对任意 n 有 $v_n(a) = v_n(b) = 0$, 这说明 $v(a) = v(b) = 0$.

最后, 由

$$\int_a^b (v-u)^2 \mathrm{d}x = \lim_{n \to \infty} \int_a^b (v_n - u)^2 \mathrm{d}x \leqslant \lim_{n \to \infty} \| v_n - u \|_{1,2}^2 = 0$$

可知对几乎所有的 $x \in (a,b)$ 有 $v(x) = u(x)$.　　　　　　　　　　　　◇

例 A.1.3 令 $-\infty < a < b < \infty$, 函数
$$u : [a,b] \to \mathbf{R}$$
连续且分段连续可微. 用 C 表示所有 u 有经典导数存在的点 x 构成的集合. 定义实函数:
$$w(x) := \begin{cases} u'(x), & \text{当 } x \in C, \\ \text{任意值}, & \text{其他点.} \end{cases}$$
更确切地说, 假定下列事实:

(a) 函数 u 在 $[a,b]$ 上连续;

(b) 存在有限多个点 a_j 满足 $a = a_0 < a_1 < \cdots < a_n = b$, 使得对所有的 j, u 在开子区间 (a_j, a_{j+1}) 上都是连续可微的并且微分 u' 可连续扩张到闭子区间 $[a_j, a_{j+1}]$ 上. 那么, 函数 u 便具有下列性质:

(i) 函数 w 是 u 在 (a,b) 上的广义导数, 即在 (a,b) 上有 $w = u'$;

(ii) $u \in W_2^1(a,b)$;

(iii) $u \in \overset{o}{W}_2^1(a,b)$ 当且仅当 $u(a) = u(b) = 0$.

证明 (i) 的证明. 将区间 $[a,b]$ 划分成子区间 $[a_j, a_{j+1}]$ 后仿照例 A.1.1 使用分部积分.

(ii) 的证明. 因为 u 是连续的而且 $w = u'$ 分段连续且有界, 所以
$$\int_a^b u^2 \mathrm{d}x < \infty \text{ 且 } \int_a^b u'^2 \mathrm{d}x < \infty,$$
因此 $u \in W_2^1(a,b)$.

(iii) 的证明. 如果 $u \in \overset{o}{W}_2^1(a,b)$, 那么由例 A.1.2 得 $u(a) = u(b) = 0$. 反之, 令 $u(a) = u(b) = 0$. 对任意 $\varepsilon > 0$, 取函数 $v \in C^1[a,b]$ 使得 v 在两个边界点 $x = a$ 和 $x = b$ 的某个邻域内等于 0, 并且 v 满足
$$\| u - v \|_{1,2}^2 = \int_a^b [(u-v)^2 + (u'-v')^2] \mathrm{d}x < \left(\frac{\varepsilon}{2}\right)^2.$$

取适当常数 c 定义函数
$$\phi(x) = \begin{cases} c e^{-\frac{1}{1-x^2}}, & \text{当 } |x| \leqslant 1, \\ 0, & \text{当 } |x| > 1. \end{cases}$$

这里的常数 c 就是为了保证 $\int_{-1}^1 \phi(x)\mathrm{d}x = 1$. 令 $\phi_n(x) = n\phi(nx)$. 取充分大的 N, 令
$$v_n(x) = \int_a^b \phi_{n+N}(x-y)v(y)\mathrm{d}y.$$

可以证明 $v_n \in C_0^\infty(a,b)$, 且在闭区间 $[a,b]$ 上 $\{v_n\}_{n=1}^\infty$ 和 $\{v_n'\}_{n=1}^\infty$ 一致收敛于 v 和 v'. 因此, 可选适当的 K 使得当 $n \geqslant K$ 时,

$$\| u - v_n \|_{1,2} \leqslant \| u - v \|_{1,2} + \| v - v_n \|_{1,2} < \varepsilon.$$

因此 $u \in \overset{\circ}{W}{}_2^1(a,b)$.   ◇

A.2   正规正交基的存在性与 Parseval 公式

A.2.1   正规正交基的存在性

此后, 如无特殊声明, 总用 $\mathcal{H}$ 表示非零的 Hilbert 空间.

定理 A.2.1   若 $\mathcal{H}$ 是无穷维的、可分的, 则 $\mathcal{H}$ 有一个可数的正规正交基.

证明   由于 $\mathcal{H}$ 可分, $\mathcal{H}$ 中存在可数的稠密子集 S. 利用数学归纳法可以证明必存在 S 中一个线性无关子集 $\{x_n\}$, 使得 S 中每个元都可以表示成 $\{x_n\}$ 中某些元的线性组合.

将 Schmidt 正规正交法 (4.3.2 节) 用于 $\{x_n\}$, 得到正规正交集 $\{e_n\}$.

若有 $e \in H$, 使

$$(e, e_n) = 0, \quad n = 1, 2, \cdots.$$

注意, 每个 x_n 可以表示成 $x_n = \sum_{i=1}^{n} a_j e_j$, 从而

$$(e, x_n) = 0, \quad n = 1, 2, \cdots.$$

又任给 $x \in S$, 可以表示成 $\{x_n\}$ 中某些元的线性组合, 故

$$(e, x) = 0, \quad \forall x \in S.$$

由于 S 是 $\mathcal{H}$ 中稠密子集, 可知 $e = 0$, 所以 $\{e_n\}$ 是 $\mathcal{H}$ 的正规正交基.   ◇

定理 A.2.2   每个非零的 Hilbert 空间都有正规正交基.

证明   设 $\mathcal{H}$ 是一个非零的 Hilbert 空间, 考虑 $\mathcal{H}$ 中一切正规正交集构成的族 $\mathscr{F}$. $\mathscr{F}$ 是非空的, 因为任取 $x \neq 0, \{x/\|x\|\}$ 便是 $\mathscr{F}$ 中的一个元. 对 $S_1, S_2 \in \mathscr{F}$, 定义 $S_1 \prec S_2$, 当 $S_1 \subset S_2$. 则 $\mathscr{F}$ 按 "$\prec$" 成为一个部分有序集. 若 $\{S_\alpha\}_{\alpha \in \mathscr{A}}$ 是 $\mathscr{F}$ 中的完全有序子集, 则 $\bigcup\limits_{\alpha \in \mathscr{A}} S_\alpha \in \mathscr{F}$, 而且是 $\{S_\alpha\}_{\alpha \in \mathscr{A}}$ 的上界. 根据 Zorn 引理, $\mathscr{F}$ 中存在极大元 S_M, 则 S_M 便是 $\mathcal{H}$ 的一个正规正交基.   ◇

A.2.2   Parseval 公式

定理 A.2.3   设 $S = \{x_\alpha\}_{\alpha \in \mathscr{A}}$ 是 $\mathcal{H}$ 的一个正规正交基, 则对任何的 $x \in \mathcal{H}$, 都有

$$x = \sum_{\alpha \in A} (x, x_\alpha) x_\alpha,$$

$$\| x \|^2 = \sum_{\alpha \in \mathscr{A}} |(x, x_\alpha)|^2,$$

这里 $\sum_{\alpha \in \mathscr{A}} Z_\alpha$ 表示最多只有可数多个 $Z_\alpha \neq 0$, 而且级数无条件收敛.

特别地, 当 $\mathcal{H}$ 是可分的 Hilbert 空间, $\{x_n\}_1^\infty$ 是 $\mathcal{H}$ 的正规正交基, 则对任何的 $x \in \mathcal{H}$ 都有

$$\| x \|^2 = \sum_{n=1}^\infty |(x, x_n)|^2. \tag{A.2.1}$$

(A.2.1) 式通常称为 Parseval 公式.

证明 设 $x \in \mathcal{H}$, 由 Schwarz 不等式, 对每个 $\alpha \in \mathscr{A}$,

$$|(x, x_\alpha)| \leqslant \| x \|.$$

注意

$$\bigcup_{k=i}^\infty \left[\frac{1}{k+1} \| x \|, \frac{1}{k} \| x \| \right] = (0, \| x \|].$$

于是, 若有不可数个 $(x, x_\alpha) \neq 0$, 则至少有一个区间

$$\left[\frac{1}{k+1} \| x \|, \frac{1}{k} \| x \| \right]$$

中包含无穷多个 $|(x, x_\alpha)|$, 这与 Bessel 不等式矛盾.

现在 $\{(x, x_\alpha)\}_{\alpha \in \mathscr{A}}$ 中最多只有可数多个不为 0 者, 将它们排列成

$$(x, x_{\alpha_1}), (x, x_{\alpha_2}), \cdots, (x, x_{\alpha_i}), \cdots.$$

由 Bessel 不等式, 对任意自然数 N,

$$\sum_{i=1}^N |(x, x_{\alpha_i})|^2 \leqslant \| x \|^2,$$

故

$$\sum_{i=1}^\infty |(x, x_{\alpha_i})|^2$$

收敛.

令 $y_n = \sum_{i=1}^n (x, x_{\alpha_i}) x_{\alpha_i}, n = 1, 2, \cdots$, 则当 $n > m$ 时,

$$\| y_n - y_m \|^2 = \left\| \sum_{i=m+1}^n (x, x_{\alpha_i}) x_{\alpha_i} \right\|^2$$

$$= \sum_{i=m+1}^{n} |(x, x_{\alpha_i})|^2.$$

可见 $\{y_n\}_{n=1}^{\infty}$ 是 Cauchy 序列. $\mathcal{H}$ 是完备的. 故可设 $y_n \to x' \in \mathcal{H}$. 往证 $x = x'$. 显然, 对一切 x_{α_k}, 有

$$(x - x', x_{\alpha_k}) = \lim_{n} \left(x - \sum_{i=1}^{n} (x, x_{\alpha_i}) x_{\alpha_i}, x_{\alpha_k} \right)$$
$$= (x, x_{\alpha_k}) - (x, x_{\alpha_k})$$
$$= 0.$$

而对 $x_\alpha \in S, \alpha \neq \alpha_k, (x, x_\alpha) = 0,$ 且 $(x_{\alpha_i}, x_\alpha) = 0, i = 1, 2, \cdots.$ 故

$$(x - x', x_\alpha) = \lim_{n} \left(x - \sum_{i=1}^{n} (x, x_{\alpha_i}) x_{\alpha_i}, x_\alpha \right) = 0.$$

于是 $x - x$ 与 S 中一切元正交, 而 S 是 $\mathcal{H}$ 的正规正交基, 故 $x - x' = 0$. 即

$$x = \lim_{n} \sum_{i=1}^{n} (x, x_{\alpha_i}) x_{\alpha_i}$$
$$= \sum_{i=1}^{\infty} (x, x_{\alpha_i}) x_{\alpha_i}$$
$$= \sum_{\alpha \in \mathscr{A}} (x, x_{\alpha_\alpha}) x_{\alpha_\alpha}.$$

至于第二个等式, 对于任意自然数 n,

$$\| x \|^2 = \sum_{n=1}^{N} |(x, x_{\alpha_i})|^2 + \left\| x - \sum_{n=1}^{N} (x, x_{\alpha_i}) x_{\alpha_i} \right\|^2.$$

于是, 令 $n \to \infty$, 可得

$$\| x \|^2 = \sum_{n=1}^{\infty} |(x, x_{\alpha_i})|^2 = \sum_{\alpha \in \mathscr{A}} |(x, x_\alpha)|^2. \qquad \diamond$$

A.3   共轭双线性泛函

定义 A.3.1   设 $\varphi(x, y)$ 是从 $H \times H$ 到 C 中的函数, 具有性质:
(i) $\varphi(\alpha x + \beta y, z) = \alpha \varphi(x, z) + \beta \varphi(y, z)$;

(ii) $\varphi(x, \alpha y + \beta z) = \overline{\alpha}\varphi(x, y) + \overline{\beta}\varphi(x, z)$, 当 $x, y, z \in H, \alpha, \beta \in C$. 则称 $\varphi(x, y)$ 为 H 上的**共轭双线性泛函**. 若更有常数 $C > 0$, 使

(iii) $\mid \varphi(x, y) \mid \leqslant C \parallel x \parallel \parallel y \parallel$ 当 $x, y \in H$, 则称 $\varphi(x, y)$ 为**有界的**.

在上述定义中, 如果 (ii) 换成下面的

$$(\text{ii})' \quad \varphi(x, \alpha y + \beta z) = \alpha\varphi(x, y) + \beta\varphi(x, z),$$

就称 $\varphi(x, y)$ 为 H 上的**双线性泛函**.

显然, 如果共轭双线性泛函 $\varphi(y, x)$ 还满足

$$\varphi(y, x) = \overline{\varphi(x, y)},$$

$$\varphi(x, y) \geqslant 0,$$

以及

$$\varphi(x, x) = 0 \Leftrightarrow x = 0,$$

那么 $\varphi(x, y)$ 就是个内积了.

定理 A.3.1 设 $\varphi(x, y)$ 是 H 上有界的共轭双线性泛函, 则恰有 H 上一个有界线性算子 A, 使

$$\varphi(x, y) = (Ax, y), \quad \text{当} x, y \in H.$$

证明 对任给 $x \in H$, 令

$$f(y) = \overline{\varphi(x, y)}, \quad \text{当} y \in H,$$

易证 $f \in H^*$. 根据定理 A.3.2, 恰有一个元 $z_f \in H$, 使

$$f(y) = (y, z_f),$$

这个 z_f 是由 f 从而由 x 所唯一确定的. 定义 $Ax = z_f$, 则

$$\overline{\varphi(x, y)} = (y, Ax),$$

即

$$\varphi(x, y) = (Ax, y), \quad \text{当} x, y \in H.$$

不难验证, 如此定义的 A 确是 H 上有界线性算子. 至于唯一性是显然的. ◇

例 A.3.1 设 Ω 是 $\mathbf{R}^2$ 中区域, $\mathscr{D} = \{u \in C_0^1(\Omega) : u \text{ 是实值的}\}$. 则

$$a(u, v) = \iint\limits_{\Omega} (u_x v_x + u_y v_y)\mathrm{d}x\mathrm{d}y, \quad u, v \in \mathscr{D}$$

是 $\mathscr{D}$ 上按 $H_0^1(\Omega)$ 的范数 $\|\cdot\|_1$ 有界的双线性泛函. 这里,

$$u_x = \frac{\partial u}{\partial x}, \quad u_y = \frac{\partial u}{\partial y}, \quad \text{当} u \in \mathscr{D}.$$

因为只考虑实值函数, $H_0^1(\Omega)$ 中内积定义为

$$(u,v)_1 = \sum_{|j| \leqslant 1} \iint_\Omega \partial^j u \partial^j v \, \mathrm{d}x\mathrm{d}y,$$

故

$$\sqrt{(u,u)_1}$$

$$= \left(\sum_{|j| \leqslant 1} \iint_\Omega |\partial^j u|^2 \, \mathrm{d}x\mathrm{d}y \right)^{\frac{1}{2}}$$

$$= \left[\iint_\Omega (u^2 + u_x^2 + u_y^2) \mathrm{d}x\mathrm{d}y \right]^{\frac{1}{2}},$$

从而由 Schwarz 不等式

$$|a(u,v)| = \left| \iint_\Omega (u_x v_x + u_y v_y) \mathrm{d}x\mathrm{d}y \right|$$

$$\leqslant \left(\iint_\Omega (|u_x|^2 + |u_y|^2) \mathrm{d}x\mathrm{d}y \right)^{\frac{1}{2}} \cdot \left(\iint_\Omega (|v_x|^2 + |v_y|^2) \mathrm{d}x\mathrm{d}y \right)^{\frac{1}{2}}$$

$$\leqslant \|u\|_1 \|v\|_1.$$

可见 $a(u,v)$ 是按 $H_0^1(\Omega)$ 的范数 $\|\cdot\|_1$ 是有界的, 至于双线性是容易验证的. 所以 $a(u,v)$ 可以扩张成 $H_0^1(\Omega)$ 上的有界双线性泛函.

从这个例子及例 A.4.2, $H_0^1(\Omega)$ 上范数的引进, 正好把关于微分算子的 $-\triangle u$ 转化成作为 $H_0^1(\Omega)$ 上的有界双线性泛函的 $a(u,v)$.

A.4 Hilbert 共轭算子与 Lax-Milgram 定理

A.4.1 Hilbert 共轭算子

设 H_1, H_2 都是 Hilbert 空间, T 是从 H_1 到 H_2 的有界线性算子. 对 H_2 中每个固定元 y, 设

$$f(x) \triangleq (Tx, y),$$

当 $x \in H_1$. 则 $f(x)$ 是 H_1 上以 x 为变元的连续线性函数. 由 Fréchet-Riesz 表示定理, 恰有一个 $\widetilde{y} \in H_1$. 使

$$f(x) = (x, \widetilde{y}).$$

当 $x \in H_1$, 这个 $\widetilde{y}$ 是由 y 唯一确定的. 人们定义

$$T^*y = \widetilde{y}.$$

容易验证 T^* 是从 H_2 到 H_1 的有界线性算子. 称 T^* 为 T 的 Hilbert **共轭算子**, 通常也称为 T 的**伴随算子**.

由 T^* 的定义可见

$$(Tx, y) = (x, T^*y), \quad \forall x \in H_1, y \in H_2. \tag{A.4.1}$$

总之, 对每个 H_1 到 H_2 的有界线性算子 T, 总存在一个从 H_2 到 H_1 的有界线性算子 T^* 使 (A.4.1) 式成立. 显然 T^* 是由 T 唯一确定的.

例 A.4.1 设 $\{e_1, \cdots, e_n\}$ 是 $\mathbf{R}^n$ 的一个正规正交基. A 是 $\mathbf{R}^n$ 上线性算子, $A = (a_{ij})_{n \times n}$ 是 A 在 $\{e_1, \cdots, e_n\}$ 上的矩阵表示, 则从基底与矩阵表示的关系,

$$(Ae_1, \cdots, Ae_n) = (e_1, \cdots, e_n) \begin{pmatrix} a_{11} & a_{12} & \cdots & a_{1n} \\ a_{21} & a_{22} & \cdots & a_{2n} \\ \vdots & \vdots & & \vdots \\ a_{n1} & a_{n2} & \cdots & a_{nn} \end{pmatrix}, \tag{A.4.2}$$

即

$$Ae_i = \sum_{i=1}^{n} a_{ij}e_i, \quad j = 1, \cdots, n.$$

从而对每个 $k, j = 1, \cdots, n$,

$$(A^*e_k, e_j) = (e_k, A^*e_j)$$
$$= \left(e_k, \sum_{i=1}^{n} a_{ij}e_j\right) = \overline{a_{kj}},$$

故设 A^* 在 $\{e_1, \cdots, e_n\}$ 上矩阵表示为 $A^* = (a_{jk}^*)_{n \times n}$. 即 $A^*e_k = \sum_{j=1}^{n} a_{kj}e_j$, $k = 1, \cdots, n$. 与 (A.4.2) 式相比较可见

$$a_{jk}^* = \overline{a_{kj}}, \quad j, k = 1, 2, \cdots, n,$$

即

$$A^* = \begin{pmatrix} \overline{a_{11}} & \overline{a_{21}} & \cdots & \overline{a_{n1}} \\ \overline{a_{12}} & \overline{a_{22}} & \cdots & \overline{a_{n2}} \\ \vdots & \vdots & & \vdots \\ \overline{a_{1n}} & \overline{a_{2n}} & \cdots & \overline{a_{nn}} \end{pmatrix}.$$

以下, 用 $\mathscr{L}(H)$ 表示 Hilbert 空间上全体有界线性算子的集合. 设 $S, T \in \mathscr{L}(H)$, $\alpha \in C$. 定义

$$(S+T)x = Sx + Tx, \quad (\alpha T)x = \alpha(Tx),$$

以及

$$(ST)x = S(Tx),$$

当 $x \in H$. 容易验证, $S+T$, αT, $ST \in \mathscr{L}(H)$.

定理 A.4.1 设 $S, T \in \mathscr{L}(H)$, 则

(1) $(S+T)^* = S^* + T^*$;

(2) $(T^*)^* = T$;

(3) 对常数 $\alpha \in C$, $(\alpha T)^* = \overline{\alpha} T^*$;

(4) 若 T 有界可逆, 则 T^* 亦有界可逆, 且 $(T^*)^{-1} = (T^{-1})^*$;

(5) $(ST)^* = T^* S^*$;

(6) $\| T^* \| = \| T \|$.

证明 (1),(5) 容易验证.

(2) 对于任意 $x, y \in H$, 有

$$\begin{aligned}
(x, (T^*)^* y) &= (T^* x, y) \\
&= \overline{(y, T^* x)} \\
&= \overline{(Ty, x)} \\
&= (x, Ty),
\end{aligned}$$

故 $(T^*)^* = T$.

(3) 对任意 $x, y \in H$,

$$\begin{aligned}
(x, (\alpha T)^* y) &= ((\alpha T)x, y) \\
&= \alpha(Tx, y) \\
&= \alpha(x, T^* y) \\
&= (x, \overline{\alpha}(T^* y)) \\
&= (x, (\overline{\alpha} T^* y)),
\end{aligned}$$

故 $(\alpha T)^* = \overline{\alpha} T^*$.

(4) 对任意 $x, y \in H$,

$$(x, I^*y) = (Ix, y) = (x, y).$$

这说明对 $\mathcal{H}$ 上恒等算子 I, 有 $I^* = I$. 由假设即第 1 章习题 27,

$$TT^{-1} = T^{-1}T = I.$$

根据前面的 (5),

$$T^*(T^{-1})^* = (T^{-1}T)^* = I^* = I,$$

$$(T^{-1})^*T^* = (TT^{-1})^* = I^* = I.$$

再由第 1 章习题 27, 知 T^* 有界可逆, 且

$$(T^*)^{-1} = (T^{-1})^*.$$

(6) 从 $\| Tx \| = \sup_{\|y\| \leqslant 1} | (Tx, y) |$ 可见,

$$\begin{aligned}
\| T \| &= \sup_{\|x\| \leqslant 1} \| Tx \| \\
&= \sup_{\|x\| \leqslant 1} \sup_{\|y\| \leqslant 1} | (Tx, y) | \\
&= \sup_{\|y\| \leqslant 1} \sup_{\|x\| \leqslant 1} | (x, T^*y) | \\
&= \sup_{\|y\| \leqslant 1} \| T^*y \| \\
&= \| T^* \| .
\end{aligned}$$

定理 A.4.2 设 H_1 与 H_2 都是 Hilbert 空间, A 是从 H_1 到 H_2 的有界线性算子. 引进如下记号:

$$N(A) \triangleq \{x \in H_1 : Ax = 0\},$$

称为 A 的**零空间**. 仍用 $R(A)$ 表示 A 的值域, 即

$$R(A) \triangleq \{Ax : x \in H_1\},$$

则

$$N(A) = R(A^*)^{\perp}, \quad N(A)^* = R(A)^{\perp},$$

$$\overline{R(A)} = N(A^*)^{\perp}, \quad \overline{R(A^*)} = N(A)^{\perp}.$$

证明   设 $x \in N(A)$, 则 $Ax = 0$. 从而对任意 $y \in H_2$,

$$(x, A^*y) = (Ax, y) = 0.$$

这说明 $x \in R(A^*)^\perp$.

如果 $x \in R(A^*)^\perp$, 则对任意 $y \in H_2$,

$$(Ax, y) = (x, A^*y) = 0.$$

故 $Ax = 0$, 即 $x \in N(A)$. 总之

$$N(A) = R(A^*)^\perp.$$

根据推论 3.3.2,

$$\overline{R(A^*)} = (R(A^*)^\perp)^\perp = N(A)^\perp,$$

其他两个等式可以类似证明.   ◇

A.4.2   Lax-Milgram 定理

定理 A.4.3 (Lax-Milgram 定理)   设 $B(f, g)$ 是 Hilbert 空间 $\mathcal{H}$ 上有界的共轭双线性泛函, 且有正的常数 r, 使

$$B(f, f) \mid \geqslant r \parallel f \parallel^2, \quad \text{当} f \in H, \tag{A.4.3}$$

则于 $\mathcal{H}$ 上任给的有界线性泛函 $l(f)$, 恰有一个 $g_0 \in H$, 使

$$l(f) = B(f, g_0), \quad \forall f \in H$$

且

$$\parallel g_0 \parallel \leqslant \frac{1}{r} \parallel l \parallel.$$

这个定理也是关于连续线性泛函的表达式, 只不过把 Fréchet-Riesz 表示定理中的内积推广为满足控制条件 (4.3) 的有界共轭双线性泛函 $B(f, g)$ 而已, 但是这个貌似不惊人的推广在偏微分方程之适定性的研究中又是很有用的.

证明   由定理 A.4.3, 存在有界线性算子 T, 使

$$B(f, g) = (Tf, g) = (f, T^*g), \quad \forall f, g \in H.$$

由 (A.4.3) 式有

$$r \parallel f \parallel^2 \leqslant \mid B(f, f) \mid = \mid (f, T^*f) \mid \leqslant \parallel f \parallel \parallel T^*f \parallel,$$

即

$$r \parallel f \parallel \leqslant \parallel T^*f \parallel \tag{A.4.4}$$

由此可见 T^* 是单射的, 从而 $(T^*)^{-1}$ 存在.

往证 T^* 的值域 $R(T^*) = H$. 由 (A.4.4) 可见 $R(T^*)$ 是闭子空间. 若 $R(T^*) \neq H$. 根据射影定理有非零的 $\varphi \in H$ 与 $R(T^*)$ 中每个元正交, 从而

$$0 = \mid (\varphi, T^*\varphi) \mid = \mid B(\varphi, \varphi) \mid \geqslant r \parallel \varphi \parallel^2,$$

这导致 $\varphi = 0$, 矛盾. 故 $R(T^*) = H$. 从而 $(T^*)_{-1}$ 是从 $\mathcal{H}$ 到 $\mathcal{H}$ 的有界线性算子.

根据 Fréchet-Riesz 表现定理, 对 H 上有界线性泛函 l, 存在唯一的 $u \in H$, 使

$$l(f) = (f, u),$$

当 $f \in H$ 且 $\parallel l \parallel = \parallel u \parallel$. 于是欲使 $l(f) = B(f, g_0)$, $\forall f \in H$, 即

$$(f, u) = (f, T^*g_0), \quad \forall f \in H.$$

必须且只需 $u = T^*g_0$, 即 $g_0 = (T^*)^{-1}u$. 由 (A.4.4) 式得

$$\parallel g_0 \parallel \leqslant \frac{1}{r} \parallel T^*g_0 \parallel = \frac{1}{r} \parallel u \parallel = \frac{1}{r} \parallel l \parallel .$$

g_0 的唯一性从 u 的唯一性及 T^* 是有逆的得出. $\diamond$

推论 A.4.1 设 A 是 $\mathcal{H}$ 上有界线性算子, $a(u, v) = (Au, v)$, $\forall u, v \in \mathcal{H}$. 如果存在 $r > 0$ 使得

$$|a(u, u)| \geqslant r\|u\|, \quad \forall u \in \mathcal{H},$$

则 A 是有界可逆的.

例 A.4.2 考察 Dirichlet 零边值问题

$$\begin{cases} -\triangle u = f, \\ u|_{\partial\Omega} = 0. \end{cases} \tag{A.4.5}$$

这里 Ω 是复平面上有界区域, $\partial\Omega$ 表示 Ω 的边界,

$$\triangle u = \frac{\partial^2 u}{\partial x^2} + \frac{\partial^2 u}{\partial y^2}, \quad u \in C^2(\Omega),$$

$f \in L^2(\Omega)$.

设 $\mathscr{D} = \{\nu : \nu \in C^2(\Omega) \text{是实值的, 且} \nu|_{\partial\Omega} = 0\}$. 对 $u, \nu \in \mathscr{D}$, 从 Green 公式

$$\iint_\Omega (-\Delta u)\nu \mathrm{d}x\mathrm{d}y$$

$$= \iint_\Omega \nabla u \cdot \nabla \nu \mathrm{d}x\mathrm{d}y - \int_{\partial\Omega} \frac{\partial u}{\partial n} \nu \mathrm{d}\sigma$$

$$= \iint_\Omega \nabla u \cdot \nabla \nu \mathrm{d}x\mathrm{d}y,$$

这里 $\nabla u \cdot \nabla \nu = u_x \nu_x + u_y \nu_y$. 于是从 (A.4.5) 式的第一式有方程

$$\iint_\Omega \nabla u \cdot \nabla \nu \mathrm{d}x\mathrm{d}y = \iint_\Omega f\nu \mathrm{d}x\mathrm{d}y, \quad u, \nu \in \mathscr{D}. \tag{A.4.6}$$

考察双线性泛函

$$a(u, \nu) = \iint_\Omega \nabla u \cdot \nabla \nu \mathrm{d}x\mathrm{d}y$$

$$= \iint_\Omega (u_x \nu_x + u_y \nu_y)\mathrm{d}x\mathrm{d}y,$$

在例 A.3.1 中, 已经证明 $a(u, v)$ 是实的 $C_0^1(\Omega)$ 上按 $H_0^1(\Omega)$ 的范数 $\|\cdot\|$ 有界的双线性泛函. 故可将 $a(u, v)$ 扩张到 $H_0^1(\Omega)$ 上, 而有 (A.4.6) 式扩张后的方程

$$a(u, v) = \iint_\Omega f v \mathrm{d}x\mathrm{d}y = (f, v)_{L^2(\Omega)}, \quad u, v \in H_0^1(\Omega). \tag{A.4.7}$$

定义 A.4.1　*若存在 $u \in H_0^1(\Omega)$, 使*

$$a(u, v) = (f, v)_{L^2(\Omega)}, \quad \forall v \in H_0^1(\Omega),$$

则称 u 为边值问题 (A.4.5) 的广义解.

为什么说它是广义解呢? 因为 u 未必在 $\mathscr{D}$ 内. 还应指出, 从 $u \in H_0^1(\Omega)$ 的定义, 应该有 $\varphi_j \in C_0^1(\Omega)$, $j = 1, 2, \cdots$, 使按 $(\cdot, \cdot)$ 定义的范数收敛到 u. 因此可以说, 上述的 u "粗糙地" 满足边界条件

$$u|_{\partial\Omega} = 0.$$

注意 $H_0^1(\Omega)$ 的范数

$$\| u \|_1 = \iint_\Omega [(u^2 + u_r^2 + u_v^2)\mathrm{d}x\mathrm{d}y]^{\frac{1}{2}} \geqslant \| u \|_{L^2(\Omega)},$$

故 $(v, f)_{L^2(\Omega)}$ 也是 $H_0^1(\Omega)$ 上的以 v 为变量的有界线性泛函, 从而由 Fréchet-Riesz 表现定理, 可以像 T 之共轭算子 T^* 一样定义 $L^2(\Omega)$ 到 $H_0^1(\Omega)$ 上有界线性算子 K, 使

$$(v, f)_{L^2(\Omega)} = (v, Kf)_1, \quad v \in H_0^1(\Omega).$$

而从定理 A.3.1, 则应存在 $\widehat{A} \in \mathscr{L}(H_0^1(\Omega))$, 使

$$a(u, v) = (\widehat{A}u, v)_1, \quad u, v \in H_0^1(\Omega).$$

现在方程 (A.4.7) 便可改成

$$(\widehat{A}u, v)_1 = (Kf, v)_1, \quad \forall v \in H_0^1(\Omega),$$

即

$$\widehat{A}u = Kf. \tag{A.4.8}$$

从 Friedrichs 不等式 (参考下文 (A.6.12) 式)

$$| a(u, v) | = \iint\limits_{\Omega} (u_x^2 + u_y^2) \mathrm{d}x \mathrm{d}y \geqslant \lambda \iint\limits_{\Omega} u^2 \mathrm{d}x \mathrm{d}y,$$

可得

$$\left(1 + \frac{1}{x}\right) | a(u, u) | \geqslant \iint\limits_{\Omega} (u_x^2 + u_y^2) \mathrm{d}x \mathrm{d}y + \iint\limits_{\Omega} u^2 \mathrm{d}x \mathrm{d}y = \| u \|_1^2.$$

因此 $a(u, v)$ 满足推论 A.4.1 中的控制条件, 于是 $\widehat{A}$ 是有界可逆的. 亦即上述边值问题的广义解存在且唯一, 并且还是稳定的.

在本章的最后, 我们还会回到更一般的边值问题 (A.6.2), 在那里我们会用更几何的办法来处理一般情况. 事实上我们会撇开上面由 Lax-Milgram 定理所决定的算子, 而更为直接的从双线性泛函入手.

A.4.3 算子的矩阵表示

以下总假设 $\mathcal{H}$ 是可分无穷维的 Hilbert 空间, $\varphi_1, \varphi_2, \cdots, \varphi_n \cdots$ 是 $\mathcal{H}$ 上的正规正交基. 任给 $x \in H$, 则 x 可唯一地表示成

$$x = \sum_{k=1}^{\infty} \xi_k \varphi_k,$$

这里

$$\xi_k = (x, \varphi_k),$$

称为 x 对于坐标架 $\{\varphi_n\}_{n=1}^{\infty}$ 的第 k 个坐标. 又

$$\sum_{k=1}^{\infty} |\xi_k|^2 = \| x \|^2 < \infty,$$

即 $\{\xi_k\} \in l^2$.

设 $y = \sum_{k=1}^{\infty} \xi_k \zeta_k$, 则有内积表达式

$$(x, y) = \sum_{k=1}^{\infty} \xi_k \zeta_k. \tag{A.4.9}$$

对 $A \in \mathscr{L}(H)$, 显然 $Ax = \sum_{k=1}^{\infty} \xi_k A\varphi_k$, 从而 Ax 的第 n 个坐标为

$$(Ax, \varphi_n) = \infty \sum_{k=1}^{\infty} \xi_k (A\varphi_k, \varphi_n) = \sum_{k=1}^{\infty} a_{nk} \xi_k,$$

这里

$$a_{nk} \triangleq (A\varphi_k, \varphi_n), \quad n, k = 1, 2, \cdots. \tag{A.4.10}$$

一般称 $(a_{nk})_{n,k=1,2,\cdots}$ 为算子 A 关于坐标架 $\{\varphi_j\}_{j=1}^{\infty}$ 的矩阵.

同样对 A 的共轭算子 A^*, 与之相应的矩阵元便是

$$a_{nk}^* = (A^*\varphi_k, \varphi_n) = (\varphi_k, A\varphi_n) = \overline{(A\varphi_k, \varphi_n)} = \bar{a}_{kn}. \tag{A.4.11}$$

由定理 A.2.3,

$$\sum_{n=1}^{\infty} |a_{nk}|^2 = \sum_{n=1}^{\infty} |(A\varphi_k, \varphi_n)|^2 = \| A\varphi_k \|^2,$$

同样

$$\sum_{n=1}^{\infty} |a_{nk}|^2 = \sum_{n=1}^{\infty} |a_{nk}^*|^2 = \| A^*\varphi_k \|^2 < \infty.$$

总之, 无穷矩阵 (a_{nk}) 的列向量与行向量都是 ℓ^2 中的元素.

设算子 $A, B \in \mathscr{L}(H)$ 关于坐标架 $\{\varphi_k\}_{k=1}^{\infty}$ 的矩阵依次为 $(a_{ij}), (b_{ij})$. 考察 $C = BA$ 关于坐标架 $\{\varphi_k\}_{k=1}^{\infty}$ 的矩阵. 从

$$c_{ik} \triangleq (C\varphi_k, \varphi_i) = (BA\varphi_k, \varphi_i) = (A\varphi_k, B^*\varphi_i)$$

与

$$A\varphi_k = \sum_{n=1}^{\infty} (A\varphi_k, \varphi_n)\varphi_n,$$

$$B^* \varphi_i = \sum_{n=1}^{\infty} (B^* \varphi_i, \varphi_n) \varphi_n,$$

由公式 (A.4.9)~(A.4.11), 得

$$
\begin{aligned}
(A\varphi_k, B^*\varphi_i) &= \sum_{n=1}^{\infty} (A\varphi_k, \varphi_n) \overline{(B^*\varphi_i, \varphi_n)} \\
&= \sum_{n=1}^{\infty} a_{nk} \overline{b_{ni}^*} \\
&= \sum_{n=1}^{\infty} a_{nk} b_{in}.
\end{aligned}
$$

于是乘积 $C = BA$ 关于坐标架 $\{\varphi_i\}_{i=1}^{\infty}$ 的矩阵元为

$$c_{ik} = \sum_{n=1}^{\infty} b_{in} a_{nk}.$$

这与普通矩阵乘法公式极相似.

A.5 二次变分问题

A.5.1 双线性形式

定义 A.5.1 令 X 是 K 上的赋范空间. X 上的一个有界双线性形式指的是函数 $a: X \times X \to K$, 具有下列性质:

(i) 双线性. 对任意的 $u, v, w \in X$ 和 $\alpha, \beta \in K$, 有

$$
\begin{aligned}
a(\alpha u + \beta v, w) &= \alpha a(u, w) + \beta a(v, w), \\
a(w, \alpha u + \beta v) &= \alpha a(w, u) + \beta a(w, v).
\end{aligned}
$$

(ii) 有界性. 存在常数 $d > 0$ 使得对所有 $u, v \in X$ 有 $|a(u, v)| \leqslant d \parallel u \parallel \parallel v \parallel$.

此外,

(a) 称 $a(\cdot, \cdot)$ 是对称的当且仅当 $a(u, v) = a(v, u)$ 对所有 $u, v \in X$ 成立;

(b) 称 $a(\cdot, \cdot)$ 是正的当且仅当对所有 $u \in X$ 有 $0 \leqslant a(u, u)$;

(c) 称 $a(\cdot, \cdot)$ 是强正的当且仅当存在常数 $c > 0$ 使得对所有的 $u \in X$ 有 $c \parallel u \parallel^2 \leqslant a(u, u)$.

命题 A.5.1 假设 $a: X \times X \to \mathbf{R}$ 是 K 上的赋范空间 X 上的有界双线性形式, 则

$$u_n \to u, \quad v_n \to v, \quad n \to \infty,$$

蕴涵

$$a(u_n, v_n) \to a(u, v), \quad n \to \infty.$$

证明 因为序列 (v_n) 有界, 我们得到

$$| a(u_n, v_n) - a(u, v) | =| a(u_n - u, v_n) + a(u, v_n - v) |$$

$$\leqslant d \| u_n - u \| \| v_n \| + d \| u \| \| v_n - v \| \to 0, \quad 当 n \to \infty.$$

$\Diamond$

A.5.2 二次变分问题的主定理

我们考虑极小问题

$$2^{-1}a(u, u) - b(u) = \min!, \quad u \in X. \tag{A.5.1}$$

即讨论以下问题:

(1) 上式左端的泛函是否有极小值点?

(2) 极小值点是否唯一?

稍后我们将证明, 著名的 Dirichlet 原理只是下面定理的一种特殊情形.

定理 A.5.1 (二次变分问题的主定理) 假设

(a) $a : X \times X \to \mathbf{R}$ 是实 Hilbert 空间 X 上的一个对称的、有界的、强正的双线性形式.

(b) $b : X \to \mathbf{R}$ 是 X 上的连续线性泛函,

则下列结论成立:

(i) 变分问题 (A.5.1) 的解唯一.

(ii) 变分问题 (A.5.1) 等价于下面的所谓的变分方程: 对固定的 $u \in X$ 和所有的 $v \in X$, 有

$$a(u, v) = b(v). \tag{A.5.2}$$

证明 由假设, 存在常数 $c > 0$ 和 $d > 0$ 使得对所有 $u \in X$, 有

$$c \| u \|^2 \leqslant a(u, u) \leqslant d \| u \|^2. \tag{A.5.3}$$

第一步 等价方程. 我们证明 (A.5.1) 式和 (A.5.2) 式等价. 为此, 我们令

$$F(u) := 2^{-1}a(u, u) - b(u), \quad 对所有 u \in X.$$

另外, 固定 $u, v \in X$, 对实数 $t \in \mathbf{R}$, 我们令

$$\phi(t) := F(u + tv).$$

利用对称性条件 $a(u, v) = a(v, u)$, 我们得到

$$\phi(t) = 2^{-1}t^2 a(v, v) + t[a(u, v) - b(v)] + 2^{-1}a(u, u) - b(u).$$

注意到对所有的 $v \in X, v \neq 0$ 有

$$a(v, v) \geqslant c \parallel v \parallel^2 > 0,$$

因此初始问题 (A.5.1),

$$F(u) = \min !, \quad u \in X$$

有一个解 u 当且仅当实二次函数 $\phi = \phi(t)$ 对每个固定的 $v \in X$, 在 $t = 0$ 处有极小值, 即

$$\psi'(0) - 0. \tag{A.5.4}$$

方程 (A.5.4) 等同于对所有 $v \in X$, 有

$$a(u, v) - b(v) = 0.$$

显然这就是问题 (A.5.2) 的内容.

第二步　唯一性. 令 u 和 w 表示初始问题 $F(u) = \min !, u \in X$ 的解. 由第一步,

$$a(u, v) = b(v), \quad a(w, v) = b(v),$$

对所有 $v \in X$ 成立. 由 a 的性质我们得到对所有的 $v \in X$ 有 $a(u - w, v) = 0$. 特别地, 令 $v := u - w$, 我们得到

$$c \parallel u - w \parallel^2 \leqslant a(u - w, u - w) = 0.$$

因此 $u = w$, 即初始问题 (A.1.1) 至多有一个解.

第三步　存在性证明. 令

$$\alpha := \inf_{u \in X} F(u).$$

由

$$F(u) = 2^{-1}a(u, u) - b(u) \geqslant 2^{-1}c \parallel u \parallel^2 - \parallel b \parallel \parallel u \parallel,$$

我们得到当 $\parallel u \parallel \to +\infty$ 时有 $F(u) \to +\infty$, 而且 $F(u)$ 的下界实际上可以由 $\parallel u \parallel$ 的开口向上的二次函数来控制. 因此有 $\alpha > -\infty$.

由 α 的定义知存在序列 (u_n) 使得

$$F(u_n) \to \alpha, \quad \alpha \to \infty.$$

显然, 我们有下面关键的恒等式:

$$2a(u_n, u_n) + 2a(u_m, u_m) = a(u_n - u_m, u_n - u_m) + a(u_n + u_m, u_n + u_m). \quad \text{(A.5.5)}$$

因此

$$F(u_n) + F(u_m) = 4^{-1}a(u_n - u_m, u_n - u_m) + 2F(\frac{u_n + u_m}{2})$$
$$\geqslant 4^{-1}c \parallel u_n - u_m \parallel + 2\alpha.$$

因为 $F(u_n) + F(u_m) \to 2\alpha$, 所以 $\{u_n\}_{n=1}^\infty$ 为 Cauchy 序列. 由 Hilbert 空间 X 的完备性, 存在向量 $u \in X$ 使得

$$u_n \to u, \quad 当 n \to \infty.$$

因为 $F : X \to \mathbf{R}$ 是连续的, 故

$$F(u_n) \to F(u), \quad n \to \infty.$$

这意味着

$$F(u) = \alpha,$$

即 u 为初始问题 $F(u) = \min !, u \in X$ 的一个解.   ◇

　　注记 A.5.1 (Dirichlet 原理的几何意义)　定理A.5.1 的证明以等式(A.5.5) 为基础. 事实上如果我们对所有 $u, v \in X$ 引入能量内积 [1]:

$$(u \mid v)_E := a(u, v).$$

那么等式 (A.5.5) 可写成下列形式:

$$2 \parallel u_n \parallel_E^2 + 2 \parallel u_m \parallel_E^2 = \parallel u_n + u_m \parallel_E^2 + \parallel u_n - u_m \parallel_E^2,$$

这里 $\parallel u \parallel_E^2 = (u \mid u)_E$. 这恰好是能量内积下的平行四边形恒等式 (请比较平行四边形法则定理 3.1.2 中的公式).

　　由于 Dirichlet 原理从定理A.5.1 得出, 我们可以这样说:

　　从泛函分析角度考察 Dirichlet 原理是基于正交性的思想.

A.6　从泛函分析角度考察 Dirichlet 原理

　　我们想研究下面的变分问题:

$$F(u) := 2^{-1} \int_G \sum_{j=1}^N (\partial_j u)^2 \mathrm{d}x - \int_G f u \mathrm{d}x = \min !, \quad 在 \partial G 上有 u = g. \quad \text{(A.6.1)}$$

---

[1] 物理学家喜欢用符号 $(u \mid v)_E$ 或 $\langle u \mid v \rangle_E$ 来表示 Hilbert 空间中两个元素 u, v 的内积.

这个问题也被称为 Dirichlet 问题. 这里假设(H)G 是 $\mathbf{R}^N$ (N是自然数) 中的非空有界开集. 此外记 $x = (\xi_1, \cdots, \xi_N)$ 以及 $\partial_j u := \partial u / \partial \xi_j$.

Dirichlet 原理是说问题 (A.6.1) 有唯一一个解 u. 在做了必要的准备工作后, 最后的存在性定理将在本章中的最后一个小节中进行讨论.

A.6.1　经典的欧拉–拉格朗日方程

和问题 (A.6.1) 一起, 考虑区域 G 上泊松方程的如下边值问题:

$$\begin{cases} -\Delta u = f, \\ u|_{\partial G} = g. \end{cases} \tag{A.6.2}$$

另外, 我们再研究 (A.6.2) 的推广问题:

$$\int_G \sum_{j=1}^N \partial_j u \partial_j v \, \mathrm{d}x = \int_G f v \, \mathrm{d}x, \quad \text{对所有 } v \in C_0^\infty(G). \tag{A.6.3}$$

这里拉普拉斯算子定义如下:

$$\Delta u := \sum_{j=1}^N \partial_j^2 u.$$

如果 $f \equiv 0$, 那么 (A.6.2) 式称为拉普拉斯方程的第一边值问题.

命题 A.6.1　假设 (H) 成立. 给定连续函数 $g : \partial G \to \mathbf{R}$ 和 $f : \overline{G} \to \mathbf{R}$. 假设 $u \in C^2(\overline{G})$, 则下述结论成立:

(i) 如果函数 u 是原始变分问题 (A.6.1) 的解, 更确切地说 u 是如下问题的解:

$$\begin{aligned} F(w) &= \min !, \quad w \in C^2(\overline{G}), \\ w &= g, \quad\quad\quad\quad \text{在 } \partial G \text{ 上成立,} \end{aligned} \tag{A.6.4}$$

那么 u 便是边值问题 (A.6.2) 的解.

(ii) u 是边值问题 (A.6.2) 的解当且仅当它是推广的边值问题 (A.6.3) 的解.

方程 (A.6.2) 称为变分问题 (A.6.1) 的欧拉–拉格朗日方程.

证明　(i) 的证明.

第一步　许可函数. 假设 u 是 (A.6.4) 式的一个解. 那么对每个取定的 $v \in C_0^\infty(G)$ 和实数 $t \in \mathbf{R}$, 函数 $w := u + tv$ 对变分问题 (A.6.4) 是许可的, 即在 ∂G 上有

$$w = g,$$

并且

$$w \in C^2(\overline{G}).$$

第二步　简化为实函数的极小值问题. 对取定的 $v \in C_0^\infty(G)$, 令

$$\phi(t) := F(u + tv), \quad \text{对所有 } t \in \mathbf{R}.$$

显然有

$$\phi(t) = 2^{-1} \int_G \sum_{j=1}^N (\partial_j u + t\partial_j v)^2 \mathrm{d}x - \int_G f(u + tv) \mathrm{d}x.$$

因为 u 是 (A.6.4) 式的解, 函数 $\phi : \mathbf{R} \to \mathbf{R}$ 在 $t = 0$ 有极小值. 因此有

$$\phi'(0) = 0.$$

显然对所有 $v \in C_0^\infty(G)$, 有

$$\phi'(0) = \int_G \sum_{j=1}^N \partial_j u \partial_j v \mathrm{d}x - \int_G f v \mathrm{d}x = 0. \tag{A.6.5}$$

因此, u 是推广问题 (A.6.3) 的解.

第三步　变分引理. 对 (A.6.5) 式做分部积分我们得到

$$-\int_G \sum_{j=1}^N (\partial_j \partial_j u) v \mathrm{d}x - \int_G f v \mathrm{d}x = 0, \tag{A.6.6}$$

对所有 $v \in C_0^\infty(G)$ 成立. 也就是说对所有 $v \in C_0^\infty(G)$, 有

$$-\int_G (\Delta u + f) v \mathrm{d}x = 0.$$

由变分引理 A.1.1, 这意味着在 G 上,

$$\Delta u + f = 0, \tag{A.6.7}$$

即 u 是边值问题 (A.6.2) 的解.

(ii) 的证明. 由第三步, (A.6.5) 式蕴涵着 (A.6.7) 式. 反之, 分部积分告诉我们 (A.6.7) 式蕴涵着 (A.6.5) 式. ◇

注记 A.6.1 (经典解的缺失)　由命题 A.6.1, Dirichlet 问题 (A.6.1) 的充分光滑的解 u 也是边值问题 (A.6.2) 的解. 然而, 关键是确实存在 Dirichlet 问题 (A.6.1) 没有光滑解的情形.

为了理解变分微积分的这一典型困难, 让我们考虑下面两个简单的极小值问题:

$$f(u) = \min !, \quad u \in [a, b] \tag{A.6.8}$$

和

$$f(u) = \min !, \quad u \in [a, b] \cap \mathbf{Q}, \tag{A.6.9}$$

此处 $-\infty < a < b < \infty$, $\mathbf{Q}$ 表示有理数集. 假设函数 $f : [a, b] \to \mathbf{R}$ 是连续的, 则

(a) 问题 (A.6.8) 总有解, 但是

(b) 存在合适的函数 f 使问题 (A.6.9) 没有解.

实际上, 论述 (a) 由经典的 Weierstrass 定理即可得来. 现在假设 (A.6.8) 的所有解 u 都是无理数, 那么问题 (A.6.9) 没有解. 因此, 不知道无理数的数学家都不能证明极小值问题的 Weierstrass 存在性定理.

Dirichlet 问题也是一个类似的情况. 粗略地说, 寻找 Dirichlet 问题的光滑解等同于寻找问题 (A.6.9) 的解. 为了得到一个能和可解问题 (A.6.8) 相对应的情形, 我们需要向光滑解的集合里添加一些理想的元素. 这些理想元对应的函数

$$u \in W_2^1(G)$$

在 Sobolev 空间 $W_2^1(G)$ 中, 我们下面会介绍该空间. 这样的函数仅仅具有一阶的广义导数. 以上讨论总结如下:

Sobolev 空间的引入与实数集的引入中用无理数来做有理数的完备化是一致的.

解决 Dirichlet 问题的计划如下:

(i) 通过分部积分定义广义导数.

(ii) 定义 Sobolev 空间.

(iii) 证明 Poincaré-Friedrichs 不等式.

(iv) 对 Sobolev 空间 $W_2^1(G)$ 的一个恰当线性闭子空间 $\overset{o}{W}{}_2^1(G)$ 上的 Dirichlet 问题 (A.6.1) 应用二次变分问题的主定理 A.5.1.

这里, Poincaré-Friedrichs 不等式保证了 Dirichlet 问题的二次主部的基本强正性. 通过这种方式我们得到了 Dirichlet 问题 (A.6.1) 的广义解和泊松方程的经典边值问题 (A.6.2) 的广义解. 变分问题和偏微分方程的现代理论被广义解的概念所控制. 在这一联系下, 通常使用下面的策略:

(a) 用泛函分析方法证明广义解的存在性.

(b) 假定条件充分正则 (即边界 ∂G 和 (A.6.1) 中的函数 f 和 g 都充分光滑), 使用复杂的分析方法证明广义解也是经典解.

步骤 (b) 就是所谓的正则性理论. 读者可在 (Zeidler, 2009) 一书中找到关于正则性理论的基本介绍.

在 A.1 小节中, 我们已经完成了计划的第一和第二个步骤, 下面我们继续以下各步骤的讨论.

A.6.2　广义边界值

定义 A.6.1　令 G 是 $\mathbf{R}^N, N \geqslant 1$ 上的非空开集. 如果 $u \in \overset{o}{W}_2^1(G)$, 我们就说函数 u 在 ∂G 上满足广义边界条件

$$在 \partial G 上有 u = 0. \tag{A.6.10}$$

注记 A.6.2 ((A.6.10) 式的动机)　非常形式化的一般化基于集合 $C_0^\infty(G)$ 在 $\overset{o}{W}_2^1(G)$ 中稠密且函数 $u \in C_0^\infty(G)$ 在 G 的一个边界上等于零的事实, 即 u 在经典意义下满足条件 (A.6.10). 更有说服力的动机是

(a) 令 $G \subseteq \mathbf{R}^N$, $N = 1$ 且 $G = (a, b)$. 那么例 A.1.2 告诉我们 (A.6.10) 式在经典意义下成立.

(b) 令 $G \subseteq \mathbf{R}^N$, $N \geqslant 2$ 并且假设非空开集 G 的边界 ∂G 充分正则. 那么可以证明存在常数 C 使得对所有的 $u \in W_2^1(G)$, 有

$$\int_{\partial G} u^2 \mathrm{d}O \leqslant C \int_G \left(u^2 + \sum_{j=1}^N (\partial_j u)^2 \right) \mathrm{d}x. \tag{A.6.11}$$

上式中 $\mathrm{d}O$ 表示边界 ∂G 上的面测度.

这意味着如下事实: 如果 $u \in \overset{o}{W}_2^1(G)$, 则存在 $C_0^\infty(G)$ 中的序列 (u_n), 使得当 $n \to \infty$ 时在 $W_2^1(G)$ 中有 $u_n \to u$. 再由 (A.6.11) 式, 存在常数 C 使得当 $n \to \infty$ 时

$$\int_{\partial G} (u - u_n)^2 \mathrm{d}O \leqslant C \parallel u - u_n \parallel_{1,2}^2 \to 0.$$

因为在 ∂G 上 $u_n = 0$, 所以有

$$\int_{\partial G} u^2 \mathrm{d}O = 0.$$

进而在 ∂G 的面测度意义下, 对几乎所有的 $x \in \partial G$, 有

$$u(x) = 0.$$

对于边界不等式 (A.6.11) 的证明可在文献 (Zeidler, 2009) 的 247 页中找到. 这个证明以 Schwarz 不等式为基础.

A.6.3　Poincaré-Friedrichs 不等式

我们想证明下面的 Poincaré-Friedrichs 不等式

$$C \int_G u^2 \mathrm{d}x \leqslant \int_G \sum_{j=1}^N (\partial_j u)^2 \mathrm{d}x, \quad 对所有 u \in \overset{o}{W}_2^1(G). \tag{A.6.12}$$

命题 A.6.2   令 G 是 $\mathbf{R}^N$(N 是自然数) 上的非空开集. 则存在常数 $C > 0$ 使不等式 (A.6.12) 成立.

例 A.6.1   我们首先考虑 $N = 1$ 且 $G = (a, b)$ 的特殊情形, $-\infty < a < b < \infty$.

第一步   令 $u \in C_0^\infty(a, b)$. 那么

$$u(x) = \int_a^x u'(y)\mathrm{d}y,$$

对所有 $x \in [a, b]$.

由 Schwarz 不等式 (3.1.1),

$$u(x)^2 \leqslant \left(\int_a^b 1 \cdot | u'\mathrm{d}y | \right)^2 \leqslant \int_a^b \mathrm{d}y \int_a^b u'^2\mathrm{d}y,$$

且因此有

$$\int_a^b u^2\mathrm{d}x \leqslant (b - a)^2 \int_a^b u'^2\mathrm{d}x.$$

第二步   令 $u \in \overset{o}{W}{}_2^1(a, b)$. 那么存在 $C_0^\infty(a, b)$ 中的序列 (u_n) 使当 $n \to \infty$ 时,

$$\| u - u_n \|_{1,2} \to 0.$$

因此, 当 $n \to \infty$ 时, 在 $L_2(a, b)$ 中有

$$u_n \to u, \quad u_n' \to u'.$$

由第一步,

$$\int_a^b u_n^2\mathrm{d}x \leqslant (b - a)^2 \int_a^b u_n'^2\mathrm{d}x,$$

对所有 n.

令 $n \to \infty$, 便得到了特殊的 Poincaré-Friedrichs 不等式,

$$\int_a^b u^2\mathrm{d}x \leqslant (b - a)^2 \int_a^b u'^2\mathrm{d}x, \tag{A.6.13}$$

对所有 u.

下面我们完成命题的证明.

证明   不妨设 $N = 2$(一般情形的证明可类似得到).

第一步   令 $u \in C_0^\infty(G)$. 如我们考虑长方形 $\Re := [a, b] \times [c, d]$ 且 $\overline{G} \subseteq \mathrm{int}\Re$. 注意到 u 在 G 的外部等于零, 则有

$$u(\xi, \eta) = \int_c^\eta u_\eta(\xi, y)\mathrm{d}y,$$

对所有 $(\xi, \eta) \in \Re$.

利用 Schwarz 不等式 (3.1.1) 得到对所有 $(\xi, \eta) \in \Re$,

$$u(\xi, \eta)^2 = \left(\int_c^\eta 1 \cdot u_\eta(\xi, y) \mathrm{d}y \right)^2 \leqslant \int_c^\eta \mathrm{d}y \int_c^\eta u_\eta(\xi, y)^2 \mathrm{d}y \leqslant (d-c) \int_c^d u_\eta(\xi, y)^2 \mathrm{d}y.$$

对其在 $\Re$ 上进行积分得

$$\int_\Re u^2 \mathrm{d}x \leqslant (d-c)^2 \int_\Re u_\eta^2 \mathrm{d}x.$$

这便是 (A.1.12) 式.

第二步   令 $u \in \mathring{W}_2^1(G)$, 则存在 $C_0^\infty(G)$ 中的序列 (u_n) 使当 $n \to \infty$ 时, $\| u_n - u \|_{1,2} \to 0$.

因此, 当 $n \to \infty$ 时,

$$u_n \to u, \partial_j u_n \to \partial_j u, \text{ 在 } L_2(G) \text{ 中, 对所有 } j.$$

由第一步得到对所有的 n, 有

$$C \int_G u_n^2 \mathrm{d}x \leqslant \int_G \sum_j (\partial_j u_n)^2 \mathrm{d}x.$$

令 $n \to \infty$, 我们得到了想要的不等式 (A.6.12).   ◇

1890 年, Poincaré 在一篇著名关于拉普拉斯方程特征值的论文中考虑到了形如 (A.6.12) 式的不等式. 1934 年, Friedrichs 指出该不等式恰是证明线性椭圆微分方程的泛函分析存在性理论的关键.

A.6.4   Dirichlet 问题的解的存在性

与 A.6.1 小节平行, 我们考虑广义的 Dirichlet 问题:

$$2^{-1} \int_G \sum_{j=1}^N (\partial_j u)^2 \mathrm{d}x - \int_G f u \mathrm{d}x = \min !, \quad u - g \in \mathring{W}_2^1(G), \tag{A.6.14}$$

以及广义的边值问题: 对所有 $v \in \mathring{W}_2^1(G)$,

$$\int_G \sum_{j=1}^N \partial_j u \partial_j v \mathrm{d}x = \int_G f v \mathrm{d}x, \quad u - g \in \mathring{W}_2^1(G). \tag{A.6.15}$$

和定义 A.6.1 一样, 在推广意义下条件 $u - g \in \mathring{W}_2^1(G)$ 与边界条件在 ∂G 上 $u - g = 0$ 一致. 我们仅考虑 ∂G 上这样的边界函数 g: 它能连续扩张为 G 上的函数 g 而且满足 $g \in W_2^1(G)$.

定理 A.6.1 (Dirichlet 原理)　　令 G 是 $\mathbf{R}^N, N = 1, 2, \cdots$ 上的非空有界开集. 给定 $f \in L_2(G)$ 和 $g \in W_2^1(G)$. 则下述结论成立:

(i) 广义的 Dirichlet 问题 (A.6.14) 有唯一的解 $u \in W_2^1(G)$.

(ii) 这个解 $u \in W_2^1(G)$ 也是广义的边值问题 (A.6.15) 的唯一解.

证明　　令 $X := \overset{\circ}{W}_2^1(G)$, 且对所有 $u, v \in W_2^1(G)$, 定义

$$a(u, v) := \int_G \sum_{j=1}^N \partial_j u \partial_j v \mathrm{d}x, \quad b_1(v) := \int_G f v \mathrm{d}x.$$

令 $w := u - g$, 初始问题 (A.6.14) 可写为下列形式:

$$2^{-1} a(w + g, w + g) - b_1(w + g) = \min !, \quad w \in X.$$

利用

$$a(w + g, w + g) = a(w, w) + 2a(w, g) + a(g, g)$$

和

$$b_1(w + g) = b_1(w) + b_1(g),$$

极小问题等价于

$$2^{-1} a(w, w) - b(w) = \min !, \quad w \in X. \tag{A.6.16}$$

这里我们令

$$b(w) := b_1(w) - a(w, g), \quad \text{对所有 } w \in X.$$

另外, 广义边值问题 (A.6.15) 等价于

$$a(w, v) = b(v), \quad \text{对所有 } w \in X \text{ 和 } v \in X. \tag{A.6.17}$$

现在对问题 (A.6.16) 和 (A.6.17) 应用定理 A.5.1.

第一步　　验证 $a : X \times X \to \mathbf{R}$ 是有界、对称、强正的双线性泛函. 令

$$\| v \|_2 = \left(\int_G v^2 \mathrm{d}x \right)^{\frac{1}{2}},$$

回忆下面表示 X 上范数的等式

$$\| v \|_{1,2} = \left(\int_G \left(v^2 + \sum_{j=1}^N (\partial_j v)^2 \right) \mathrm{d}x \right)^{\frac{1}{2}}.$$

由 Schwarz 不等式 (3.1.1), 对所有 $v, w \in X$, 我们得到

$$
\begin{aligned}
\mid a(u, w) \mid &\leqslant \int_G \sum_{j=1}^N \mid \partial_j v \partial_j w \mid \mathrm{d}x \\
&\leqslant \sum_{j=1}^N \parallel \partial_j v \parallel_2 \cdot \parallel \partial_j w \parallel_2 \\
&\leqslant N \parallel v \parallel_{1,2} \cdot \parallel w \parallel_{1,2},
\end{aligned}
\tag{A.6.18}
$$

即 $a(\cdot, \cdot)$ 有界. 显然, $a(\cdot, \cdot)$ 是双线性的, 而且满足 $a(v, w) = a(w, v)$, 即 $a(\cdot, \cdot)$ 是对称的. 最后, Poincaré-Friedrichs 不等式 (A.1.12) 告诉我们

$$
C \int_G \left(v^2 + \sum_{j=1}^N (\partial_j v)^2 \right) \mathrm{d}x \leqslant (1 + C) \int_G \sum_{j=1}^N (\partial_j v)^2 \mathrm{d}x,
$$

对所有 $v \in X$. 因此

$$
C(1 + C)^{-1} \parallel v \parallel_{1,2}^2 \leqslant a(v, v), \quad \text{对所有 } v \in X,
$$

即 $a(\cdot, \cdot)$ 是强正的.

　　第二步　验证泛函 $b : X \to \mathbf{R}$ 是有界线性泛函. 由 Schwarz 不等式对任意 $v \in X$, 有

$$
\begin{aligned}
\mid b_1(v) \mid &\leqslant \int_G \mid f v \mid \mathrm{d}x \\
&\leqslant \parallel f \parallel_2 \cdot \parallel v \parallel_2 \\
&\leqslant \parallel f \parallel_2 \cdot \parallel v \parallel_{1,2}.
\end{aligned}
$$

由 (A.6.18) 式, 对所有 $v \in X$, 有

$$
\mid a(v, g) \mid \leqslant 2^{-1} N \parallel v \parallel_{1,2} \cdot \parallel g \parallel_{1,2}.
$$

因此存在常数 C_1 使得对所有 $v \in X$, 有

$$
\mid b(v) \mid \leqslant C_1 \parallel v \parallel_{1,2}.
\tag{A.6.19}
$$

显然, $b(\cdot)$ 是线性的. 由 (A.6.19) 式, $b : X \to \mathbf{R}$ 是连续线性泛函. 我们使用定理 A.5.1 得到问题 (A.6.16) 有唯一的解 $w \in X$, 并且 w 也是问题 (A.6.17) 的唯一解. 最后令 $u = g + w$. 则 $u \in W_2^1(G)$, 且 u 是问题 (A.6.14) 和 (A.6.15) 的唯一解. ◇

参 考 文 献

郭大钧等. 2005. 实变函数与泛函分析. 济南：山东大学出版社.

郭懋正. 2005. 实变函数与泛函分析. 北京：北京大学出版社.

蹇人宜. 2013. 应用数学中的泛函分析. 北京：科学出版社.

江泽坚, 孙善利. 2005. 泛函分析. 2 版. 北京：高等教育出版社.

江泽坚, 吴智泉, 纪友清. 2007. 实变函数论. 北京：高等教育出版社.

卢玉峰. 2008. 泛函分析. 北京：科学出版社.

吕和祥, 王天明. 2011. 实用泛函分析. 大连：大连理工大学出版社.

时宝等. 2009. 泛函分析引论及其应用. 北京：国防工业出版社.

索波列夫. 1958. 数学物理方程. 钱敏, 等, 译. 北京：高等教育出版社.

夏道行等. 2010. 实变函数与泛函分析. 2 版. 北京：高等教育出版社.

许天周. 2002. 应用泛函分析. 北京：科学出版社.

薛小平, 孙立民, 武立中. 2006. 应用泛函分析. 北京：电子工业出版社.

姚泽清等. 2007. 应用泛函分析. 北京：科学出版社.

周民强. 2008. 实变函数论. 北京：北京大学出版社.

Brezis H. Analyse Fonctionnelle-Théorie et applications. New York: Springer (中译本：叶东, 周风. 2009. 泛函分析——理论和应用. 北京：清华大学出版社).

Reed M, Simon B. 1972. Methods of Modern Mathematical Physics, I: Functional Analysis. New York: Academic Press.

Zeidler. 2009. Applied Functional Analysis: Main Principles and Their Applications. New York: Springer (北京：世界图书出版公司).

索　引